“十四五”国家重点出版物出版规划项目·重大出版工程

— 中国学科及前沿领域2035发展战略丛书

学术引领系列

国家科学思想库

中国农业科学 2035发展战略

“中国学科及前沿领域发展战略研究（2021—2035）”项目组

科学出版社

北京

内 容 简 介

农业是保障国家粮食安全、助力乡村振兴和满足人民美好生活需要的重要产业。《中国农业科学2035发展战略》面向2035年，在对农业科学的战略地位、发展规律与研究特点、发展现状与形势进行系统分析的基础上，对农业科学的战略目标、发展思路和发展方向、优先发展领域与重大交叉领域、国际合作优先领域进行了深入论述，并提出了加快农业科学发展的政策和措施建议。本书还分别阐述了农学基础与作物学、植物保护学、园艺学、植物营养学、林学、草学、畜牧学、兽医学、水产学、食品科学等农业科学主要分支学科发展战略的研究成果。

本书为相关领域战略与管理专家、科技工作者、企业研发人员及高校师生提供了研究指引，为科研管理部门提供了决策参考，也是社会公众了解农业科学发展现状及趋势的重要读本。

图书在版编目（CIP）数据

中国农业科学2035发展战略/“中国学科及前沿领域发展战略研究（2021—2035）”项目组编. —北京：科学出版社，2023.5
（中国学科及前沿领域2035发展战略丛书）
ISBN 978-7-03-075220-8

Ⅰ. ①中… Ⅱ. ①中… Ⅲ. ①农业科学－发展战略－研究－中国
Ⅳ. ①S

中国国家版本馆CIP数据核字（2023）第048875号

丛书策划：侯俊琳 朱萍萍
责任编辑：张 莉 姚培培 / 责任校对：韩 杨
责任印制：吴兆东 / 封面设计：有道文化

科学出版社 出版
北京东黄城根北街16号
邮政编码：100717
http://www.sciencep.com
北京中科印刷有限公司印刷
科学出版社发行 各地新华书店经销
*
2023年5月第 一 版 开本：720×1000 1/16
2025年1月第三次印刷 印张：20 1/2
字数：346 000

定价：138.00元
（如有印装质量问题，我社负责调换）

“中国学科及前沿领域发展战略研究（2021—2035）”

联合领导小组

组　长　常　进　李静海

副组长　包信和　韩　宇

成　员　高鸿钧　张　涛　裴　钢　朱日祥　郭　雷
杨　卫　王笃金　杨永峰　王　岩　姚玉鹏
董国轩　杨俊林　徐岩英　于　晟　王岐东
刘　克　刘作仪　孙瑞娟　陈拥军

联合工作组

组　长　杨永峰　姚玉鹏

成　员　范英杰　孙　粒　刘益宏　王佳佳　马　强
马新勇　王　勇　缪　航　彭晴晴

《中国农业科学 2035 发展战略》

研 究 组

组　长　邓秀新　种　康

成　员（以姓氏笔画为序）

王源超　冯　锋　朱教君　孙传清　孙宝国

李天来　杨新泉　沈建忠　张福锁　陈　卫

周雪平　赵书红　胡　炜　贺金生　徐　强

黄三文　曾庆银

总　序

党的二十大胜利召开，吹响了以中国式现代化全面推进中华民族伟大复兴的前进号角。习近平总书记强调“教育、科技、人才是全面建设社会主义现代化国家的基础性、战略性支撑”①，明确要求到2035年要建成教育强国、科技强国、人才强国。新时代新征程对科技界提出了更高的要求。当前，世界科学技术发展日新月异，不断开辟新的认知疆域，并成为带动经济社会发展的核心变量，新一轮科技革命和产业变革正处于蓄势跃迁、快速迭代的关键阶段。开展面向2035年的中国学科及前沿领域发展战略研究，紧扣国家战略需求，研判科技发展大势，擘画战略、锚定方向，找准学科发展路径与方向，找准科技创新的主攻方向和突破口，对于实现全面建成社会主义现代化“两步走”战略目标具有重要意义。

当前，应对全球性重大挑战和转变科学研究范式是当代科学的时代特征之一。为此，各国政府不断调整和完善科技创新战略与政策，强化战略科技力量部署，支持科技前沿态势研判，加强重点领域研发投入，并积极培育战略新兴产业，从而保证国际竞争实力。

擘画战略、锚定方向是抢抓科技革命先机的必然之策。当前，新一轮科技革命蓬勃兴起，科学发展呈现相互渗透和重新会聚的趋

① 习近平．高举中国特色社会主义伟大旗帜 为全面建设社会主义现代化国家而团结奋斗——在中国共产党第二十次全国代表大会上的报告．北京：人民出版社，2022：33.

势，在科学逐渐分化与系统持续整合的反复过程中，新的学科增长点不断产生，并且衍生出一系列新兴交叉学科和前沿领域。随着知识生产的不断积累和新兴交叉学科的相继涌现，学科体系和布局也在动态调整，构建符合知识体系逻辑结构并促进知识与应用融通的协调可持续发展的学科体系尤为重要。

擘画战略、锚定方向是我国科技事业不断取得历史性成就的成功经验。科技创新一直是党和国家治国理政的核心内容。特别是党的十八大以来，以习近平同志为核心的党中央明确了我国建成世界科技强国的“三步走”路线图，实施了《国家创新驱动发展战略纲要》，持续加强原始创新，并将着力点放在解决关键核心技术背后的科学问题上。习近平总书记深刻指出：“基础研究是整个科学体系的源头。要瞄准世界科技前沿，抓住大趋势，下好‘先手棋’，打好基础、储备长远，甘于坐冷板凳，勇于做栽树人、挖井人，实现前瞻性基础研究、引领性原创成果重大突破，夯实世界科技强国建设的根基。”①

作为国家在科学技术方面最高咨询机构的中国科学院（简称中科院）和国家支持基础研究主渠道的国家自然科学基金委员会（简称自然科学基金委），在夯实学科基础、加强学科建设、引领科学研究发展方面担负着重要的责任。早在新中国成立初期，中科院学部即组织全国有关专家研究编制了《1956—1967年科学技术发展远景规划》。该规划的实施，实现了“两弹一星”研制等一系列重大突破，为新中国逐步形成科学技术研究体系奠定了基础。自然科学基金委自成立以来，通过学科发展战略研究，服务于科学基金的资助与管理，不断夯实国家知识基础，增进基础研究面向国家需求的能力。2009年，自然科学基金委和中科院联合启动了“2011—2020年中国学科发展

① 习近平. 努力成为世界主要科学中心和创新高地 [EB/OL]. (2021-03-15). http://www.qstheory.cn/dukan/qs/2021-03/15/c_1127209130.htm[2022-03-22].

战略研究”。2012年，双方形成联合开展学科发展战略研究的常态化机制，持续研判科技发展态势，为我国科技创新领域的方向选择提供科学思想、路径选择和跨越的蓝图。

联合开展“中国学科及前沿领域发展战略研究（2021—2035）”，是中科院和自然科学基金委落实新时代“两步走”战略的具体实践。我们面向2035年国家发展目标，结合科技发展新特征，进行了系统设计，从三个方面组织研究工作：一是总论研究，对面向2035年的中国学科及前沿领域发展进行了概括和论述，内容包括学科的历史演进及其发展的驱动力、前沿领域的发展特征及其与社会的关联、学科与前沿领域的区别和联系、世界科学发展的整体态势，并汇总了各个学科及前沿领域的发展趋势、关键科学问题和重点方向；二是自然科学基础学科研究，主要针对科学基金资助体系中的重点学科开展战略研究，内容包括学科的科学意义与战略价值、发展规律与研究特点、发展现状与发展态势、发展思路与发展方向、资助机制与政策建议等；三是前沿领域研究，针对尚未形成学科规模、不具备明确学科属性的前沿交叉、新兴和关键核心技术领域开展战略研究，内容包括相关领域的战略价值、关键科学问题与核心技术问题、我国在相关领域的研究基础与条件、我国在相关领域的发展思路与政策建议等。

三年多来，400多位院士、3000多位专家，围绕总论、数学等18个学科和量子物质与应用等19个前沿领域问题，坚持突出前瞻布局、补齐发展短板、坚定创新自信、统筹分工协作的原则，开展了深入全面的战略研究工作，取得了一批重要成果，也形成了共识性结论。一是国家战略需求和技术要素成为当前学科及前沿领域发展的主要驱动力之一。有组织的科学研究及源于技术的广泛带动效应，实质化地推动了学科前沿的演进，夯实了科技发展的基础，促进了人才的培养，并衍生出更多新的学科生长点。二是学科及前沿领域的发展促进深层次交叉融通。学科及前沿领域的发展越来越呈现出多学科相互渗透的发展态势。某一类学科领域采用的研究策略和技术体系所产生的基础理论与方法论成果，可以作为共同的知识基础适用于不同学科领域的多个研究方向。三是科研范式正在经历深刻变革。解决系统性复杂问题成为当前科学发展的主要目标，导致相应的研究内容、方法和范畴等的改变，形成科学研究的多层次、多尺度、动态化的基本特征。数据驱动的科研模式有力地推动了新时代科研范式的变革。四是科学与社会的互动更加密切。发展学科及前沿领域愈加重要，与此同时，“互联网+”正在改变科学交流生态，并且重塑了科学的边界，开放获取、开放科学、公众科学等都使得越来越多的非专业人士有机会参与到科学活动中来。

“中国学科及前沿领域发展战略研究（2021—2035）”系列成果以“中国学科及前沿领域2035发展战略丛书”的形式出版，纳入“国家科学思想库－学术引领系列”陆续出版。希望本丛书的出版，能够为科技界、产业界的专家学者和技术人员提供研究指引，为科研管理部门提供决策参考，为科学基金深化改革、“十四五”发展规划实施、国家科学政策制定提供有力支撑。

在本丛书即将付梓之际，我们衷心感谢为学科及前沿领域发展战略研究付出心血的院士专家，感谢在咨询、审读和管理支撑服务方面付出辛劳的同志，感谢参与项目组织和管理工作的中科院学部的丁仲礼、秦大河、王恩哥、朱道本、陈宜瑜、傅伯杰、李树深、李婷、苏荣辉、石兵、李鹏飞、钱莹洁、薛淮、冯霞，自然科学基金委的王长锐、韩智勇、邹立尧、冯雪莲、黎明、张兆田、杨列勋、高阵雨。学科及前沿领域发展战略研究是一项长期、系统的工作，对学科及前沿领域发展趋势的研判，对关键科学问题的凝练，对发展思路及方向的把握，对战略布局的谋划等，都需要一个不断深化、积累、完善的过程。我们由衷地希望更多院士专家参与到未来的学科及前沿领域发展战略研究中来，汇聚专家智慧，不断提升凝练科学问题的能力，为推动科研范式变革，促进基础研究高质量发展，把科技的命脉牢牢掌握在自己手中，服务支撑我国高水平科技自立自强和建设世界科技强国夯实根基做出更大贡献。

“中国学科及前沿领域发展战略研究（2021—2035）”
联合领导小组
2023年3月

前　言

农业是保障国家粮食安全、助力乡村振兴和满足人民美好生活需要的重要产业。农业和人类健康息息相关，一方面农产品提供人体健康必需的能量和营养元素，另一方面重要动物疫病和人畜共患病仍频繁威胁人类健康。农业也是国际交流的重要领域，我国与“一带一路”沿线国家有着浓厚的文化基础和深远的合作历史。为应对粮食安全、生物安全等国际性挑战，世界各国都非常重视农业科学研究。目前我国已形成较完整的农业科学体系，取得了国际瞩目的研究成果，重大基础成果发表在国际顶尖期刊上，农业科学研究的国际影响力不断提升。但同时也应看到，我国的农业科学研究与欧美发达国家相比还有一定的差距，对农业产业绿色高效发展的支撑能力尚待加强。未来 5 ～ 15 年是我国农业科学跨越发展、进入创新型国家前列的战略机遇期。在这种背景下，研究农业科学的发展战略和科学布局意义重大。为此，国家自然科学基金委员会生命科学部根据“中国学科及前沿领域 2035 发展战略研究”的总体部署，成立了农业科学学科发展战略研究组，在联合领导小组指导下，组织国内有关专家，开展了系统的讨论、调研和总结工作。

农业科学是一门多学科交叉、理论与实践紧密结合的综合性学科。考虑到农业科学的分支学科较多、差别较大，在战略研究中，分别成立了农学基础与作物学、植物保护学、园艺学、植物营养学、林学、草学、畜牧学、兽医学、水产学、食品科学等分支学科的研究组，组织调研并形成各分支学科战略研究报告。在此基础上，通过多次集中研讨，形成农业科学战略研究报告，并征求多方面意见。在国家自然科学基金委员会生命科学部和中国科学院学部工作局的组织下，先后两次征询各领域专家意见，并进行了多轮修改和完善。

考虑到农业科学的学科特点，本书在内容的编排上，采取农业科学总报告、各分支学科报告的组合方式。总报告的有些内容是在分支学科报告基础上归纳凝练得来的，部分内容会有交叉。总报告由邓秀新、种康、徐强和冯锋撰写。各分支学科战略研究报告的主要负责和起草人如下：孙传清、杨新泉（农学基础与作物学），周雪平、王源超（植物保护学），李天来、黄三文（园艺学），张福锁（植物营养学），朱教君、曾庆银（林学），贺金生（草学），赵书红（畜牧学），沈建忠（兽医学），胡炜（水产学），孙宝国、陈卫（食品科学）。

本书在调研和撰写过程中得到了众多专家的指导与支持。除“中国学科及前沿领域2035发展战略丛书”联合领导小组、联合工作组、农业科学学科发展战略研究组、秘书组成员外，华中农业大学科学技术发展研究院在调研工作协调、会议安排等方面给予了大力支持。还有其他大量农业科学领域的专家参与了分支学科调研、资料提供、报告编写、修改完善等相关工作，由于篇幅有限，难以一一列出，在此一并表示衷心的感谢。

感谢国家自然科学基金委员会、中国科学院、中国农业科学院、华中农业大学等单位的大力支持。感谢科学出版社及编辑在文稿编辑和出版方面付出的大量辛勤劳动。

由于农业科学研究发展快速迭代，调研和报告撰写时间比较仓促，本书难免有不足之处，恳请专家和读者指正。

邓秀新　种　康

《中国农业科学2035发展战略》研究组组长

2022年3月24日

摘　要

农业是保障国家粮食安全、助力乡村振兴和国民经济社会发展的重要产业。农业和人类健康息息相关，一方面农产品提供人体健康必需的能量和营养元素，另一方面重要动物疫病和人畜共患病仍频繁威胁人类健康。农业还具有美化环境、涵养生态、丰富城乡景观及传承文化等社会功能，在美丽中国-生态文明建设进程中发挥着重要的基础支撑作用。农业也是国际交流的重要领域，我国与“一带一路”沿线国家的农产品交易有着浓厚的文化基础和深远的合作历史，农业对提升我国国际竞争力、拓宽国际合作、共建绿色丝绸之路至关重要。因此，农业科学作为研究农业生产理论与实践的一门综合性科学，是保障农业技术进步和产业发展、国民经济与社会稳定发展的重要支撑。发展农业科学是提高农业技术水平和农业国际竞争力的战略选择，是支撑我国乡村振兴战略实施和农业可持续发展的基础。

农业科学包括农学基础与作物学、植物保护学、园艺学、植物营养学、林学、草学、畜牧学、兽医学、水产学、食品科学等学科。农业科学受到生命科学等学科研究成果和农业产业发展需求的双重驱动，它关注农业生物学的前沿科学问题，具有为解决农业生产问题提供科技支撑的属性，其发展规律具体体现在以下四个方面。①社会经济发展和国家需求是农业科学不断发展的原动力。粮食安全等国家重大需求，消费者对优质、营养、安全农产品的需求，以及生产者对绿色、高效生产的需求不断推动着产业升级转型。②理论与实践紧密结合是农业科学发展的核心生命力。农业科学研究的问题多数来自产业发展需求及生产实践，农业科学研究的突破会促进新技术的研发，又经实践检验后转化为成果来支撑产业发展。③跨学科交叉与融合创新是推动农业科学发展的重要方式。农业科学与生物学、化学、信息学、医学、资源与环境、能源等学科交叉渗透、相互促进发展；随着现代科学技术发展，这种发展规律表现得更为突出。④合作越来越成为解决重大问题的科研模式。针对一些现实重大问题及复杂问题的研究，未来农业科学研究的国际合作增加是一个必然趋势。

我国农业科学的发展态势主要体现在以下五点。①保障粮食安全和食物营养健康是农业科学研究的核心与目标。从世界范围看，人口增长、生活水平提高导致粮食安全和营养健康食品需求压力持续加大，而耕地、水等资源不足对农业的制约日益收紧，因此，农业动植物的高产、优质、高效、绿色、安全仍然是农业科学的研究主题。②智慧农业创新加速发展，将引发未来农业范式的变革。智慧农业代表未来农业先进生产力，加强智慧农业从基础研究到技术创新再到产品创制的整体战略布局，对推动我国现代农业发展，实现农业绿色、高效、可持续发展具有重要的战略意义。③农业全产业链逐渐贯通，有利于实现农业绿色高质量发展。贯通农业全产业链，以农业全产业链物质循环及其生态环境效应的系统定量分析和系统设计为基础，突破单项“卡脖子”技术，集成综合技术模式，是实现农业绿色高质量发展的必由之路。④面向主产区是农业科学研究的重要趋势。从事农业科学基础研究的研究人员越来越重视将科学目标与国家需求相结合，围绕农业主产区产业发展中的问题开展科学研究，将基础研究成果应用于农业生产实际中，让基础研究成果在确保国家粮食安全和重要农产品有效供给中发挥更好的作用。⑤全球气候变化对农业的影响逐步显现，节能减排和环境友好势在必行。气候变化导致的极端天气事件将使农业生产和经济损失增大，农业对全球气候变化的响应与适应正受到国际科学界的广泛重视，利用现代高科技，逐渐改变农业生产经营方式，逐步实现环境友好和资源节约，是当前世界农业发展的必由之路。

为应对粮食安全、生物安全等问题，世界各国都非常重视农业科学研究。目前我国已形成完整的农业科学体系，具备了农业科学研究的平台，农业学科人才队伍日益壮大。我国科学家在水稻等农作物遗传育种研究、生物害虫聚群成灾机制、园艺产品风味形成机制、农业绿色增产增效技术体系、畜禽遗传资源与环境适应性、禽流感病毒跨种传播机制等诸多领域的重大基础研究成果具有重大的国际影响力。在作物学、园艺学、植物保护学、植物营养学、林学、食品科学等领域的研究支撑形成了一批植物新品种、新技术、新产品，畜牧学、兽医学和水产学的发展孕育了一批畜禽、水产品种，研发了各种重要新型疫苗，为我国农产品稳定增产、改善人们生活质量、保护生态环境等做出了重要贡献。但同时也应看到，我国农业科学研究与欧美发达国家相比还有一定的差距，这突出表现在领域间和不同研究对象间发展不平衡、不同领域研究力量不平衡，以及以我为主的国际合作与重大交流较少，缺乏我国主导的重大科学计划等方面。我国农业领域重大原始性创新成果、产业发展关键技术成果与产业需求还有一定的距离，储备仍有不足，对农业产业的支撑和对乡村振兴的服务能力尚待加强。我国在队伍建设、经费投入、平台建设及农业科学研究与产业发展贯通等方面仍有待完善。

未来 5 ～ 15 年是我国农业科学跨越发展、进入创新型国家前列的战略机遇期。未来 15 年农业科学的发展布局，即围绕粮食安全、乡村振兴、种源安全、农业产业绿色发展等国家重大战略需求，聚焦高产、优质、高效、绿色、安全主题，研究种业自主创新以及优良品种培育的理论与技术，揭示重要农业生物（植物、动物、微生物）生命活动、遗传改良、高效生产及农产品优质营养性状调控的基础规律，推动我国在农业种质自主创新、资源高效利用、生态环境保护、食物安全、生物产业发展等方面基础研究和应用基础研究的发展。

农业科学的发展思路是突出我国优势和特色领域，兼顾提升薄弱方向，加强我国在农作物、园艺作物，以及畜禽、水产等农业动物的生物学及遗传改良和分子设计育种、农业有害生物大区流行控制等方面研究的优势；扶持食品科学尤其是与人类营养、健康相关的研究领域，以及农业生产对全球变化的响应等薄弱方向；鼓励农业生物抗逆（生物逆境、非生物逆境）的分子机制和宏观效应等前沿方向研究；重视学科交叉和方法创新，积极开展与信息、工程科学交叉的设施农业、精准农业、植物工厂等智慧农业领域的交叉方向研究，培植农业生物组学与大数据等新兴领域。

未来5～15年，农业科学发展的战略目标是根据国家农业生产力提高和乡村振兴重大需求蕴含的重要科学问题，瞄准世界农业科学前沿，加强应用基础研究和原始创新，在更深的层面和更广泛的领域开展重大农业科学问题研究，提高我国自主创新能力和解决重大问题的能力，为国家粮食安全、农业产业转型升级与绿色健康发展提供科学支撑，使我国在2030年初步建成世界农业科技强国，成为农业高新技术创新研究方面的先进国家，并在某些研究领域处于世界领先地位；到2035年，使我国在农业科学研究领域进入创新型国家前列，原始创新、技术创新与集成创新能力跻身世界一流行列。

基于农业科学的研究规律、发展布局、发展思路和发展目标，本书提出了未来15年农业科学的优先发展领域和重大交叉领域。优先发展领域包括以下12个方面。①农业生物重要遗传资源基因发掘及分子设计育种的理论基础。遗传资源是农业生物遗传改良的战略资源，对农业生物遗传资源进行精细评价，规模化发掘和利用优良等位基因，通过分子设计将优良等位基因聚合，创制新种质，培育新品种，为促进农业转型升级与绿色发展的战略需求提供重要的科技支撑。②农业生物杂种优势形成的生物学基础及利用新途径。阐明动植物杂种优势形成的生物学基础，开拓创建杂种优势利用新途径和杂种优势固定的新育种体系，为保障我国肉粮安全做出更大贡献。③主要农业生物优质、高产、高效栽培/饲养的基础和调控。为适应新时期绿色安全生产需求，需要对农业生物产量与品质、资源高效、适应性广、生产安全等多重目标进行系统研究，这不仅是持续保障我国食物安全的核心问题，也是我国种植业、畜牧业的长期和重大战略性任务。④农作物非生物逆境抗性和养分高效利用的机制。进一步加强农作物非生物逆境抗性和养分高效利用的生物学机制研究，揭示其遗传、生理及栽培调控机制，对减轻逆境伤害与损失，提高养分利用效率，实现农作物优质、高产、高效和可持续生产具有重要意义。⑤农作物有害生物演变与成灾机制。农作物种植结构调整直接影响有害生物的寄主来源与生境条件。阐明该过程中农作物有害生物的演变过程和成灾机制，对有害生物的有效防控及作物的绿色高效生产具有重要科学价值和实践意义。⑥农业动物产品产量与品质性状形成的生物学基础。深入发掘不同品种肉蛋奶等性状形成的调控基因、主要物质合成规律及重要的调控分子，解析动物产品产量和品质形成的生物学基础，对粮食安全保障和国民营养提升十分重要。⑦主要农业动物疾病发生、传播和控制。重要动物疫病和人畜共患病仍严重影响与制约我国畜禽产业健康发展、食品安全及人类健康，针对农业主要动物疫病的发生、传播和控制进行研究，可为重要疫病的疫苗研发、诊断和药物设计及防控策略制定提供理论与技术支撑。⑧食品风味与营养、安全机制及调控机制。针对食品风味、营养和安全问题展开研究，是满足食品内在品质要求、保障居民健康的重要内容。⑨园艺作物产品器官形成与发育的机制。园艺作物产品器官形成和发育具有特殊性，从基因水平解析产品器官的形成和生长发育规律，结合我国园艺作物品种资源丰富的特点，可促进具有自主知识产权的优良园艺作物品种培育。⑩森林质量功能形成与提升机制及林木产品调控生物学基础。培育优质林木新品种，构筑森林质量功能精准提升的理论与技术体系，深化林木产品多尺度互作调控机制，提升森林质量功能与提高林木产品全质化利用已成为我国林业发展的重大科技需求。⑪优质安全草产品开发与家畜高效转化利用的生物学基础研究。优质安全草产品生产是现代草食家畜业特别是奶产业健康发展的重要基础和保障，开展优质安全草产品开发与家畜高效转化利用研究，对推动我国现代草食畜牧业和草产业的发展具有重大的战略意义。⑫果蔬及生鲜食品储藏与保鲜过程中品质变化的生物学基础。解析生鲜农产品储藏、物流期间的衰老和品质维持/劣变机制是储藏与保鲜的前提，有利于果蔬、粮食、畜禽、水产等产业提档升级，保障食品安全，提高行业竞争力和促进可持续发展。

重大交叉领域包括以下四个方面。①大数据农业生物组学与智慧农业的基础理论与技术创新。大数据和智慧农业是农业科学发展的重要前沿方向，加强农业基因组学等大数据生物学和以信息科技为依托的智慧农业研究，推动现代设施农业、精准农业、植物工厂、智慧养殖的发展，提高农业产业效益，有助于改变传统农业的面貌、增加我国农业科技的国际竞争力。②农业生产系统的环境生态互作机制和功能调控。随着农业生态系统环境压力的加大，农业生产导致的生态和环境问题日益凸显，对农业生产系统的环境生态互作和功能调控的关键基础问题开展研究，可为农业生态系统可持续发展和生态服务功能提升提供理论基础与技术支撑。③海洋牧场生态环境效应与调控机制。海洋牧场集环境保护、资源养护和渔业持续产出于一体，是实现渔业转型升级和“三产”融合发展的重要途径，多学科交叉开展海洋牧场生态环境效应与调控机制研究，支撑我国现代化海洋牧场高质量发展，对海洋生态文明建设和海洋强国战略实施具有重要意义。④农业动物优质产品绿色生产与人类健康。在动物遗传育种、营养与优质畜产品生产和人类健康的关系研究方面取得突破，是由追求数量型转向追求促进人类健康的优质型畜牧水产业发展的共识和方向。

农业科学国际合作是农业科技创新的重要组成部分。未来15年，农业科学国际合作的优先领域包括以下四个方面。①“一带一路”沿线国家农业生物资源研究与评价。共同建立“一带一路”沿线国家农业生物资源和数据平台，推动全球农业可持续发展。②跨境农业生物重大病虫害成灾机制与监测技术研究。明确不同国家多样性气候条件、多类型农业管理制度、种植养殖方式与跨境病虫害之间的发生规律，有效控制重大病虫害。③食源性致病微生物全球传播与分子溯源网络建立及应用评价。食源性致病微生物呈现全球传播与流行趋势，构建食源性致病微生物全球传播监测网络与分子溯源体系是保障食品安全和及时应对食源性致病微生物暴发事件的重要举措。④农业生物对全球气候变化的响应。全球气候变化直接影响农业生物的生产、品质和安全，并调节作物与有害生物的种群关系，影响全球粮食安全和生态安全，已成为人类生存和发展面临的共同挑战。

Abstract

Agriculture is an important industry to ensure national food security, support rural revitalization, and facilitate national economic and social development. It is closely related to human health. On the one hand, agricultural products are an important source of energy and nutritional elements necessary for human health. On the other hand, important animal epidemics and zoonosis are still posing frequent threats to human health. In addition, agriculture bears a variety of social functions, including landscaping, ecological conservation, urban and rural landscape construction, cultural inheritance, etc., thus playing a fundamental role in the ecological civilization construction of "Beautiful China". Agriculture is also an essential field of international exchanges. China boasts a profound cultural foundation and history of cooperation in the transactions of agricultural product with countries along the "Belt and Road". This industry is thus crucial for strengthening the country's international competitiveness and broadening international cooperation in building the Silk Road of Green Development. This is why agricultural science, as a comprehensive science to study the theories and practices of agricultural production, is a crucial support of agricultural technology progress, industrial development and the steady growth of national economy and society. To develop agricultural science is strategic choice of China to improve its agricultural technology and international competitiveness in agriculture, which will lay a foundation for the implementation of China's rural revitalization strategy and agriculture sustainable development.

Agricultural science covers multiple disciplines, including basic agriculture and plant/crop science, plant protection, horticulture, plant nutrition science, forestry, herbalism, animal science, veterinary medicine, fishery science, food science and agricultural interdisciplinary disciplines. Driven by both the research achievements of life science and other disciplines and the development needs of agricultural industry, agricultural science not only concerns the cutting-edge scientific issues in the field of agrobiology, but also provides technical support for addressing problems in agricultural production. The laws that underlie the development of agricultural science are manifested in the following four aspects. (1)Social and economic development and national demands are the motive power driving the constant growth of agricultural science. For example, the industrial upgrading and transformation of agriculture is the result of continuous spurring of a series of demands, including major national demands (e.g., food security), consumers' demands for high-quality, nutritious and safe agricultural products, and manufacturers' demands for green and efficient production. (2)The core vitality of the development of agricultural science lies in the close combination of theory and practice. Most of the problems in agricultural science research result from industrial development demands and production practice. Breakthroughs in this field will spur the research and development of new technologies, which are likely to be transformed into actual outcomes to support industrial development. (3)Interdisciplinary fusion and integrating innovation is an important means to promote the development of agricultural science. With the development of modern science and technology, the trend of fusion, penetration and mutual promotion between agricultural science and other disciplines such as biology, chemistry, informatics, medicine, resource and environment, and energy is becoming more prominent. (4)Cooperation has increasingly become the solution of scientific research to address major issues. There is inevitably a growing trend of international cooperation in the research on agricultural science for some major practical and complex problems in the future.

The development trend of agricultural science in China is mainly reflected in following several aspects. (1)The focus and goal of agricultural science research are to ensure food security and food nutrition and health. From the global perspective, population growth and upturn living standards have led to increasingly growing pressure on food security and the demands for nutritious and healthy food. However, the shortage of arable land, water and other resources has increasingly tightened the constraints on agriculture. (2)The accelerated development of smart agriculture innovation will lead to the transformation of agricultural paradigm in the future. Smart agriculture represents an advanced productive force of agriculture in the future. To improve our overall strategic planning of smart agriculture from basic research to technological innovation and product creation is of great strategic significance to promoting the green, efficient and sustainable agricultural development of modern agriculture in China. (3)The gradual complete connection of the whole industrial chain of agriculture is facilitating its green and high-quality development. Connection to the whole industrial chain of agriculture is the only way to realize green and high-quality development of agriculture. Specific efforts include resolving technology bottlenecks through innovation and integrating technology patterns based on quantified system analysis and design for the material cycle of the whole industrial chain of agriculture and its ecological and environmental effects. (4)Problems from major agricultural regions are becoming an important subject of research on agricultural science. The personnel engaging in basic research of agricultural science are giving increasing weight to the combination of scientific goals and national demands in the scientific research on the problems of industrial development in major agricultural regions. The basic research outcomes are then applied in agricultural production so that they will play a better role in ensuring national food security and effective supply of important agricultural products. (5)The growing impacts of global climate change on agriculture make it imperative to carry out emission reduction and eco-friendly campaigns. Extreme climate events will lead to more losses in agricultural production and economy. How the agriculture sector responds and adapts to global climate changes is widely concerned by the international scientific community. It is believed that the key to global agricultural development at present lies in the utilization of modern high technology to gradually reform the mode of agricultural production and operation towards the goals of environmental friendliness, resource conservation.

In order to address food security, biological security and other issues, all countries in the world put a high value on the research of agricultural science. China now has established a complete agricultural science system and a platform for agricultural science research. Besides, the number of agricultural professionals is also expanding. Chinese scientists have produced a great many major basic research achievements with significant global influence in fields such as the research on genetics and breeding of rice and other crops, the mechanism of biological pest clustering disasters, the mechanism of horticultural product flavor formation, the technical system for increasing the yield and efficiency of agricultural green products, the adaptability of livestock and poultry genetic resources to the environment, and the mechanism of cross-species transmission of avian influenza viruses. A number of new plant varieties, technologies and products have been developed through research in crop science, horticulture, plant protection, plant nutrition, forestry, food science and other fields. With the development of animal husbandry, veterinary science and fishery science, new species of livestock, poultry and aquatic products and a variety of important new vaccines have been produced. Those achievements have contributed greatly to the stable increase in agricultural output, life quality improvement and ecological environment protection in China. However, it should also be noted that there is certain gap between China's agricultural science research and the international advanced level in the United States and Europe. It is mainly reflected in the unbalanced development among different sectors and different research objects, the imbalance of research forces in different fields, the lack of international cooperation and major exchanges dominated by China, and the lack of major scientific plans led by China. A gap remains between the major original innovation achievements in agriculture, key technical results of industrial development and industrial demands, as relevant reserves are still insufficient. The country's capacity to support agricultural development and rural revitalization remains to be strengthened. Other efforts shall be intensified to promote team building, funds input, platform construction, and the connection between agricultural science research and industrial development.

The next 5 to 15 years will be a period of strategic opportunity for the great-leap-forward development of the country's agricultural science and its transformation into a leading innovative power in the world. The country's development planning of agricultural science in the next 15 years will be focused on addressing major national strategic needs such as food security, rural revitalization, seed source security and green agricultural development in order to realize the goals of high yield, high quality, high efficiency, eco-friendliness and safety. Through research on the theories and technologies for independent innovation of seed industry and breeding of excellent varieties, this book will reveal the basic laws underlying the vital activities of agricultural lives (plants, animals, microorganisms), genetic improvement, efficient production, and regulation of high-quality nutritional traits of agricultural products. In addition, this book will promote the development of basic research and applied basic research in fields such as independent innovation of agricultural germplasms, efficient utilization of resources, ecological and environmental protection, food safety, and biological industry development.

The development mode of agricultural science includes intensification advantages and characteristics, improving the country's weaknesses and reinforcing its strengths in the research of food crops, horticultural plants, livestock, poultry, aquatic products and other agricultural animals, as well as their genetic improvement, molecular design and breeding, and regional epidemic control of agricultural pests; supporting research on food science, subjects related to human nutrition and health, and the country's weak links such as agricultural production response to global changes; encouraging research on frontier domains such as the molecular mechanism and macro effects of agricultural biological stress resistance (including resistance to biological and abiotic stress); attaching importance to interdisciplinary research and techniques innovation, i.e., actively carrying out interdisciplinary research on smart agriculture fields such as facility agriculture, precision agriculture and plant factories that intersect with information engineering science, and developing emerging fields such as agricultural bioinformatics and big data.

The strategic goals of developing agricultural science include strengthening applied basic research and original innovation on important scientific issues arising from the major demands of agricultural productivity improvement and rural revitalization for the purpose of reaching the world advanced level in agricultural science; studying major agricultural scientific problems at a deeper level and in a wider range; improving China's capacity of independent innovation and addressing major problems; and providing scientific support for the transformation and upgrading of agricultural industry and its green and sound development. In doing so, it is expected that China will become a leading innovative power in agriculture by 2035, with its capabilities of original innovation, technological innovation and integrated innovation ranking among the best in the world.

This study provides a list of priority fields and major interdisciplinary fields for the development of agricultural science in the next 15 years based on the research laws, development planning, development strategy and development goals of agricultural science. The priority fields include the following aspects. (1)The theoretical basis of gene discovery and molecular design breeding of important genetic resources for agricultural living things. Genetic resources are strategic resources for genetic improvement of agricultural lives. A series of moves will be taken to provide important technical support for the efforts to satisfy the strategic needs of agricultural transformation and upgrading and green development, including fine evaluation of genetic resources for agricultural lives, large-scale exploration and utilization of excellent allele, aggregation of excellent alleles through molecular design, creation of new germplasms and cultivation of new varieties. (2)The biological basis of heterosis for agricultural lives and their new utilizations. The interpretation of the biological basis for the formation of animal and plant heterosis and the development of new approaches to utilize heterosis and a new breeding system with fixed heterosis will contribute more to the ensuring meat and grain safety in China. (3)The basis and regulation of high-quality, high-yield and high-efficiency cultivation/feeding of major agricultural lives. As a core task to adapt to the demands for green and safe production in the new era and to ensure food safety in China on a continuous basis, China will conduct multi-objective systematic research on the yield and quality, resource efficiency, adaptability and production safety of agricultural lives. (4)The mechanism of crop resistance to abiotic stress and efficient utilization of nutrients. Efforts to strengthen the research on the biological mechanism of abiotic stress resistance and nutrient efficient utilization of crops, and to reveal their genetic, physiological and cultural regulation mechanism are of great significance for achieving high-quality, high-yield, high-efficiency and sustainable crop production. (5)Crop pests and disaster occurrence mechanism. As the adjustment of crop planting structure has a direct impact on the host source and habitat conditions of pests, an explanation of the evolution process and disaster mechanism of crop pests in such process is of important scientific value and practical significance to effectively control pests and promote green and efficient crop production. (6)The biological basis for the formation of yield and quality traits of agricultural animal products. In order to ensure food security and improve national nutrition, it is essential to intensify efforts to discover the regulatory genes, synthesis pattern of main substances and important regulatory molecules for the formation of different varieties of meat, eggs and milk, and to analyze the biological basis for the formation of animal product yield and quality traits. (7)The occurrence, transmission and control of major agricultural animal diseases. China is still severely impacted and restricted by important animal epidemics and zoonosis in the sound development of its livestock and poultry industry as well as food safety and human health. The research on the occurrence, transmission and control of major agricultural animal epidemics will provide theoretical and technical support for the design of vaccines, diagnosis and drugs as well as the generation of prevention and control strategies for important epidemics. (8)The mechanism and regulation of food flavor, nutrition and safety. China will conduct research on food flavor, nutrition and safety issues as an important move to meet the interior requirements of food quality and safeguard residents' health. (9)The mechanism of organ formation and development of horticultural crops. Due to the particularities of organ formation and development of horticultural crops, the analysis of their laws from the perspective of gene levels will provide insights into plant developmental biology and promote the cultivation of excellent horticultural crop varieties with independent intellectual property rights. (10)The mechanism for the formation and improvement of forest quality functions and the biological basis of forest product regulation. To facilitate forestry development in China, a number of major technological demands shall be addressed, including cultivating new varieties of high-quality forest trees, building a theoretical and technical system for precise improvement of forest quality functions, deepening the multi-scale interaction and control mechanism of forest products, improving forest quality functions and increasing the full quality utilization of forest products. (11)Basic biological research on the development of high-quality and safe grass products and efficient livestock transformation and utilization. The production of high-quality and safe forage products is essential for the sound development of modern herbivorous livestock industry. In order to promote the development of modern herbivorous animal husbandry and grass industry, it is of great strategic significance to study the development of high-quality and safe forage products and efficient livestock transformation and utilization. (12)The biological basis of quality variation of fruits, vegetables and fresh food during storage and preservation. An understanding of the aging and quality maintenance/deterioration mechanism of fresh agricultural products during storage and transportation is the premise to ensure their efficient storage and retain freshness, which will contribute to the upgrading of fruit and vegetable, grain, livestock and poultry, aquatic products and other industries, ensure food safety, improve industry competitiveness and promote sustainable development.

The major interdisciplinary fields include the following four aspects. (1)The basic theory and technological innovation of big data-based agricultural bioinformatics and smart agriculture. Big data and smart agriculture are important frontiers of agricultural science. A series of measures can be taken in these fields to transform traditional agriculture and increase the country's international competitiveness of agricultural science and technology, including strengthening research on big data biology (e.g., agricultural genomics) and IT-based smart agriculture, promoting the development of modern facility agriculture, precision agriculture, plant factories and smart farming, and increasing the efficiency of agricultural industry. (2)The eco-environmental interaction mechanism and functional regulation of agricultural, forestry and grass production systems. The increasing environmental pressure on the agricultural ecosystem has resulted in increasingly prominent ecological and environmental problems in agricultural production. Thus, it is necessary to study the key and essential issues impacting the environmental ecological interaction and functional regulation of the agricultural production systems, which will provide theoretical basis and technical support for the sustainable development of agricultural ecosystem and the improvement of ecological service functions. (3)Research on the eco-environmental effect and regulation mechanism of marine ranching. As an industry integrating functions of environmental protection, resource conservation and sustainable fishery output, marine ranching plays an important role in promoting the transformation and upgrading of the fishery industry and the integration of the three major agricultural industries. The interdisciplinary research on the ecological environmental effect and regulation mechanism of marine ranching will support the high-quality development of the country's modern marine ranching industry, which will be of great significance to marine ecological civilization construction and the implementation of the strategy of building maritime power. (4)Green production of high-quality agricultural animal products and human health. China is dedicated to making breakthroughs in the research on the relationship between animal genetics breeding, nutrition and production of high-quality livestock products, and human health. This is also the common aspiration and goal of shifting from the pursuit of quantity-oriented animal industry and aquatic products industries to quality-oriented industries that aim at enhancing human health.

The international cooperation on agricultural science plays an important part in agricultural science and technology innovations. This study proposes to intensify international cooperation in the following key fields of agricultural science in the next 15 years. (1)Research and evaluation of agricultural biological resources in countries along the "Belt and Road". Concerted efforts will be made to establish agricultural biological resources and data platforms in countries along the "Belt and Road" to promote sustainable development of global agriculture. (2)Research on the disaster mechanisms and monitoring technologies of major cross-border diseases and pests of agricultural living things. In order to effectively control the major diseases and pests of agricultural living things, this book will conduct research on the relationship between diverse climate conditions, various agricultural management systems, planting and breeding methods and cross-border pests and diseases in different countries. (3)Establishment, application and evaluation of the global transmission and molecular traceability network of food-borne pathogenic microorganisms. Facing the global spread of food-borne pathogenic microorganisms, we need to establish a global transmission and molecular traceability network as an important move to ensure food safety and immediate response to the outbreaks of food-borne pathogenic microorganisms. (4)Response of agricultural lives to global climate changes. Global climate changes have become common challenges for human survival and development as they directly affect the production, quality and security of agricultural lives, regulate the population relationship between crops and pests, and impact global food security and ecological security.

目　录

第一章

农业科学总论

农业是立国之本，2013 年 12 月召开的中央农村工作会议强调，“中国人的饭碗任何时候都要牢牢端在自己手上”。在我国大力推进乡村振兴、健康中国等重大战略的新时代背景下，农业的战略地位越来越重要。“十三五”期间，我国作物学、园艺学、水产学、食品科学等领域的研究非常活跃，在水稻分子遗传及设计育种、园艺产品品质调控、作物养分利用机制、重大病虫害抗性机制、畜禽遗传资源学等研究领域取得了国际瞩目的研究成果，并将其发表在《科学》(*Science*)、《自然》(*Nature*)、《细胞》(*Cell*) 等国际顶尖期刊上。经过对农业科学领域 10 个分支学科的文献调研和专家讨论，总结出高产、优质、高效、多抗、耐逆、绿色与环境友好是当前农业科学研究的主题，种质资源收集评价与创新、优质绿色性状形成机制、重大病虫害的发生与传播规律，以及全球气候变化对农业的影响等研究迫在眉睫，以组学信息为基础的设计育种将成为重要手段，并且智慧农业的加速发展将引发未来农业范式变革。到 2035 年，我国农业科学研究领域以进入创新型国家前列为目标，为确保粮食和生态安全、种业科技自立自强、农产品更好满足人民美好生活需要提供科技支撑。

第一节　农业科学发展战略

一、农业科学的战略地位

（一）农业科学的定义

农业科学是研究农业生产理论与实践的一门综合性科学，是支撑农业产业可持续发展、国民经济与社会稳定发展的重要基础。农业科学包括农学基础与作物学、植物保护学、园艺学、植物营养学、林学、草学、畜牧学、兽医学、水产学、食品科学等学科。

农业科学受到生命科学等学科研究成果和农业产业发展需求的双重驱动，它关注农业生物学的前沿科学问题，具有为解决农业生产问题提供科技支撑的属性。农业科学的发展特点表现为从单一学科向多学科交叉，从单一层面到多个层次整合。农业生物组学、智慧农业等已成为农业科学研究的重要交叉领域，通过多单位合作甚至国家 / 地区合作，解决农业大尺度和高难度问题的趋势越来越明显。农业科学研究将以保障食物安全、农业可持续发展、乡村振兴战略实施为目标，为农业生物新品种培育和病虫害控制、农业资源高效利用、绿色优质农产品或原料有效供给提供理论和方法。

国家自然科学基金主要资助农业科学（包括农学基础与作物学、植物保护学、园艺学、植物营养学、林学、草学、畜牧学、兽医学、水产学、食品科学等）的基础研究和应用基础研究。按照其改革的资助导向，国家自然科学基金重点关注产业重大需求所引发的研究以及影响产业发展的瓶颈问题研究，鼓励学科交叉和国际合作。

（二）农业科学的战略地位

农业是保障国家粮食安全、助力乡村振兴和国民经济社会发展的重要产业。粮食安全始终关系社会稳定和国家自强。农业科学是保障农业技术进步和产业发展的重要支撑。发展农业科学是提高农业技术水平和农业国际竞争力的战略选择，是支撑我国乡村振兴战略实施和提高农业综合生产能力的基础。

农业和人类健康息息相关。粮棉油、肉蛋奶、果菜茶等农产品不仅能提供碳水化合物、蛋白质、脂肪等能量物质，而且能提供人体健康必需的维生素、矿物质营养和食用纤维等生理活性物质。另外，重要动物疫病（如非洲猪瘟、禽流感等）和人畜共患病频繁威胁人类健康，加强农业生物研究有利于防控重大疫情和保障我国生物安全。

农业具有美化环境、涵养生态、丰富城乡景观及传承文化等社会功能，在美丽中国-生态文明建设进程中发挥着重要的基础支撑作用。农业研究涉及的“土壤-植物-动物-食物链-环境”系统以及生态环境空间格局等研究将为农业可持续发展提供支撑。农业及农业科学研究也是国际交流的重要领域。古代“陆上丝绸”和“海上丝绸”贸易有丰富的农产品交易，茶、香料、水果等经济作物及粮食作物，有浓厚的文化基础和深远的合作历史。农业及农业科学将进一步提升我国的国际影响力，有利于生态环境、生物多样性和应对气候变化的国际合作，共建绿色丝绸之路。

二、农业科学的发展规律与发展态势

农业科学是一门实践性很强的应用基础学科，其发展除遵循科学研究的一般发展规律外，还体现出以农业面临的重大问题需求为内在动力的发展规律。同时，随着社会经济发展和科学技术进步，在众多传统学科和新兴学科交叉融合下，面对新形势下的农业新需求，农业科学发展进一步加速，研究对象和研究内容不断拓展与深入。

（一）学科发展规律

1. 社会经济发展和国家需求是农业科学不断发展的原动力

农业是人类衣食等最基本物质需求的根本来源，随着人口增长、生活水平提高，对主要农产品的需求持续增长；特别是农业资源日益紧缺，全球粮食危机不断，农业已成为关系到人类生存和健康、社会稳定和发展、国家自立和安全的重大战略基础。这些重大战略需求都是驱动农业科学不断发展的原动力。应对资源、环境、能源压力，支撑农业动植物高产、高效、安全、优质生产一直是农业科技的主题。围绕相关科学问题的基础研究更成为农业科学研究的重点，将为确保人类社会和谐发展提供知识基础和技术支撑。

2. 理论与实践紧密结合是农业科学发展的核心生命力

农业科学研究的问题多数来自产业发展需求及生产实践，农业科学研究的突破会促进新技术研发，经实践检验后转化为成果来支撑产业发展。因此，农业科学理论与农业生产实践的结合是农业科学发展的重要规律和特点。我国在超级杂交水稻、双低油菜等新品种培育，禽流感疫苗、生物农药等动植物疫病防控，节水、节地、节肥、节药等节约型技术，设施农业、现代农业装备等方面取得了一批重大原创性成果，这些都与农业科学研究紧密相关。目前，农业科技竞争全球化、激烈化趋势明显，从基础研究到生产应用的转化步伐显著加快，我国要在国际竞争中把握主动权，就必须加快农业科学基础研究和前沿领域的原始创新。

3. 跨学科交叉与融合创新是推动农业科学发展的重要方式

农业科学是一个涵盖多个分支学科的综合性大学科。农业科学与生物学、化学、信息学、医学、资源与环境、能源等学科交叉渗透，相互促进发展，随着现代科学技术发展，这种发展规律表现得更为突出。生命科学迅猛发展是农业科学进步的强大推动力，基因工程、发酵工程、酶工程、胚胎工程、基因编辑等生物技术的日趋成熟和广泛应用引发了农业科学研究的根本性变化，不仅对农业生物的认识深入分子水平，而且增加了工程操作的可行性。农业科学正从多学科、多层次的角度深入研究农业生物产量、品质、安全、绿色等农业基础科学问题，研究领域不断拓展。这些都为动植物种质创新、产品生产、资源高效利用及环境保护提供了理论和潜在的技术支撑。

4. 合作越来越成为解决重大问题的科研模式

近年来，国际合作的趋势进一步加强。一方面，我国农业产业的一些现实重大问题，如气候变化对农业的影响、重大动物疫情、植物迁飞性虫害等研究需要多国合作；另一方面，针对复杂问题的研究，例如针对某一科（属）植物的基因组研究，出现多国（或地区）合作的大科学计划等情形。可以预见，未来农业科学研究的国际合作增加是一个必然趋势。

（二）农业科学发展态势

1. 保障粮食安全和食物营养健康是农业科学研究的核心和目标

从世界范围看，人口持续增长和生活水平提高对农产品的需求不断增加，而耕地、水等资源的不足对农业的制约日益收紧。因此，未来 5 ～ 10 年，农业动植物的高产、优质、高效、绿色、安全仍然是农业科学的研究主题。依靠科技保障粮食供给，在 18 亿亩[①]耕地的背景下提高土地利用率、产出率以及实现可持续发展是我国农业未来发展的必由之路。

目前，国际范围内对作物超高产理论和技术的探索正在蓬勃开展，提高农作物对光能、水分、营养等资源的利用率，提高畜禽、水产动物对饲料（饵料）的利用率，挖掘农业生物生产潜力，建立超高产、高效、安全生产理论与技术体系是农业科学的主要目标。积极应对全球性气候变化，如何有效控制农作物病、虫、草、鼠等生物危害，干旱、盐碱、高温等非生物逆境，以及有效控制农业动物疾病，探索粮食、果菜、林木、畜禽、水产等绿色、高效、轻简生产理论和技术，防止土地退化、控制和修复退化农业生态系统也是我国农业科学研究的重要任务（农业农村部，2021）。食品营养、安全和监测已成为国际研究的热点，在动植物生产和加工链中，如何评估、监测和控制农药、兽药、病原体等可能威胁食品安全和人类健康的因子，也是重大科技问题。

2. 智慧农业创新加速发展，将引发未来农业范式的变革

随着信息技术、材料科学和工程技术与农业科学的交叉，智慧农业快速发展。智慧农业根据不同农业场景，以多参数传感器融合数据为基础，通过信息学、表型学、机械学、控制学、应用数学等多学科交叉，将卫星遥感（RS）、无人机遥感和地面物联网融入农业生产全过程，系统获取农业对象生长发育和各环境要素感知信息，采用大数据和人工智能算法以及定量计算模

① 1 亩≈ 666.67 平方米。

型生成控制决策，实现对农业生产过程的最优控制。当前，世界处于人工智能、大数据、智能制造和仿生机器人技术创新暴发期，发达国家纷纷制定政策，引领以无人值守、智能、精准为主题的基础生产力升级，美国、日本、欧洲等农业发达国家和地区在智慧农业、无人农场的理论方法与技术产品创新方面均走在前列，已发展到传感器、机器人、智能化装备的产业技术竞争阶段。数字技术与农业深度融合发展，使得无人农场/养殖场成为世界发展热点与前沿，孕育着第三次农业绿色革命——农业数字技术革命的到来。

智慧农业代表未来农业先进生产力，我国在该领域的应用基础研究薄弱，产品技术创新乏力，加强智慧农业从基础研究到技术创新再到产品创制的整体战略布局，对推动我国现代农业发展，实现农业绿色、高效、可持续发展具有重要的战略意义。

3. 农业全产业链逐渐贯通，有利于实现农业绿色高质量发展

我国人多地少、资源紧缺，对实现提质增产、绿色安全、环境友好、省力高效等目标的需求日益迫切。要实现这些目标，首先要贯通农业全产业链，以农业全产业链物质循环及其生态环境效应的系统定量分析和系统设计为基础，创新单项“卡脖子”技术，集成综合技术模式，实现农业绿色高质量发展。农业绿色高质量发展需要创新全产业链系统理论和各学科界面交叉理论，解决农业绿色发展各交叉界面融合的关键问题，提出区域农业绿色发展的实现途径，重点突破农业生产过程中农业生物-农业资源-农业环境-农业管理系统交叉界面上的前沿科学问题和关键技术，揭示界面间的耦合机制，阐明农业绿色高质量发展的实现途径。

4. 面向主产区是农业科学研究的重要趋势

为确保国家粮食安全和重要农产品的有效供给提供支撑是农业科学研究的根本任务。为了让基础研究成果在确保国家粮食安全和重要农产品的有效供给中发挥更好的作用，近年来，中国科学院、中国农业科学院、中国农业大学等科研单位在农业主产区建立实验站（或研究中心）。从事农业科学基础研究的研究人员越来越重视将科学目标与国家需求相结合，围绕农业主产区产业发展中的问题开展科学研究，面向未来，将基础研究成果应用于农业生产实际。

5. 全球气候变化对农业的影响逐步显现，节能减排和环境友好势在必行

农业对全球气候变化的响应与适应正受到国际科学界的广泛重视。随着全球人口和经济规模不断增长，化石能源使用造成的环境问题愈来愈突显，将直接影响到未来农业生物生产力及全球粮食安全，甚至对全球的生态安全构成威胁。

全球气候变化、温室气体排放与农业密切相关，又直接影响农业生产发展。一方面，气候变暖、日照减少、降水分布不均在改变区域气候资源量的同时，也使极端天气事件频繁发生，导致区域性干旱、洪涝、热害、冷害、冰雪灾害等极端天气事件增加，农业生产和经济损失增大，必须加强防控。另一方面，为积极应对全球气候变化，研究全球气候变化后的农业生物响应过程和规律，采用人为调控技术自主适应气候变化；同时围绕生物质等绿色新能源、农林系统固碳、节能减排理论与技术研究，利用现代高科技，逐渐改变农业生产经营方式，逐步实现环境友好和资源节约，是当前世界农业发展的必由之路。

三、农业科学的发展现状与发展布局

（一）发展现状

随着国家对农业科学研究投入的不断增加及农业科学人才引进和培养力度的不断加大，我国已形成完整的农业科学体系，具备了农业科学研究的平台，农业科学研究的国际影响力不断提升（中国科学院文献情报中心，2018）。但同时我们也应看到，我国农业科学研究与欧美发达国家相比还有一定的差距，农业科学研究成果对农业产业的支撑和对乡村振兴的服务能力尚待加强；在队伍建设、经费投入、平台建设及农业科学研究与产业发展贯通等方面仍有待完善。

1. 农业科学研究水平和国际影响力不断提升，与发达国家的差距逐步缩小

近年来，我国科技人员在农业科学基础研究方面取得了突出的成绩，国际影响力不断提升。我国科学家在众多领域，包括水稻等作物遗传育种研究

（Yu et al.，2021；Ma et al.，2015；Yu et al.，2018；Huang et al.，2016；Wang et al.，2018a；Gao et al.，2021；Wu et al.，2020）、生物害虫聚群成灾机制（Guo et al.，2020）、园艺产品风味形成机制（Zhu et al.，2018）、农业绿色增产增效技术体系（Cui et al.，2018）、畜禽遗传资源与环境适应性（Lin et al.，2019）、禽流感病毒跨种传播机制（Zhang et al.，2013a）等的研究成果在《科学》《自然》《细胞》等国际顶尖期刊上发表，在国际学术界产生了重要影响。

中国科学家在水稻株型、籽粒大小、耐逆基因克隆方面成就卓越，水稻生物学、作物基因组学研究影响深远，中国领导的群体基因组研究，为深入揭示水稻驯化和杂种优势等科学问题提出了更加深刻的见解（Anonymous，2017）。在水稻产量与稻米品质形成的分子基础研究方面取得了一系列重大研究进展，率先提出并建立了高效精准的设计育种体系（景海春等，2021；Zeng et al.，2017），研究成果获得2017年国家自然科学奖一等奖。

从整体上看，我国农业科学研究与发达国家的差距逐步缩小，一些研究领域和方向已达国际先进水平，部分成果国际领先。但是我国农业科学研究与国际先进水平仍有一定的差距，突出表现在：第一，不同领域间和不同研究对象间发展不平衡，部分领域和研究对象原创性基础研究较少；第二，不同领域的研究力量不平衡，东西部地区人才数量差距有拉大趋势；第三，以我为主的国际合作与重大交流较少，缺乏我国主导的重大科学计划。

2. 形成了较完整的农业科学学科体系，但对农业的支撑能力和引领作用仍有待加强

我国在作物学、园艺学、植物保护学、植物营养学、林学、食品科学等领域的研究支撑形成了一批植物新品种、新技术、新产品，对我国粮食和农产品稳定增产、人们生活质量改善、生态环境保护等方面贡献巨大。畜牧学、兽医学和水产学的发展，孕育了一批畜禽、水产品种，研发了多种重要新型疫苗，在我国重大动物疫病、人畜共患病防控中发挥了不可替代的作用。但我国农业领域重大原始性创新成果、产业发展关键技术成果与产业需求还有一定的距离，储备仍有不足，农业科技对农业产业发展的引领和支撑作用还有待加强。例如，我国植物新品种、作物栽培技术还满足不了优质专用、机械化专用、特定消费人群专用等新形势的需求；围绕农产品优质、绿色、高

效生产的病、虫、草、微生物等危害机制研究还不够系统，农产品安全、外来生物入侵的威胁依然严峻；非洲猪瘟等重大疫病给我国养殖业带来了重大损失，对动物疫病病原的致病与免疫相关基础研究的前瞻性不够；水产养殖方式对生态环境的压力与日俱增，水产清洁生产的理论、调控机制及技术体系亟待完善；食品生产、保鲜等过程中的瓶颈问题尚未解决，影响食品行业发展和国际竞争力；林草基础研究相对薄弱，对林业、草牧业发展和生态建设支撑不够。

3. 农业学科队伍建设、科研平台不断加强，但尚不能满足农业科技创新的需要

近年来，我国农业科研队伍建设不断加强，农业科研平台和装备水平不断改善。在已有农业科学研究人才培养体系的基础上，多所综合性大学，如北京大学、中国科学院大学、中山大学等相继成立了现代农学院，加强对现代农业科技人才的培养。农业学科人才队伍日益壮大，来自基础研究领域的青年人才比例增加，基础研究实力不断提升，已形成一支老中青结合、从基础到应用的多学科协作、有较强科研竞争力的学术队伍。目前，我国拥有世界上最庞大的农业科技队伍，但有国际影响力的领军人才较少，其解决农业生产问题的能力还有待提高，应加强对青年人才产业思维与服务产业能力的培养。在农业科学研究平台建设方面，已建成国家级和部级重点实验室、野外科学观测试验站、国家南繁科研育种基地相结合，覆盖全国的农业生物良种繁育推广体系，以农业生物改良中心、分中心为补充的科研基地网络。不同学科间存在研究平台的差异和不平衡，如园艺学学科迄今尚未建立国家重点实验室，有的学科领域虽然建立了国家重点实验室，但在农业科学创新、解决农业产业发展中的问题方面的综合作用还有待进一步提升。科研平台布局也存在需要优化和加强的地方，总体而言，中西部偏少，平台基础偏弱。

4. 农业科学各领域研究水平明显提升，但重大理论和重要技术创新能力有待加强

近年来，农业科学各学科领域研究水平均有大幅度提升，但大量研究集中在少数热点领域，拥有自主知识产权的创新性研究成果较少；在农业生物遗传及品种改良领域，对于重要经济性状形成的交叉调控网络理解得还不够，

迫切需要加强农业生物组学研究。

（二）学科发展布局

未来5～15年，农业科学的发展布局贯彻粮食安全的大食物观，针对农业生产发展和乡村振兴蕴含的科学问题，重点支持以揭示重要农业生物（植物、动物、微生物）生命活动、重要农艺性状形成机制、环境适应性与调控机制为主的基础和应用基础研究，进一步推动我国在种质创新、资源高效利用、生态环境保护、食物安全、生物育种等方面的基础研究和应用基础研究发展；实现藏粮于地、藏粮于技，更好地满足人民对美好生活的需要。把握国际学科发展态势，明确并重点支持一批我国有优势和特色的重点和前沿领域；培植农业生物组学与大数据、智慧农业等新兴领域和学科生长点，促进源头创新，大力提倡和鼓励学科交叉与合作，加强农业科研国际合作。

四、农业科学的发展目标及其实现途径

（一）发展目标

未来5～15年，农业科学发展的战略目标是根据国家农业生产力提高和乡村振兴重大需求蕴含的重要科学问题，瞄准世界农业科学前沿，加强应用基础研究和原始创新，在更深的层面和更广泛的领域开展重大农业科学问题研究，提高我国自主创新能力和解决重大问题的能力，为国家粮食安全、农业产业转型升级与绿色健康发展提供科学支撑，使我国在2030年初步建成世界农业科技强国，成为农业高新技术创新研究方面的先进国家，并在某些研究领域处于世界领先地位；到2035年，使我国在农业科学研究领域进入创新型国家前列，原始创新、技术创新与集成创新能力跻身世界一流行列。

至2025年，农业科学研究的主要战略目标是：构建完善的农业生物组学理论和技术体系并将其广泛应用；阐明主要农业生物基因组结构与重要性状基因功能，结合农业生物组学信息，规模化发掘和鉴定优良基因，解析重要农艺和经济性状的形成机制，建立优良等位基因高效导入或聚合技术，完善农业生物重要性状遗传改良及分子设计育种的技术和理论基础；阐明农作物病虫害和动物疾病的致病机制、疫病流行规律并建立相关防控理论；阐明

农作物养分、水分和农业动物营养高效利用的理论基础，为实现我国农作物、畜禽、水产高产与资源高效利用提供理论依据；探明农产品产后主要品质变化规律及调控机制，结合先进的食品安全检测技术和生物加工制造技术，为建立高效安全的农产品储运、加工技术提供理论指导；通过对农业生产系统与环境互作机制和调控基础的阐述，探明全球气候变化对农业生产的影响，以及主要农业生物响应和适应其变化的主要过程、机制和规律，为农业可持续发展提供理论基础和技术支撑。

（二）发展目标的实现途径

为实现农业科学发展目标，在农业科学研究方面应加强我国在水稻等作物及畜禽、水产等农业动物的生物学及遗传改良和分子设计育种、农业有害生物大区流行控制等方面的研究优势，保持国际先进和领先水平；扶持食品科学尤其是与人类营养、健康相关的研究领域，以及农业生产对全球变化的响应等薄弱方向；鼓励农业生物抗逆（生物逆境、非生物逆境）的分子机制和宏观效应等前沿方向研究；积极开展与信息、工程科学交叉的设施农业、精准农业、植物工厂等智慧农业领域的交叉方向研究；为农业科学和农业产业发展、乡村振兴，尤其是提高西部地区农民收入和巩固脱贫攻坚成果提供科学技术支撑。

在科学基金资助管理方面，结合农业科学应用基础研究的特点，根据国家农业重大需求和乡村振兴战略，更加重视对影响农业产业发展瓶颈问题的应用基础研究，加强对农业交叉学科发展及产业链贯通和延伸相关的设施园艺、畜禽生产、水产养殖、食品科学和智慧农业等领域的系统和综合研究；鼓励对农业生物功能基因组学、表型组学以及农业生物与有害生物互作及抗非生物逆境的分子机制等学科前沿问题的创新性研究。

第二节　优先发展领域和重大交叉领域

农业科学优先发展领域和重大交叉领域的确定，在遵循农业科学研究规律的基础上，主要考虑以下方面：围绕国家重大需求、乡村振兴战略实施和农业战略产业培育需要解决的与农业科学有关的瓶颈问题；关注农业科学国际前沿和热点问题，强化自主源头创新；突出我国优势和特色领域，兼顾薄弱方向的提升；重视学科交叉和方法创新，着力培育新生长点；体现农业学科特点，注重科学积累和系统性研究。

一、优先发展领域

（一）农业生物重要遗传资源基因发掘及分子设计育种的理论基础

遗传资源是农业生物遗传改良的战略资源，如何利用优良基因资源提高育种效率、实现经济性状改良及优良新品种培育是农业种业可持续发展的瓶颈所在。水稻、小麦等作物矮秆基因的发掘和利用带来了第一次“绿色革命”，水稻野败型雄性不育细胞质的发现带来了杂种优势的利用，大幅度提高了单产。我国拥有大量优异的畜禽、水产种质资源，但资源利用率较低。因此，需要对农业生物遗传资源进行精细评价，规模化发掘和利用优良等位基因，从遗传上缓解或解决现有品种面临的困境。基于分子标记技术、功能基因组学和基因编辑的品种分子设计在认识目标性状关键控制基因功能的基础上将优良等位基因聚合，创制新种质，培育新品种，是引领生物遗传改良的先进技术。深入揭示农业生物重要性状遗传调控机制，解析调控网络，完善品种分子设计理论与技术，为促进农业转型升级与绿色发展的战略需求提供重要的科技支撑。

主要科学问题包括：①重要农业生物遗传资源保护、利用与种质创新；②农业生物野生近缘种的遗传多样性和分化；③“外源”种质生态驯化的生理生化和分子机制；④农业生物起源和演化规律；⑤农业生物种质资源优良基因规模化发掘和高通量评价；⑥重要农艺性状的遗传机制和基因调控网络解析；⑦主要农业生物基因组单倍型结构与功能；⑧品种分子设计和基因编辑的理论与模型。

（二）农业生物杂种优势形成的生物学基础及利用新途径

作物杂种优势利用是提高粮食产量的经济实惠、环境友好型的重要策略和途径，为解决我国乃至世界粮食安全问题做出了重要贡献。以配套系杂交为代表的杂种优势利用模式也是现代畜禽生产的主要模式。我国农作物和水产生物杂种优势利用，尤其是杂交稻生产技术一直处于国际领先水平。由于动植物杂种优势形成的生物学基础复杂，其分子机制仍不清晰，难以利用杂种优势形成理论来指导强优势组合选配。同时，杂交组合存在亲本遗传狭窄、趋同性强、杂交配组不自由等限制因素，而一些重要农作物（如小麦和大豆等）因缺乏有效的杂种优势利用途径而限制了其杂种优势的大规模利用。因此，阐明动植物杂种优势形成的生物学基础，特别是种间、亚种间远缘杂种优势形成机制，发展杂种优势预测新方法，实现杂种优势分子设计育种、优异亲本筛选，开拓创建杂种优势利用新途径和杂种优势固定的新育种体系，有助于进一步提高杂种优势研究与利用水平，为保障我国肉粮安全做出更大贡献。

主要科学问题包括：①农业生物杂种优势形成的生物学基础；②作物种间、亚种间远缘杂种优势形成的分子机制；③农业生物杂种优势利用新途径及其理论基础；④温度对作物生殖过程、育性和结实率影响的机制；⑤作物杂种优势固定的理论基础与新方法；⑥畜禽配合力分子基础与杂种优势利用的基因组选配新方法；⑦水产生物杂交和多倍体品系优良性状形成的遗传基础与调控机制。

（三）主要农业生物优质、高产、高效栽培 / 饲养的基础和调控

为适应新时期绿色安全生产需求，需要对农业生物产量与品质高、资源高效、适应性广、生产安全等多重目标进行系统研究，这不仅是持续保障我国食物安全的核心问题，也是我国种植业、畜牧业的长期与重大战略性任务。以农作物为例，育成的一批“超级”作物品种，在大面积推广后产量往往与一般品种相似，尚有产量潜力未挖掘充分。另外，超高产栽培的重演性差、品质不稳，资源利用差异大、效率低，在大面积应用上也有明显的局限性。进一步高产是否会导致农产品品质下降、水肥等资源利用率降低，是否会带来生态安全隐患等也是人们普遍关心的重要问题。究其原因，主要是作物高产、优质、高效协调涉及众多性状的遗传控制、性状间相关和性状-环境互作等问题，而相关基础研究滞后，高产、优质、高效的形成规律尚未被系统揭

示和认识，可重演的高产、优质、高效协调栽培原理尚未确立，严重制约了大田作物产量、品质和资源利用率的协同提高。

我国畜牧业现代化进程遇到了饲料转化效率低、养殖成本高、养殖排泄物污染重、疫病频发四大瓶颈问题，研究畜禽个体营养与精准饲养模式，建立饲料和养殖生产大数据分析库，深度融合人工智能技术与畜禽生产全产业链，是突破四大瓶颈的必需技术路径。因此，开展农业生物高产、优质、高效栽培的生理机制和调控研究，对农业生产发展和提升具有重要的理论与实践意义。

主要科学问题包括：①作物优质和高产的生理生化基础与调控途径；②农业生物优质性状的形成规律与调控机制；③品质代谢与环境耦合的信号途径与调控机制；④农业生物不同发育时期的肥水需求规律与调控；⑤肥料、饲料养分及有毒有害物质土壤迁移与植物循环利用的种养一体化机制；⑥农艺农机融合的土壤-机器-作物系统互作机制；⑦株型和株高的遗传基础与调控机制；⑧微生物组学及农业微生物资源挖掘与利用；⑨农业动物营养代谢平衡与碳、氮减排调控机制。

（四）农作物非生物逆境抗性和养分高效利用的机制

随着全球气候的变化，水资源短缺、土壤盐渍化、极端天气（如高温、低温）等逆境条件对作物生长造成的不利影响日趋严重。不合理肥料投入导致的作物养分利用效率低，生态环境恶化、农产品品质降低与安全性下降等问题凸显。此外，随着设施栽培技术的推广，设施园艺作物生产受弱光、低温、亚高温、高湿、CO_2亏缺、土壤次生盐渍化等亚适宜环境的影响加大，出现了许多与大田作物不同的逆境问题。通过现代育种手段培育抗逆与养分高效作物新品种，以及采用精准高效的耕作栽培与管理措施，均可有效防控非生物逆境，提高养分利用效率。然而，作物抗逆和养分高效利用性状的遗传规律、生理生态特征和分子机制尚不清晰，成为抗逆与养分高效育种突破和栽培管理技术创新的主要限制因素。因此，进一步加强农作物非生物逆境抗性和养分高效利用的生物学机制研究，揭示其遗传、生理及栽培调控机制，对减轻逆境伤害与损失，提高养分利用效率，实现农作物优质、高产、高效和可持续生产具有重要意义。

主要科学问题包括：①作物响应逆境的分子机制与调控；②作物抗逆性和养分高效利用的遗传规律、生理生态与分子机制；③作物对多种逆境因子的交叉响应、抗逆与养分高效利用的协同机制；④园艺作物对设施栽培条件亚适宜环境的响应机制；⑤逆境对作物次生代谢的影响机制；⑥根-土壤-微生物互作过程与作物养分高效利用机制。

（五）农作物有害生物演变与成灾机制

农作物有害生物灾变是生态环境条件与有害生物自身特征统一协同的结果。与有害生物自身特性一样，环境因素在有害生物演变与成灾中的重要性得到了广泛认同，但由于组成环境的因素众多且作用复杂，生态环境对有害生物发生灾变的影响及内在机制尚缺乏系统研究和深入科学认识。近年来，农作物种植结构调整引起农田景观生态系统组成与结构出现明显变化，直接影响有害生物的寄主来源与生境条件，使黏虫为害、马铃薯晚疫病等老问题不断出现，二点委夜蛾为害等新问题层出不穷。因此，从作物布局因素出发，阐明作物种植结构调整过程中农作物有害生物的演变与成灾机制，具有重要的科学价值和实践意义。

主要科学问题包括：①农田空间分布、生态变化及有害生物发生规律；②有害生物在农田景观不同生境及作物间的传播流行与转移扩散规律；③农田生态组成与结构对有害生物种群时空动态的调控作用机制；④农作物种植结构调整过程中的有害生物暴发成灾机制；⑤农作物响应有害生物侵袭的机制和信号传递机制；⑥重要病虫害抗性形成机制。

（六）农业动物产品产量与品质性状形成的生物学基础

优质价廉畜禽产品、水产品的生产和供应关乎国民营养与健康。当今，国际畜产品市场总体趋向饱和，发达国家不仅以“绿色技术壁垒”将我国的畜产品拒之门外，还试图伺机占据我国消费市场，给我国畜牧业发展带来严峻挑战。水产品生产因节地、节粮、节水和优质，对粮食安全保障和国民营养提升十分重要。遗传、营养和环境等生物学因素调控动物产品产量与品质。但人们对优质肉蛋奶等重要性状形成的遗传基础、生理生化机制、营养代谢基础的认识仍有局限。因此，立足我国动物产品生产现状，以提升动物产品产量和品质为核心，以遗传、营养、生理生化、代谢生物学、肠道微生物及各因素互作为研究思路，深入发掘不同品种肉蛋奶等性状形成的调控基因、主要物质合成规律及重要的调控分子，解析动物产品产量和品质形成的生物学基础具有重要科学意义。

主要科学问题包括：①肉蛋奶性状形成的生理生化与代谢组学基础；②动物产品产量和品质形成的脑-肠轴调控机制；③肉蛋奶性状形成的表观遗传学基础；④畜禽器官发育影响产品生产的生物学基础；⑤遗传、营养、环境及其互作调控农业动物产品形成的机制；⑥动物繁殖周期物质代谢规律及调控。

（七）主要农业动物疾病发生、传播和控制

重要动物疫病（如非洲猪瘟、猪繁殖与呼吸综合征、禽流感等）和人畜共患病（如结核病、布鲁氏菌病、狂犬病等）仍是严重影响与制约我国畜禽产业健康发展、食品安全及人类健康的主要因素。我们对很多疫病的病原学和病原生态学、流行病学、遗传演化、病原感染与传播机制、致病与免疫逃逸机制、免疫保护机制等的认知仍不足，严重影响了疫病预防与控制成效。对农业主要动物疫病的发生、传播和控制的研究具有重要的现实意义和紧迫性，可为重要疫病的疫苗研发、诊断和药物设计及防控策略制定提供理论和技术支撑。

主要科学问题包括：①重要动物疫病的病原生物学；②重要动物病原的流行病学与遗传演化；③重要动物疫病的传播机制；④重要动物疫病的感染与致病机制；⑤重要动物疫病的免疫保护机制；⑥动物重要病原菌耐药性的产生与传播机制；⑦重要动物疫病新型疫苗和药物设计。

（八）食品风味与营养、安全机制及调控机制

食品风味与营养、安全是重要的食品内在品质要求，与居民健康息息相关。食品风味与营养、安全问题涉及食品生产的各个环节，包括食品在原料收获、储藏与保鲜，加工和流通过程中，由温度、湿度、微生物等作用引起的食品风味变化、营养损失、危害因素产生等。环境条件、加工过程和储藏因素变化均会影响食品的风味、营养和安全品质，包括引起食品组分相互作

用、生物转化与合成、生物活性物质转化和迁移等。在食品加工及储藏过程中，腐烂、变质、加工不当、毒素产生等也会影响食品风味、降低食品营养和安全品质，甚至失去商品价值和食用价值，造成重大经济损失和资源浪费。尽管国内外近年来已开始针对食品风味、营养和安全问题展开研究，但在食品风味物质形成与变化机制，食品营养组分相互协同与拮抗、营养品质机制，以及食品中污染物质及潜在污染物质的预测分析和危害控制机制及方法学基础研究等领域仍不充分。

主要科学问题包括：①食品关键风味物质鉴定及其形成机制与调控方法；②加工过程中食品风味物质的形成机制、交互作用机制及调控机制；③食品中异味物质的产生、迁移及调控机制；④食品营养与功能品质的生理生化基础；⑤食品加工储运过程中的营养组分变化及相互作用机制；⑥食品营养组分与肠道菌群的相互作用；⑦食品安全生物组学检测体系构建；⑧食品危害物发掘、鉴定及阻控途径；⑨动物病原耐药性的产生、扩散机制与控制理论。

（九）园艺作物产品器官形成与发育的机制

园艺作物产品器官形成与发育具有特殊性。肉质根、地下茎、变态叶、花球、各种类型的果实等产品器官丰富多样，这些产品器官的形成与发育过程具有重要的科学价值。园艺作物的品种还易发生畸形果、裂球、提前抽薹等不良性状，而且在色泽、形态、整齐度、耐储运性等性状方面需要进一步提高。近年来，人们鉴定了番茄、黄瓜、白菜、生菜、柑橘、苹果等作物控制特殊器官发育的关键基因，但尚有各种性状形成和发育的基因未被挖掘，需要进一步加强研究。从基因水平解析产品器官的形成和生长发育规律，结合我国园艺作物品种资源丰富的特点，可促进具有自主知识产权的优良园艺作物品种的培育。这些多样化产品器官的形成发育，与拟南芥、水稻等模式植物的对应器官有着明显的差异，其可能具有特异的器官形成发育机制和调控机制；加强研究可以增加对植物发育生物学的认知，具有重要的科学意义。

主要科学问题包括：①变态器官的发育与调控机制；②外观性状的形成机制与调控；③园艺作物休眠的基础与调控；④花性别决定的分子机制与调控；⑤孤雌生殖的遗传基础与调控机制；⑥果实发育与成熟的分子遗传与调控；⑦果实单性结实的分子机制。

（十）森林质量功能形成与提升机制及林木产品调控生物学基础

森林在提供林木产品、防御自然灾害、维护生态平衡、应对全球气候变化等方面都发挥着重要甚至不可替代的作用。尽管我国森林面积和蓄积量均有所增加，但我国森林资源总量不足、森林质量不高、木材资源利用率低，如我国人均森林面积仅为世界平均水平的1/4，森林每公顷蓄积量只占世界平均水平的2/3，生产力低、林分年生长量仅为林业发达国家的1/2，森林稳定性低、生物灾害频发，林木资源全质化利用明显低于发达国家（国家林业和草原局，2019）。此外，传统的造林实践和森林经营管理往往聚焦于林木产品的需求，注重林木产品的提高理论和技术，忽略了林木生长周期长、遗传具有多样性、森林结构复杂、森林具有多重功能等问题，缺乏对森林树种遗传结构及重要性状的功能基因挖掘，森林长期生产力的形成过程、森林多功能形成与提升的理论与技术以及林木资源的全质化利用等方面的系统研究。因此，提升森林质量功能与提高林木产品全质化利用已成为我国林业发展的重大科技需求。在当前大力推进生态文明建设的背景下，提升森林质量功能及林木产品全质化利用成为一个重要主题，并将是今后相当长一个时期内林业发展的目标和任务。为此，当前迫切需要培育优质林木新品种，构筑森林质量功能精准提升的理论与技术体系，深化林木产品多尺度互作调控机制，从而实现森林资源可持续经营与利用。

主要科学问题包括：①森林树种的遗传结构及遗传多样性形成机制；②森林树种重要性状的功能基因挖掘及应用；③森林结构与长期生产力形成的关键过程及调控；④森林生态系统多功能形成与稳定性维持机制；⑤森林退化、更新过程与恢复机制；⑥森林土壤有机质维持的关键过程与调控机制；⑦森林有害生物的演化灾变机制与防控；⑧气候变化对森林质量功能的影响机制与调控；⑨森林资源及其质量功能监测与评估；⑩林木产品木质纤维多维结构调控的生物学机制。

（十一）优质安全草产品开发与家畜高效转化利用的生物学基础

优质安全草产品生产是现代草食家畜业特别是奶产业健康发展的重要基础和保障，也是保障国家粮食安全，有效推动振兴奶业、粮改饲和农业供给侧结构性改革等国家战略决策的有效抓手与突破口。因此，进行优质安全草产品开发与家畜高效转化利用的生物学基础研究，对推动我国现代草食畜牧业和草产业的发展具有重大的战略意义。相比欧美等畜牧业发达国家，我国在优质安全草产品开发与家畜高效转化利用的生物学基础研究等方面较为落后。因此，形成优质安全草产品开发利用的系统基础理论，将为我国现代草食畜牧业发展提供科技支撑，有效实施草产品加工利用的科技创新，引领国际同领域研究。

主要科学问题包括：①优质安全与功能型草产品加工的生物学基础；②草产品霉菌毒素、有害因子产生的生物学基础及防控；③青贮饲料影响畜产品品质、家畜生产性能的机制；④功能型乳酸菌发掘及其影响青贮饲料发酵品质与安全、家畜生产性能与健康的生物学基础；⑤“草-畜-畜产品”生物链提质增效与安全调控的生物学基础。

（十二）果蔬及生鲜食品储藏与保鲜过程中品质变化的生物学基础

我国是世界水果、蔬菜、粮食等生鲜农产品生产大国，产量均居世界之首。但我国果蔬和粮食等农产品产后损失巨大，根据农业农村部规划设计研究院的《农产品产地流通及“最先一公里”建设调研报告》，果蔬产后损失高达 15% ～ 25%，粮食产后损失为 7% ～ 11%，而发达国家农产品产后损失仅为 1.5% ～ 5%。因此，如何有效减少果蔬和粮食产后损失已成为我国亟待解决的重大问题，对保障我国食品安全具有重要的战略意义。生鲜农产品储藏、物流期间的衰老和品质劣变是一个不可逆的程序化生物过程，涉及外源环境与内在调控因子的复杂调控网络，解析其生物学基础是储藏与保鲜的前提。当前，国际果蔬储藏与保鲜领域的基础研究以成熟衰老、劣变、品质形成与维持为核心，利用多组学以及分子生物学、生物化学等手段解析其成熟衰老、品质形成与劣变的调控网络，揭示关键因子并阐明调控机制。在粮食收获后储藏基础研究方面，国际上在储粮害虫防控机制以及粮食储藏品质保鲜技术等方面研究较为深入。我国畜禽、水产等动物源食品在储运和销售过程中，易褐变、丧失保水性、氧化酸败、质构劣变，同时，由于动物源食品的高水分活度，腐败微生物易于繁殖从而产生腐臭气味和有害物质。探明动物源食品品质劣变的生化和微生物基础，阐明物理处理、纯天然化学提取物、无毒害制剂或者包装材料等对品质劣变的干预机制，有利于畜禽、水产产业升级，提高行业竞争力并促进其可持续发展。

主要科学问题包括：①果蔬采后成熟 / 衰老、品质形成 / 维持 / 劣变的代谢基础和调控机制；②果蔬采后对外部环境和病原微生物响应的生物学基础及调控机制；③生物源绿色保鲜技术的物质基础和作用机制；④谷物储运过程中物质代谢、劣变机制和腐败损耗的发生规律；⑤畜禽及水产品运、销、贮过程中质构劣变及营养损失的生物学与化学基础。

二、重大交叉领域

（一）大数据农业生物组学与智慧农业的基础理论与技术创新

近年来，以基因组学、蛋白质组学、代谢组学、转录组学、合成生物学等为代表的大数据生物组学技术快速推动了生命科学和农业科学研究的发展，并且物联网、人工智能等信息科技大量应用于现代农业及相关研究，为农业研究中信息的实时、高通量、准确获取、传输和处理提供了有效工具，已形成以农业大数据为核心，以智能检测与传感设备为载体，以精准化种植、可视化管理、智能化决策为手段的现代农业综合生态体系。大数据和智慧农业是农业科学发展的重要前沿方向，在国家推进现代生物技术和信息化技术（BT&IT）整合的大背景下，必须加强农业基因组学等大数据生物学研究和以信息科技为依托的智慧农业研究，抢占生物组学这个未来农业科技的制高点，推动现代设施农业、精准农业、植物工厂、智慧养殖的发展，提高农业产业效益，从而改变传统农业的面貌，增加我国农业科技的国际竞争力。

主要科学问题包括：①农业生物基因组的演化与合成；②新一代农业生物组学的技术开发和集成；③新一代基因组操作技术基础及开发；④农业合成生物学技术体系构建；⑤多尺度作物表型与生态信息高通量自动获取与智能解析；⑥植物动态生长模型与机器人智能作业理论；⑦以大数据为基础的智能化育种理论和方法。

（二）农业生产系统的环境生态互作机制和功能调控

随着农业生态系统环境压力的加大，农业生产导致的生态和环境问题日益凸显。对提高农业生产系统的生态服务功能和可持续性的迫切需求，使农业生产系统的环境生态互作机制和功能调控研究成为农业科学中备受关注的重要研究课题。环境生态直接影响农业生产系统的产量、品质和效率，农业生产系统也不可避免地影响农业生态系统的生态服务功能和环境生态。在我国，不当农业生产造成的环境污染、生态破坏受到普遍关注；草、畜二者的不协调导致草地生态系统退化；畜禽生产、海水和淡水养殖也造成严重的面源污染和水体污染。随着全球性气候变化，各类农业气象灾害、生物逆境频发。农业气象灾害造成的产量损失已成为农业自然灾害损失的主体。因此，迫切需要对农业生产系统的环境生态互作和功能调控的关键基础问题开展研究，为农业生态系统可持续发展和生态服务功能提升提供理论基础与技术支撑。随着生态系统结构、功能及其调控理论的完善，以及分子生物学和基因组学与生态学、农业科学的相互渗透，从宏观和微观不同层面探索农业生产系统的环境生态互作机制已成为该领域研究的发展趋势。

主要科学问题包括：①农林生物多样性与生态系统调控；②植物-土壤-微生物的生态互作机制；③农林生产系统可持续发展的生态学基础；④农林生产系统生态健康评价和环境效应综合评价；⑤农林生产系统生态障碍的生物修复原理；⑥草原放牧系统、农牧交错带生产系统生态生产力的形成机制与环境生态效应；⑦脆弱生态系统退化过程及驱动和修复机制；⑧水产养殖不同模式系统的结构与功能以及物质和能量转换机制；⑨水产养殖微生态环境的变化规律及精细调控与修复机制。

（三）海洋牧场生态环境效应与调控机制

海洋渔业是国家粮食安全保障体系的重要组成部分，但近年来，受人类活动和气候变化的影响，我国近海生境严重退化，渔业资源衰退，海洋荒漠化趋势显著。海洋牧场是基于生态学原理，充分利用自然生产力，运用现代工程技术和管理模式，通过生境修复和人工增殖构建的兼具环境保护、资源养护和渔业持续产出功能的生态系统。海洋牧场作为一种海洋经济新业态，集环境保护、资源养护和渔业持续产出于一体，是实现渔业转型升级和“三产”融合发展的重要途径。但海洋牧场在生态过程与资源环境效应、生境优化的工程与信息技术原理和途径、布局规划与综合管理的理论基础等方面及生产实践中尚存在一系列问题。通过国家自然科学基金委员会地球科学部、生命科学部、信息科学部、工程与材料科学部、管理科学部相关学科的交叉研究，支撑我国现代化海洋牧场高质量发展，对海洋生态文明建设和海洋强国战略实施具有重要意义。

主要科学问题包括：①海洋牧场与毗连海域的互作机制；②海洋牧场环境承载力评估理论与方法；③海洋牧场人工生境的工程技术促进机制；④海洋牧场经济生物对环境变化的响应和适应机制；⑤海洋牧场生态过程及其资源养护和增殖效应；⑥海洋牧场在线组网监测与灾害预警；⑦海洋牧场风险防控与综合管理。

（四）农业动物优质产品绿色生产与人类健康

我国畜牧产品、水产品在生产过程中面临饲料转化效率低、养殖成本高、养殖污染严重、疫病频发、药物滥用等瓶颈问题，导致肉蛋奶等动物产品质量下降，环境污染，人类健康受到影响。调整养殖结构、转变养殖方式、防控养殖污染、建立健康绿色的养殖模式、提高动物健康水平、减少废弃物排放并进行资源化利用是最终实现优质健康、绿色生态的环境友好型畜牧水产业，满足人民对优质肉蛋奶和优美环境的更高需求的重要基础，但相关基础研究薄弱。另外，动物产品营养成分与人类健康息息相关，如国际上已开展针对高不饱和脂肪酸与低嘌呤动物产品生产的育种和营养调控研究。因此，在动物遗传育种、营养与优质畜产品生产和人类健康的关系研究方面取得突破，是由追求数量型转向追求促进人类健康的优质型畜牧水产业发展的共识和方向。

主要科学问题包括：①健康畜禽产品、水产品生产的遗传-营养互作调控机制；②畜禽产品、水产品成分调控人类肠道菌群的机制；③肉蛋奶营养成分与人类健康；④胃肠道菌群与宿主基因调控肉蛋奶品质的机制；⑤主要环境因子影响畜禽健康的机制；⑥畜禽废弃物减排与环境友好型品种培育；⑦不饱和脂肪酸含量得到根本性提升的畜禽、水产品种的设计和培育；⑧畜禽、水产养殖废弃物的高效生物转化机制；⑨不同养殖模式下微生态环境的变化规律与精细调控；⑩不同养殖模式生态系统的物质循环与能量转换机制。

第三节　国际合作优先领域

一、农业科学国际合作的战略价值

农业科学研究前沿是各国科学家共同感兴趣的研究领域。全球农业面临着气候变化、极端天气事件，以及农业生物流行性、传染性病害和迁飞性害虫的危害风险等共同的挑战。通过国际合作，各国农业科学家可以交流农业科学研究的创新思想，共享研究资源，为各国解决共同面临的农业发展挑战和农业科技创新带来更多的机会与动力。因此，农业科学国际合作是农业科技创新的重要组成部分。同时，国家农业科技合作也能服务于国家外交事业，尤其是我国"一带一路"倡议的实施，将为我国科学家与"一带一路"沿线国家开展农业科技合作提供重要的平台。

二、农业科学国际合作总体布局

在农业科学前沿科学问题研究方面，我国应加强并深化与欧美等国家和地区农业基础研究水平高、实力强的实验室和科学家之间的合作，培养面向未来的国际化农业科技人才队伍，提升基础研究水平。将农业科学研究与解决农业产业问题、提高农业生产水平和农民收入相结合。在将农业研究与乡村振兴相结合方面，我国应加强与国际农业研究磋商组织［如国际玉米小麦改良中心（CIMMYT）、国际水稻研究所（IRRI）、国际家畜研究所（ILRI）］等的合作，开展基于解决农业生产问题导向的基础研究和应用基础研究，推进实施农业研究成果贯通机制，服务于解决农业产业问题和乡村振兴战略；在借鉴国际农业组织经验的同时，促进我农业科技人员通过国际合作发挥自身作用。在与共建"一带一路"国家开展农业科技合作方面，在共享我国农业研究成果，促进共建"一带一路"国家在农业发展、服务国家外交的同时，加强农业生物资源和数据方面的合作与交流，推动全球农业可持续发展，服务于构建人类命运共同体。

（一）美国

美国的农业研究在很多领域有着明显优势，尤其是现代生物技术在农业的应用最为广泛。开展和美国农业科学领域的交流与合作有利于提高我国农业生产水平和国际竞争力。

优先合作领域包括：农业生物种质资源保护和利用、动植物分子设计育种、食品安全、动植物检疫、植物病虫害防治和动物疾病防控、农业生物技术。

主要科学问题包括：①农业生物遗传资源评价与利用；②功能基因组学和农艺性状以及经济性状的分子解析；③农业生物新品种选育理论与方法学；④重大农业有害生物为害成灾机制、致害性的分子机制及防控新理论与新方法，转基因抗病虫作物农田抗性稳定性影响因素、机制和调控；⑤具有跨境转移为害的重大有害生物区域性监测与治理；⑥新兴生物技术在农业生物生产中的应用基础；⑦规模化养殖环境影响畜禽健康和生长发育机制，动物重要群发病的信号转导与网络调控机制，食品安全检测、控制理论与方法；⑧转基因食品安全性评价。

（二）欧盟

优先合作领域包括：动物疾病防控、水产遗传育种与病害防控、农业生态系统、气候变化、农产品加工与储运、食品安全、转基因生物安全等。

主要科学问题包括：①作物生产与气候变化的理论研究；②作物品质形成与生理代谢调控；③森林生态系统碳、氮、水长期连续定位观测的关键方法和技术，尺度转换技术，空间信息技术大尺度监测评价荒漠化土地的集约经营技术和管理；④动物源温室气体减排机制及废弃物处理；⑤气候变化对水产生物资源与水产养殖的影响；⑥水产功能基因组与经济性状遗传解析；⑦病原与宿主互作及其信号转导与调控网络；⑧外来有害生物防控基础研究；⑨食品加工新技术对食品物料的影响。

（三）日本

优先合作领域包括：园艺作物改良与智能化栽培、植物种质资源创新与利用、生物质能源开发、水产健康养殖、蚕丝蛋白改良和综合利用。

主要科学问题包括：①作物逆境分子和生态机制，生物质能源次生代谢途径整合，高抗速生林木良种选育与培养和优质木材产业化，水产资源养护和增殖的理论和技术；②水产品质控和安保的基础研究；③海洋新生物资源的代谢特征与利用途径，蚕丝蛋白合成机制，蚕丝改性的基础理论等。

（四）澳大利亚

优先合作领域包括：农林生产系统的环境生态互作机制、牧草 / 作物-家畜综合系统管理、全球气候变化对草地生态系统的影响、食品安全。

主要科学问题包括：①植物-土壤-微生物互作机制与调控；②土壤-植物系统过程定量化，外来入侵有害生物风险评估与控制；③生物农药作用机制和创新，信息技术与精准草业，作物-家畜综合系统管理，放牧型栽培草地稳定性维持机制，可持续放牧系统，危害因子风险评估；④主要污染物在食物和环境中的迁移转化机制。

（五）加拿大

优先合作领域包括：林木改良、食品安全检测与监测、动物健康养殖、水产动物生殖调控机制。

主要科学问题包括：①林木生长、生殖发育过程中的生物基因组学研究；②针叶树遗传改良理论与技术；③天然产物中生理活性物质的作用机制及调控，逆境条件对畜禽机体健康与生产性能的作用规律及其行为表现与应激机制和应答模式；④畜禽场粉尘、臭气、温室气体排放、扩散与减排机制；⑤畜禽场病原微生物传播途径与规律；⑥水产动物生殖发育、性别决定与分化的机制及信号分子鉴定。

（六）国际农业研究机构（CIMMYT、IRRI、ILRI 等国际农业研究磋商组织下属的研究所）

优先合作领域包括：农业生物多样性、生物组学、有害生物综合治理

（IPM）和生物多样性、农业可持续发展。

主要科学问题包括：①种质资源优良基因发掘；②重要农业生物基因组测序和比较基因组测序；③主要农业生物重要性状的功能基因组学、蛋白质组学、代谢组学研究平台建立和完善；④重大农业有害生物的重要生物学性状的功能基因组学、转录组学、蛋白质组学和代谢组学研究；⑤农业可持续发展中的科学问题；⑥全球气候变化对农业的影响研究。

（七）“一带一路”国家及其他发展中国家

优先合作领域包括：农业生物多样性及农业生物资源保护和利用、作物栽培技术、水产动物营养与饲料发展的理论和技术、农业生物资源数据库建设。

主要科学问题包括：①农业生物种质资源（如野生近缘种、地方种质、育成品系品种等）收集与评价；②作物高产优质栽培模式研究；③主要水产养殖动物营养生理学特征与精准饲养基础；④重大农业有害生物防控研究；⑤重要农业动植物和农业资源数据库建设。

三、国际合作的优先领域

（一）“一带一路”国家农业生物资源研究与评价

农业国际合作有利于实施“走出去”和“引进来”战略，“一带一路”倡议的实施为我国与共建“一带一路”国家开展农业科技领域的国际合作提供了平台。东南亚国家、南美洲地区生物多样性丰富，共建“一带一路”的非洲国家具有一些特殊的生物资源；在与“一带一路”国家开展农业科技合作、促进其农业发展的同时，要加强与“一带一路”国家农业生物资源和数据方面的合作和交流，开展“一带一路”国家农业生物资源调查、研究与评价，共同建立“一带一路”国家农业生物资源和数据平台，共享研究成果，推动全球农业可持续发展，服务于构建人类命运共同体。

主要科学问题包括：①“一带一路”农业生物资源的分类评价；②“一带一路”农业生物资源的监测与保护；③“一带一路”农业特色资源的引种驯化与利用。

（二）跨境农业生物重大病虫害成灾机制与监测技术研究

跨境病虫害入侵常年给我国农业生产造成重大损失，如草地贪夜蛾、非洲猪瘟等。对该类病虫害的监控仅靠单一国家尚无法满足需求。深入研究不同国家的多样性气候条件、多类型农业管理制度、种植养殖方式与跨境病虫害之间的联系对有效控制重大病虫害具有重要意义。比较和利用不同地区调控农业生物主要有害生物的基本原理和方法，明确农业有害生物迁徙和传播的规律、效应和作用，探索生境多样性阻碍有害生物传播的关键因子，可为我国农业主要病虫的生态调控和生态安全屏障建设提供科学理论和关键技术，同时可为世界各国跨境有害生物传播和防控提供重要范例与参考。

主要科学问题包括：①跨境病虫害监控、预警体系的建立；②生境多样性的组成和分布对农业主要病虫害的效应；③生境多样性调控农业生物主要有害生物的机制；④生境多样性构建我国生态安全屏障的原理；⑤利用生境多样性调控农业主要有害生物的关键影响因子。

（三）食源性致病微生物全球传播与分子溯源网络建立及应用评价

随着国际食品贸易的不断增加，食源性致病微生物已呈现全球传播与流行趋势。以食源性诺如病毒为例，出现的新型流行变异株往往会在短时间内形成全球范围的污染传播。因此，食源性致病微生物的传播监测与防控研究已成为全球性问题，而构建食源性致病微生物全球传播监测网络与分子溯源体系是保障食品安全和及时应对食源性致病微生物暴发事件的重要举措。通过与食源性致病微生物监测、防控体系较成熟的国家（地区）和优势机构开展合作研究，建立基于全基因组及新型分子识别系统的食源性致病微生物监测与分析溯源网络，既有利于跨国别食源性疾病暴发时的污染追踪和回溯毒株进化的时空动态变化，也有利于快速精准地定位病原微生物的物理来源，及时有效地切断和控制传播途径，对保障食品安全、减少经济损失和国际纠纷具有积极作用。

主要科学问题包括：①食源性致病微生物的全球传播流行分子规律；②食源性致病微生物的遗传特征及新型分子识别系统的分布规律和特征分析；③不同国家食源性致病微生物中新型分子识别系统的变异机制及其对菌株遗

传进化的影响及作用机制；④食源性致病微生物全球新型分子监测与溯源网络的建立及应用评价。

（四）农业生物对全球气候变化的响应

随着全球人口和经济规模的不断增长，化石能源使用造成的环境问题越来越突显，全球气候变化和极端天气事件频发已成为不争的事实。全球气候变化直接影响农业生物的生产、品质和安全，调节作物与有害生物的种群关系，影响农业生物生产力及全球粮食安全，甚至对全球的生态安全构成威胁，已成为人类生存和发展面临的共同挑战。因此，农业生物对未来气候变化的响应与适应正受到科学界的广泛关注。面对气候变化，农业生物会产生一系列的物理、化学和生物机制响应与适应，探讨和认识主要农业生物响应与适应全球气候变化的过程、机制与规律具有重要的科学意义。

主要科学问题包括：①全球气候变化对农业生产系统和农作制度影响的模拟与建模；②重要农业生物在极端气候条件下的适应性研究；③全球气候变化对农业资源与森林生态的影响；④气候变化下农业有害生物的演变规律和灾变机制；⑤农业生物响应气候变化的生理生化和分子机制。

第二章

农学基础与作物学

我国人口众多，对农产品尤其是粮食的需求不断增加。农学基础与作物学是农业发展的战略基础学科。该学科的发展对增强农业科技的原始创新能力、提高农业生产能力、确保国家粮食安全和重要农产品有效供给、促进我国农业可持续发展、加快美丽乡村建设发挥着重要的支撑作用。

第一节　农学基础与作物学发展战略

一、农学基础与作物学的战略地位

国家自然科学基金委员会对农学基础与作物学学科的主要资助范围为以农作物及其生长环境为研究对象开展的基础和应用基础研究。农学基础包括农业气象学、农业信息学、农业物料学、农艺农机学、农业生物环境工程学，其特点是通过多学科交叉，将农业信息、农艺农机和农业物料等同农业生物学问题有机结合，为农业现代化提供重要支撑。作物学是以农作物为研究对象，研究作物重要性状的遗传规律、育种技术并培育优良品种，揭示作物生长发育和产量、品质形成规律及其与环境的关系，充分利用自然资源（水、肥、光、热等）进行大规模高效生产的科学，包括作物生理学、作物栽培与耕作学、作物种质资源学、作物遗传育种学、作物种子学等。

农学基础与作物学重点关注的研究领域包括：作物生产系统与农业信息学研究、作物产量潜力挖掘、品质改良与资源效率协同提高的栽培生理机制、主要农作物种质资源研究和重要基因的发掘与利用、主要农作物重要农艺性状的遗传调控网络、杂种优势形成的生物学基础及其利用途径和作物分子设计育种的理论与方法。

农学基础与作物学的资助范围较广，申请人可以从我国农业生产实际中，凝练与农作物及其生长环境相关的科学问题，瞄准学科前沿和国家农业重大需求来开展研究。鼓励将现代生物技术与作物农艺性状改良紧密结合，采用新技术、新方法开展种质资源挖掘与创新，围绕作物丰产、优质、轻简栽培及资源高效利用，开展作物栽培调控与耕作制度等基础和应用基础研究。

农学基础与作物学是农业科学的基础学科，具有重要的战略地位，可为提高农业生产能力、确保国家粮食安全和重要农产品有效供给、促进我国农业可持续发展提供重要的支撑作用。

（一）提高作物产量和品质是确保国家粮食安全与重要农产品有效供给的根本措施

食物安全始终关系社会稳定和国家自强。随着人口的不断增长、人民生活水平不断提高，人们对农作物产量提高和品质改良提出新的要求。根据《关于推进“资源节约型、环境友好型绿色种业”建设的提案》，目前，我国高产、优质、多抗品种相对缺乏，高产、优质、安全、高效的栽培技术有待突破，主要作物平均单产水平仅相当于世界同类作物最高单产国家的40%～60%。水稻、玉米的全国平均单产仅达到高产纪录的30%～35%，粮食单产增加仍有空间，主要农产品的质量也有待提高。加强作物学学科的研究，探索提高产量、改良品质的关键技术，提高我国种植业的核心竞争力是确保国家粮食安全和重要农产品有效供给的根本措施。

（二）多学科交叉的农学基础研究为现代农业发展提供重要支撑

农业生产模式从单一农作物生产模式延展到蔬菜、果树、畜牧生产混合系统，以及休闲农作、间作套种、种养共生、人工模拟等生产模式，需要从农业生物系统工程的角度，深入研究动植物生命体与环境相互作用的科学问题。农业机械化快速发展，需要深入研究农机装备对农作物与土壤的影响，研究满足不同种植模式的农艺要求，研究植物特定生长环境和生理需要的农机装备，研究适合机械作业的最佳种植模式。物联网、大数据、人工智能等信息科技大量应用于现代农业及相关研究领域，农业生命系统的信息获取方式逐渐从直接观察发展到物联网、遥感和无人机等高通量信息获取手段，需要深入研究获取信息的农学意义、生命科学意义及信息定量表达与优化。新材料在现代农业中的应用越来越广泛，降解膜、生物膜、纳米材料、相变材料、基质栽培材料等新材料给农业带来了革命性变化，要求从作物生物学、生理学、土壤学等方面开展系列科学研究。加强农学基础涉及的农业信息学、农业物料学、农艺农机学等领域的研究，是加快实现农业现代化、提高农业生产能力的根本保证。

（三）发展绿色高效农业是突破资源制约、确保农业可持续发展的有力保障

改革开放四十多年来，我国农业生产取得了巨大成就。同时，农业资源过度开发，农药、化肥等过量使用，农业内外源污染相互叠加，农业可持续发展面临巨大挑战，确保国家粮食安全和主要农产品有效供给与资源约束的矛盾日益尖锐。我国农业发展已进入新的历史阶段，正在由过度依赖资源消耗、主要满足量的需求向绿色生态可持续发展转变，少用水、少施肥、少打药已成为农业生产的重要发展方向。加强作物学研究，提高作物抗病虫、耐逆性及养分、水分利用效率，设计合理的种植制度，为发展绿色高效农业奠定重要基础，为突破资源制约、确保农业区域均衡可持续发展提供有力保障。

（四）发展作物学学科有助于实施国家乡村振兴战略，增加农民收入

种植业是助力乡村振兴的基础产业。我国种植业从数量、品种及质量上

满足了居民不断提高的消费需求，有力地推动了种植业、畜牧业、农产品加工业的发展，夯实了现代农业发展的根基。当前我国种植业仍面临种植（品种）结构不合理、生产方式粗放、资源利用率低、环境污染严重、产业链（各环节）结合不紧密、综合竞争力弱、科技引领作用弱及种植效益低等重大问题。加强作物学研究，推进种植业在稳定粮食生产的基础上，促进农业供给侧结构性改革，加快破解农业发展制约因素，优化现代农业产业体系、生产体系、经营体系，降低农业生产成本，提高生产效率，增加广大农民的收入，为社会主义新农村建设、乡村振兴提供重要基础。

二、农学基础与作物学的发展规律及发展态势

增大农业信息化、现代化、农业生物学基础研究和前沿育种技术与高效栽培技术研发力度，实现原创性和颠覆性重大理论与关键共性技术突破，提高农产品的产量和质量，降低资源消耗，是突破农业发展瓶颈、催生现代农业技术新产业新业态的重大需求，是农学基础与作物学的发展规律与发展态势，同时也是保障国家粮食安全、生态安全、营养健康和支撑乡村振兴的战略选择。

随着精准基因编辑、全基因组选择育种、合成生物学等前沿基础学科的快速发展，生物技术孕育新的产业革命。利用基因编辑与合成生物学技术，人工改造基因元件并人工合成基因通路，使作物产生新的性状；依托生物信息学与机器学习技术，整合各类组学数据，实现基因的快速鉴定与表型的精准预测；通过组学、信息技术及人工智能技术的结合，在全基因组层面建立机器学习预测模型，实现全基因组选择，聚合优良等位基因，最终实现智能、高效、定向培育作物新品种。同时，农业设施智能化升级，推动农业向绿色、高效、可持续的方向发展。

（一）智慧农业创新加速发展，引发未来以无人农场为标志的第三次农业绿色革命

我国农业生产缺少信息指导，导致农业生产成本高、收益低，由此加剧了小户农业效益增收的难度，致使在当前城镇化浪潮下，我国中青年农业劳

动人口大规模流失，农业劳动力老龄化问题凸显。我国现代农业发展将在未来相当长的时间内面临“谁来种地”“怎样种好地”的重大问题，这些问题严重威胁着国家粮食安全。

根据不同农业场景，智慧农业以多参数传感器融合数据为基础，通过信息学、表型学、机械学、控制学、应用数学等多学科交叉，将卫星遥感、无人机遥感和地面物联网融入农业生产全过程，系统获取农业对象发生发展和各要素感知信息，采用大数据和人工智能算法以及定量计算模型生成控制决策，实现对农业生产的最优反馈控制。当前世界正处于人工智能、大数据、智能制造和仿生机器人技术的创新暴发期，发达国家政府纷纷制定政策，引领以无人值守、智能、精准为主题的基础生产力升级，以美国、日本、英国为代表的农业发达国家，在智慧农业、无人农场的理论方法和技术产品创新方面均走在前列，已经发展到传感器、机器人、智能化装备的产业技术竞争阶段。数字技术与农业的深度融合发展，使得无人农场成为世界发展热点与前沿，孕育着第三次农业绿色革命——农业数字技术革命的到来。

智慧农业代表未来农业先进生产力，我国在该领域的应用基础研究薄弱，产品技术创新乏力，加强智慧农业从基础研究到技术创新再到产品创制的整体战略布局，对推动我国现代农业发展，实现农业绿色、高效、可持续发展具有重要的战略意义。

（二）作物智能分子育种技术创新不断取得突破，已成为世界各国竞争的战略需求

进入大数据时代后，随着基因组学和后基因组学及生物信息学的快速发展，智能分子育种成为农业发展的必然趋势。它是根据不同作物的具体育种目标，以多组学大数据为基础，综合生物学、遗传学、育种学、生物信息学等学科的相应信息，解析重要性状形成的分子基础，据此通过人工智能系统设计最佳育种方案，进而定向高效改良和培育新品种，包括全基因组选择、基因编辑和代谢途径优化重构等技术。当前，全球已进入空前的密集创新和产业变革时代，一场以作物智能分子育种为主的农业新兴产业革命正在悄然进行，并将开创人类按照自身需求创制新品种的新纪元，促进传统农业升级换代，推动机械化、智能化、工厂化农业革命，突破性提高农业生产对光、

肥、水等资源的利用率，颠覆传统农业和农产品加工的生产方式。为此，抢占农业智能分子育种技术及其产业发展的制高点已成为世界各国增强国际竞争力的重大战略目标。

（三）全产业链系统解决方案不断完善，是未来农业绿色高质发展的主要途径

资源高效利用与农业绿色高质发展将是一次深刻的革命，是农业系统内部的全面转型升级，同时是保证国家粮食和环境安全的核心，也符合世界农业的发展潮流。党的十九大明确指出“坚持节约资源和保护环境的基本国策，像对待生命一样对待生态环境”（习近平，2017），并在“加快生态文明体制改革，建设美丽中国”中提出“推进资源全面节约和循环利用，实施国家节水行动，降低能耗、物耗”（习近平，2017），同时也提出绿色发展战略。

我国人多地少、资源紧缺，持续增加食物供应，协同实现提质增产、安全高效、经济发展、农民增收等目标的需求日益迫切。农业绿色高质发展是一个涉及农业资源禀赋、外源化学品投入、生产环节管理、环境效应等全产业链协同发展的系统工程，不同系统单元内以及系统界面之间都存在复杂的互作效应，不同发展阶段及其指标也存在拮抗或协同效应。因此，农业绿色高质发展首先以农业全产业链物质循环及其生态环境效应的系统定量分析和系统设计为基础，创新单项“卡脖子”技术，集成综合技术模式。农业绿色高质发展需要创新全产业链系统理论和各学科界面交叉理论，解决农业绿色发展各交叉界面融合的关键问题，提出区域农业绿色发展的实现途径。重点突破作物-水-土壤-空气-病虫害系统交叉界面上的前沿科学问题和关键技术，揭示界面间的耦合机制，阐明农业绿色发展的实现途径。

（四）面向主产区、面向未来，服务产业是未来农学基础与作物学研究的重要趋势

党的十八大以来，党中央确立了以我为主、立足国内、确保产能、适度进口、科技支撑的新形势下的国家粮食安全战略，并强调确保谷物基本自给、口粮绝对安全。因此，农学基础与作物学研究的根本任务是为确保国家粮食安全和重要农产品有效供给提供有力支撑。为了让基础研究的成果在确保国

家粮食安全和重要农产品有效供给中发挥更好的作用，近年来，我国科研单位在主产区建立相关实验站（或研究中心），如中国农业大学在玉米主产区吉林梨树建立实验站；中国水稻研究所在我国粮食商品率最高、大规模机械化程度最高的商品粮生产基地三江平原（黑龙江宝清）建立北方水稻研究中心；中国科学院与黑龙江省共建了中国科学院北方粳稻分子育种联合研究中心；中国农业科学院在小麦主产区河南新乡建立了实验站。广大从事基础研究的工作者越来越重视将科学目标与国家需求结合，积极面向主产区、面向未来，服务产业，将基础研究成果应用于生产实际。

三、农学基础与作物学的发展现状、存在的主要问题及发展布局

（一）发展现状

我国十分重视农学基础与作物学的发展。根据国家自然科学基金资助项目统计资料，2015 ～ 2019 年，国家自然科学基金委员会生命科学部资助的重点项目中，农学基础与作物学学科项目有 25 项，总经费共 7147 万元；面上类项目（含面上项目、青年科学基金项目和地区科学基金项目）共 2537 项，总经费为 10.5856 亿元。2013 年启动了“主要农作物产量性状的遗传网络解析”重大研究计划，总经费为 2 亿元。

为加快实施国家创新战略，保障粮食安全，国家重点研发计划实施了“七大农作物育种”“粮食丰产增效科技创新”“智能农机装备”重点专项。其中，“七大农作物育种”重点专项前后分 3 批启动了 49 个与作物学相关的项目，国拨经费 22.3474 亿元；“粮食丰产增效科技创新”重点专项立项 39 项，资助金额 16.28 亿元；“智能农机装备”重点专项立项 49 项，资助金额 9.8 亿元。

随着国家对基础研究重视程度的加强，我国科技人员在作物科学基础和应用基础研究方面取得了快速发展，有力推动了作物科学的技术创新。直接表现为近几年我国作物学基础科学研究论文的数量和质量有了大幅度提高。在科学引文索引扩展版（SCIE）数据库共检索到 2018 年发表的与作物学相关的研究论文 5924 篇。其中我国发表论文 2102 篇，位居第一，排名第二的美国发表论文 789 篇；我国发表高水平论文（影响因子大于 5）316 篇，美国发

表高水平论文149篇，排名第二。特别是，近年来我国在国际顶尖期刊上发表论文的数量大幅度增加。2014～2018年，以我国科学家为主导的水稻遗传研究领域的7篇论文先后在《细胞》《自然》《科学》等国际顶尖期刊上发表；2019年，我国关于玉米的基础研究论文首次在《科学》上发表（Tian et al.，2019）；2013～2019年，《自然》、《自然-生物技术》（*Nature Biotechnology*）、《自然-遗传学》（*Nature Genetics*）等国际顶尖期刊共刊发了11篇棉花基因组测序及与驯化相关的论文，其中10篇由中国科研工作者完成。这些表明我国科学家在水稻和棉花功能基因组研究方面持续保持国际领先地位，在玉米和小麦基础研究方面的学术地位大幅度提高，处于国际前列。

农学基础相关领域的科学研究也取得了重要进展，既有高水平论文，也有多项成果获得国家科技奖励。与此同时，农学基础领域的研究也极大地推动了我国主要农作物全程、全面、高质、高效、机械化生产的快速发展，研发成功了一批拥有自主知识产权、融合信息技术的先进农业装备，为进一步推进农作物集约化、机械化、标准化生产提供了重要的技术支撑。

1. 作物基因组研究向纵深发展，泛基因组和三维基因组研究获重要进展

我国主要作物基因组研究获得重要进展，相继完成了我国杂交水稻重要组合‘汕优63’亲本（‘明恢63’和‘珍汕97’）和优良恢复系‘蜀恢498’的基因组精细物理图的绘制，以及3000多份栽培稻基因组重测序（Wang et al.，2018b）。同时，在水稻泛基因组研究方面也取得了重要进展（Zhao et al.，2018；Qin et al.，2021），还成功绘制了世界上首张水稻高分辨率三维基因组图谱。独立完成了小麦A基因组供体祖先种乌拉尔图小麦（*Triticum urartu*）的精细基因组图谱绘制（Ling et al.，2018）；主导绘制了小麦D基因组供体祖先种山羊草（*Aegilops tauschii*）品系AL8/78的参考基因组精细图谱（Jia et al.，2013）；主导完成了玉米Mo17自交系高质量参考基因组的组装（Sun et al.，2018）。参与完成了四倍体甘蓝型油菜（AC组）基因组的测序、组装及分析工作（Chalhoub et al.，2014）。牵头启动了棉花基因组计划，先后主导完成了雷蒙德氏棉（D基因组）和亚洲棉（A基因组）全基因组测序工作（Wang et al.，2012；Li et al.，2014）。在此基础上，完成了四倍体棉花——陆地棉（AD组）基因组的测序、组装及分析工作（Wang et al.，

2019a）。发现了陆地棉与海岛棉的起源和种间分化的遗传机制，揭示了陆地棉广适性、长绒海岛棉优质的遗传基础（Li et al.，2014；Ma et al.，2018；Du et al.，2018；Hu et al.，2019；Huang et al.，2020）。2018 年，又阐述了棉花基因组的三维结构及其多倍化过程中三维结构的变化（Wang et al.，2019a），为培育高产、适应性广，同时纤维更长、更强、更细的棉花品种提供了有力的理论基础。

2. 作物重要性状关键基因挖掘和遗传调控网络解析发展迅速

过去 5 年来，我国科学家利用基因组序列以及全基因组关联分析和经典的定位克隆技术，克隆了一批抗病虫（Liu et al.，2015；Zuo et al.，2015）、抗逆（Li et al.，2015；Ma et al.，2015；Wang et al.，2016）、优质（Wang et al.，2015a）、育性（Yu et al.，2018）、养分高效（Hu et al.，2015；Li et al.，2018；Wu et al.，2020；Liu et al.，2021a）和高产的基因（Wang et al.，2018a），揭示了这些基因的分子机制，为作物遗传改良提供了一批具有自主知识产权的基因资源；在水稻株型、粒型和穗粒数等产量性状遗传调控网络解析方面获得重要进展，初步构建了水稻株型、穗型及粒型遗传调控网络。“水稻产量性状的遗传与分子生物学基础”“杂交稻育性控制的分子遗传基础”分别获得 2016 年度和 2018 年度国家自然科学奖二等奖。

3. 作物分子育种获得重要突破

作物基因组研究的深入发展和重要功能基因的鉴定，推动了作物分子育种的突破，无论是理论还是实践均取得了重要进展，“水稻高产优质性状形成的分子机理及品种设计”获得 2017 年度国家自然科学奖一等奖，标志着我国在该领域处于国际科学前沿水平甚至居于引领地位。玉米单倍体育种理论研究也获得突破性进展，成功分离了诱导玉米单倍体的两个关键基因，为进一步提高玉米单倍体育种技术的应用效率奠定了基础（Liu et al.，2017；Zhong et al.，2019）。

我国转基因育种取得长足进步，形成了完整的研发和产业体系，已经进入国际第一方阵。创新了智能雄性不育、无选择标记等新技术。创制出一批具有重要应用前景的抗虫、耐除草剂的转基因棉花、玉米、大豆、水稻、小麦等新品系，具备与国外同类产品抗衡和竞争的能力。2008 ～ 2019 年，育成新型转基因抗虫棉新品种 159 个，累计推广 4.5 亿亩，减少农药使用 50 多万吨，增收节支500多亿元。抗虫、耐除草剂转基因玉米研发进展较快，转育品种达到审定标准。

我国在农作物基因编辑研究领域达到国际领先水平，据不完全统计，我国发表论文量占全球42%，美国占19%，欧洲占17%，日本占8%。建立了主要农作物CRISPR/Cas9介导的基因组定点编辑技术体系（Zong et al.，2017）。利用CRISPR/Cas9介导的基因组定点编辑技术体系创制了玉米雄性核不育系与保持系、智能分拣系，以及株型紧凑、糯性、超甜、高直链淀粉、抗除草剂、矮秆与早熟等育种上具有重要应用价值的材料。优化了CRISPR/Cpf1系统，扩大了CRISPR基因编辑靶位点的范围，该技术已开始应用于水稻、小麦、大豆等育种。

4. 作物生理、栽培和耕作研究不断深化

我国在作物超高产、高产优质、逆境响应、化学调控、数字农业等方面取得了突出成就，部分领域已达到或接近国际先进水平。扬州大学完成的“促进稻麦同化物向籽粒转运和籽粒灌浆的途径与生理机制”成果获得作物栽培学与耕作学领域的首个国家自然科学奖二等奖。此外，通过肥水运筹、个体和群体结构优化、协调“源、库、流”关系的研究，为作物高产、高效、优质奠定了较好的理论基础。创建了作物高产、优质栽培理论和精确栽培技术，逐步实现了作物栽培的机械化、标准化、信息化。

5. 作物学与其他学科的交叉不断拓展

作物学与生物信息学之间的交叉在作物重要基因挖掘、全基因组关联分析、基因表达调控网络构建、作物全基因组选择及系统生物学研究等方面的作用日趋重要（Huang et al.，2016）。生物信息学分析技术推动了我国科学家在水稻、玉米、小麦、棉花、大豆及芸薹属等作物的基因组测序和重测序方面的工作。栽培科学与信息科学、遥感技术、系统模拟技术、决策支持技术、智慧管理技术、机械化管理等交叉与渗透，推动了作物栽培向定量化、数字化、精确化、快速化、规模化和工程化方向迈进。在作物信息学关键技术的大力推动下，针对作物生产的不同环节，重点围绕产前作物栽培方案的精确设计、产中作物生长指标的快速诊断、产后作物生产力的预测预警，以及作物生产管理的全程数字化和精确化平台等方面开展了深入系统的研究，并取

得了突破性进展。

（二）存在的主要问题

1. 重大理论和重要技术的创新能力及对产业的支撑能力有待提升

农学基础与作物学研究水平都有了大幅度提升，但大量研究集中于少数热点领域，突破性的原创工作仍较少，解决重大农业科技问题、支撑作物生产技术创新的重大基础研究成果不多。很多作物生物技术研究是跟踪国外已有的或正在研究的一些技术路线和方法，拥有自主知识产权的创新性研究成果少。在作物遗传育种领域，注重单个基因的功能鉴定，对于重要农艺性状形成的遗传调控网络了解得还不多，难以满足分子设计育种的要求。

2. 人才队伍建设急需加强

人才队伍建设是促进作物科学创新研究的关键。由于专业分工过细，现有人才大多仅仅对本领域的研究较为熟悉，跨专业的复合型人才短缺，限制了协同创新能力的提高。高水平的学术人才有赖于长期稳定的培育和扶持，作物学学科团队建设仍需全面的顶层设计和合理布局。在国家杰出青年科学基金、优秀青年科学基金、创新研究群体等人才和团队项目的评价体系中，要充分考虑作物学学科应用性、公益性强的特点，应该适当给予倾斜，加大具有创新能力的中青年高级专家的培养力度。

3. 经费投入仍需增加

随着我国科研投入的加大，作物学基础研究科研经费有一定的增加。但农学基础与作物学学科的研究有其特殊性，有大量的田间观察试验工作，水稻、玉米、大豆、棉花等作物遗传育种研究还需要南繁，各项费用较高。另外，随着研究方向的不断拓展及研究内容的逐步深化，科研经费的压力依然严峻，这是制约学科可持续发展的重要因素。因此，仍然需要国家增加对农学基础与作物学的支持力度。

4. 国内外学术交流合作尚需提升

近年来，作物学学科的国际交流合作迅猛发展。但是，我国发起或参与的国际重大项目仍然不多，今后应围绕我国重大战略需求，加大国际合作资助的力度，扩大国际交流合作的范围，创新科技合作与交流形式，提高交流合作成效。鼓励有条件的科研院所、高等院校与境外研究开发机构建立联合实验室或研发中心。支持在双边、多边科技合作协议框架下，实施国际合作项目，通过组织农学基础与作物学国际项目或有影响的学术会议，扩大学科影响力。

（三）发展布局

以国家自然科学基金委员会“鼓励探索，突出原创；聚焦前沿，独辟蹊径；需求牵引，突破瓶颈；共性导向，交叉融通”资助导向为学科发展布局纲要，农学基础与作物学在学科发展布局上，要以国家粮食安全和农业绿色可持续发展等重大需求所蕴含的科学问题为导向，鼓励源头创新。关注国际农业科学技术前沿和热点问题，注重对作物学重大理论研究和重要技术方法创新的支持。立足揭示作物产量、品质与抗性形成规律，解析作物-环境（含资源、其他生物）关系，以作物遗传改良与栽培调控等为基本内容和主要领域，同时注意培植新兴领域和学科生长点，鼓励学科交叉合作。

四、农学基础与作物学的发展目标及其实现途径

（一）发展目标

农学基础与作物学围绕作物生长发育规律、作物与环境之间的关系、创制优良作物新品种及开发高效、安全栽培技术的理论基础，阐明主要农作物优异种质的形成和演化规律；系统解析主要农作物的产量、品质、抗逆、养分利用等重要性状调控分子机制，构建重要性状的分子调控网络；揭示主要农作物的产量、品质形成规律及其与环境的关系；获得一批国际公认的具有重大科学价值的原创性基础研究成果，为我国粮食安全、农产品有效供给提供支撑。

（二）优势方向

以国家粮食安全、绿色可持续发展等重大需求蕴含的科学问题为导向，应加强的优势方向主要包括：以作物重要遗传资源系统发掘与利用，重要性

状基因克隆和遗传网络解析，作物品种分子设计，以及作物高效、规模化、机械化生产为主线，重点开展作物种质资源优异基因资源系统发掘和创新，揭示作物重要性状（产量、品质、抗病、耐逆性、株型、养分高效等）的遗传调控网络，加强作物分子设计育种的基础理论和方法研究，为培育高产、优质、多抗、广适作物新品种提供支撑。进一步拓展作物高产、优质、绿色、高效生产中的基因型 × 环境 × 管理间的互作规律、资源高效利用、量质协调、周年生产的基础理论研究，加大作物抗逆的生理基础理论、栽培调控技术、农田生态系统管理等研究力度。深入研究农作物高质量种子形成的分子机制，为全面提升种子质量提供支撑。

（三）薄弱方向

近年来，我国精准农业、智慧农业及农业机械化发展迅速，但是农学基础学科相关领域比较薄弱，特别是农机农艺融合的研究基础较差，严重影响农机作业质量和效率的提高。作物超高产的纪录不断刷新，但是产量与品质的协同机制、资源可持续高效利用、环境友好和农产品污染控制等技术难题还未从根本上得到解决，大面积中低产区的高产、高效的技术瓶颈依然没有得到突破。前瞻性的基础研究明显落后于发达国家，农作物遗传资源保护、创新等基础研究滞后，种质资源开发利用不足，与先进国家相比有较大的差距。此外，在我国中西部老少边地区起重要作用的杂粮、油料、薯类等特色作物的研究基础薄弱，影响了特色作物的开发利用。

（四）交叉与前沿方向

针对未来作物科技前沿和我国农业产业发展的需求，积极支持将组学、生物信息学、系统生物学等与作物学学科交叉融合，加强作物种质基因组学、作物信息学、作物系统生物学和作物智能分子育种学研究。加强生物信息学在作物遗传改良中应用的基础性研究，包括基于高通量数据的重要基因挖掘技术、重要农艺性状的基因调控网络构建技术、组学数据整合的系统生物学技术、作物基因组选择技术、计算机辅助优良等位基因组合技术等。

我国农业生产方式正在朝集约化、规模化、信息化、机械化、标准化方向转变。这种转变要求将传统作物栽培理论技术与全程机械化、精确化技术进行融合。启动农业大数据的建设工作，发挥其在作物生产区划、作物生产管理、农田生产力预测和农业生产效益评估中的作用。在作物-环境关系及现代作物生产方面，积极支持生态学、信息学、人工智能、农业工程与作物学学科交叉，拓展农田生态学、作物信息学研究内涵，重点加强农田养分循环利用与模拟、作物生长模拟与虚拟设计、新型作物养分诊断理论与方法、作物智慧管理理论与技术等方面的研究。加快农机农艺联合创新攻关，重视规模化作物生产的核心理论与技术研究。

第二节　优先发展领域和重大交叉领域

一、优先发展领域

（一）作物重要遗传资源系统挖掘与创新的理论基础

我国具有丰富的作物种质资源，为作物新品种培育及农业生产可持续发展提供了重要的遗传资源保障。优异遗传资源的鉴定与利用在历次作物“绿色革命”中均发挥了至关重要的作用。然而，在作物驯化和改良的过程中，强烈的人工选择作用导致作物栽培品种遗传多样性急剧降低，由此形成的遗传瓶颈已成为突破性作物新品种培育的关键限制因素。因此，系统挖掘和利用作物野生近缘种和地方品种中的优异基因资源是未来作物育种的重要方向与突破口。在完成主要作物基因组精细图谱绘制以及作物种质资源基因组重测序的基础上，大规模创制作物种质资源渗入系或染色体片段置换系，系统、精准鉴定作物遗传资源的重要农艺性状（如产量、品质、抗病、耐逆和养分高效等），深入挖掘重要农艺性状优异等位基因变异并阐明其形成的分子机制，不仅可为我国作物育种取得新的突破和保障农业可持续发展提供优异资源与重要基因，而且可为解析作物驯化与改良的分子机制提供理论依据。

主要科学问题包括：①作物驯化与改良的遗传基础；②作物优异种质资

源创新的理论基础；③作物种质资源优异基因高效发掘与利用的理论基础。

（二）作物复杂性状遗传调控分子基础

我国在主要作物结构基因组学、功能基因组学、遗传学等研究领域取得了一系列重要原创性成果，国际影响力日益提升。然而，作物产量、品质、抗病虫、耐逆等重要农艺性状均为多基因控制的数量性状，其遗传调控网络尚不清晰，难以满足作物分子设计育种的要求，这也是作物新品种培育取得突破性进展的瓶颈。因此，在作物功能基因组研究的基础上，应综合利用分子生物学、生物信息学、功能基因组学等现代生物技术手段，克隆具有育种利用价值的控制重要农艺性状的新基因，全面阐明作物复杂性状形成的分子基础及遗传调控网络，为作物分子设计育种提供理论基础和技术支撑，这对于保障国家粮食安全具有重大的战略意义。

主要科学问题包括：①作物复杂性状形成的分子基础；②作物复杂性状的遗传调控网络；③作物复杂性状间的遗传互作与平衡关系。

（三）作物杂种优势形成的生物学基础及利用新途径

作物杂种优势利用是提高粮食产量经济实惠、环境友好型的重要策略和途径，为解决我国乃至世界粮食安全问题做出了重要贡献。我国的作物杂种优势利用，尤其是杂交稻生产技术一直处于国际领先水平。由于作物杂种优势形成的生物学基础复杂，其分子机制仍不清晰，难以利用作物杂种优势形成理论来指导强优势组合的选配。同时，杂交组合存在亲本遗传基础狭窄、趋同性强、杂交配组不自由等限制因素，而一些重要农作物（如小麦和大豆等）因缺乏有效的杂种优势利用途径而限制了杂种优势的大规模利用。因此，阐明作物杂种优势形成的生物学基础，特别是种间、亚种间远缘杂种优势形成机制，创新作物杂种优势预测方法，实现杂种优势分子设计育种，开拓创建杂种优势利用新途径和杂种优势固定的新育种体系，有助于进一步提高作物杂种优势研究与利用的水平，为保障我国粮食安全做出更大贡献。

主要科学问题包括：①作物杂种优势形成的生物学基础；②作物种间、亚种间远缘杂种优势形成的分子机制；③作物杂种优势利用新途径及其理论基础；④作物杂种优势固定的理论基础。

（四）多倍体作物演化和驯化的分子基础

多倍化是新物种形成和进化的重要驱动力之一，现存高等植物中有超过70%的物种以多倍体的形式存在（Soltis et al.，2019）。多倍体可分为同源多倍体与异源多倍体，其中小麦、棉花、油菜、花生是典型的异源多倍体，甘薯和马铃薯是同源多倍体。多倍体具有明显的表型优势，如器官增大、品质变优、适应性广和抗逆性强等。因此，高产、优质、多抗、广适性新型多倍体作物的创制与定向驯化是确保农业生产可持续发展的重要途径之一。系统解析多倍体不同亚基因组的起源与进化轨迹，阐明其核型稳定的细胞遗传学基础，揭示多倍体作物优势形成的分子机制，将为多倍体作物遗传改良和新型多倍体作物的培育提供重要的理论指导与技术支撑。

主要科学问题包括：①多倍体作物亚基因组起源和进化的分子机制；②多倍体作物核型稳定的遗传基础和分子机制；③多倍体作物驯化的遗传学和基因组学基础；④多倍体作物优势形成的分子机制。

（五）杂粮作物功能基因组学研究

杂粮作物泛指主要农作物以外的多种作物，包括谷子、高粱、大麦、黍稷、食用豆、花生、荞麦和薯类等。杂粮作物以营养保健和食品多样性供给为特色，且耐旱抗逆性突出，是旱作农业和边际农闲地提高农业附加值的主栽作物，也是应对未来气候变化的战略储备作物。谷子、高粱是禾谷类作物抗旱耐逆性和C4植物光合作用分子机制解析的模式作物；黍稷、食用豆、荞麦、花生、大麦和薯类等是区域特色作物。已完成谷子、高粱、大麦、黍稷、花生、荞麦和薯类等基因组草图绘制，且已建立谷子高效的转基因技术体系，正在迅速发展成为禾谷类作物功能基因解析新的模式植物。但杂粮作物功能基因解析研究依然薄弱，与主要农作物的研究差距较大。因此，加强重要功能基因解析已成为一项紧迫的战略任务。综合应用定位克隆、关联分析、比较基因组和转基因功能验证等方法，系统解析杂粮作物重要农艺性状和驯化性状调控的分子机制，有利于扭转杂粮作物分子育种技术落后的局面，加速杂粮作物的改良，并促进禾谷类作物比较基因组学和比较遗传学的发展。

主要科学问题包括：①杂粮作物优异基因资源系统发掘和创新的理论基础；②杂粮作物产量和品质性状形成的分子基础与调控网络；③杂粮作物耐

逆的分子基础及其调控网络；④杂粮作物驯化的分子机制。

（六）作物品种精准分子设计的分子基础

面对全球生态环境恶化、耕地减少、食品安全和人口持续增长，作物的产量、品质、抗逆性、抗病性、养分利用等综合性状改良遇到技术瓶颈。全球生物技术育种发展已进入关键时期，我国作物育种面临日趋严峻的国际挑战和市场竞争。随着主要农作物基因组学、表观基因组学、代谢组学等多组学的快速发展，重要性状关键基因功能及其调控网络解析不断深入；基因编辑、转基因、全基因组选择育种等技术的发展，使作物性状改良更加高效、精准、可控，为作物品种的精准设计提供了分子基础和条件保障。解析作物品种精准设计的重大科学问题，将为实现颠覆性育种技术突破、培育符合新时期绿色高质量发展需求的重大品种奠定理论基础。

主要科学问题包括：①重要性状调控关键基因功能及作用机制；②重要性状精准控制的理论基础；③作物重要农艺性状智能设计的理论基础。

（七）作物增产提质的生理生态基础

随着经济的高速发展与人们对美好生活的追求，足量、优质的农产品成为现代作物生产的核心目标。但产量和品质呈一定程度的矛盾关系，实现增产与提质的协同是作物学领域的重大科学问题及作物产业的重大科技需求，基因型-环境-栽培技术互作（G×E×M）是决定产量和品质形成的基础。因此，急需系统深入解析作物产量和品质形成的生物学基础与协调原理，阐明环境因素调控产量品质协同的生理生态机制，发掘协调作物产量和品质同步提升的栽培技术途径，为作物增产、提质、高效生产和优质专用作物产业发展提供理论依据与技术支撑。

主要科学问题包括：①高产作物品质形成规律与产量品质协调的生物学原理；②主要生态因子与农田微环境协调作物产量和品质形成的生理生态基础；③作物提质增效的栽培技术途径及其生理生态机制。

（八）寒地主要作物产能水平提升的理论基础

东北寒地是我国粮食主产区和最大的商品粮输出基地，其粮食产能约占全国的1/4，但是寒地作物基础研究比较薄弱。为满足我国持续增长的粮食产品需求，必须实现寒地主要作物（大豆、水稻、玉米）产量及质量水平的进一步突破。针对寒地主要作物生产存在的关键问题，重点解析寒地作物株型、生育期、耐冷、光能利用等重要性状的分子基础及其遗传调控网络，最大限度地挖掘产量的遗传潜能，开拓创新寒地主要作物育种理论和方法。同时，探索寒地主要作物绿色高效栽培的理论基础，为进一步提高东北寒地主要作物的产能水平提供支撑。

主要科学问题包括：①寒地主要作物关键育种目标性状分子基础及调控机制；②寒地主要作物分子设计育种的理论基础；③寒地作物绿色高效栽培措施和耕作制度的理论基础。

（九）现代绿色耕作制度的理论基础

农业资源短缺、面源污染加剧、农业生态功能弱化等严重制约着农田生产力的可持续提升，绿色生态、环境友好是世界农业的发展目标。以绿色可持续发展为核心，协同集约农作、高效增收、生态健康、气候变化、循环农业等农业生态学前沿理论与技术，发展绿色农作技术是实现这一目标的根本解决方案。阐明作物生产与地域资源禀赋的匹配机制、农田生态系统物质循环过程与调控机制、土壤耕作制度构建与地力培肥机制、作物茬口协调与资源高效利用机制，对促进农业生产环境与人居环境绿色协调、提高我国农产品质量、提升我国农业综合效益具有重要意义。

主要科学问题包括：①农田生态系统主要物质循环与作物高效利用理论基础；②气候变化背景下作物布局与资源匹配机制和模拟；③间套轮作系统根际调控与协同增产机制。

（十）干旱半干旱生态脆弱区保护性栽培（生态栽培）的科学基础

过去20多年以来，西北地区高产高效作物栽培取得了重大成就，为扶贫产业发展和植被重建发挥了重要的支撑作用。在进入生态文明建设的新时期，西北旱区农业将在过去高产高效的基础上，进一步强化生态安全优先方向发展，在提升作物栽培基础理论研究水平的同时，服务于国家生态安全屏障建设。面对干旱、风沙、冷凉、盐渍化等环境，以保护性栽培为基本方向，通过不同方式的覆盖栽培、休闲期覆盖作物筛选和优化栽培、间套轮作复合系统等研究，形成适合于不同生态类型区的保护性作物栽培系统，配合相应的耕作措施和种质资源筛选，改善土壤肥力水平，降低逆境条件对农田的扰动，稳定支持产业链发展，提高农田生态系统服务能力。

主要科学问题包括：①作物覆盖栽培的优化模式、增产机制及其环境效应；②复合作物系统（覆盖作物、间套轮作等）优化选择及其生态效应；③以高产高效可持续为指向的作物与土壤相互作用机制。

（十一）作物生产系统信息实时感知与精准管理的原理与方法

深度融合新一代信息技术的数字农业是未来农业科技竞争的制高点，是应对耕地、水、生态环境的刚性约束，也是农业劳动力成本和种、肥、药等农资价格攀升等现实难题以及促进农业转型升级的重要推动力，更是未来农业发展的必然方向。我国在农田环境信息获取、处理与利用方面已有一定积累，但前期工作仍然缺乏系统性，特别是基于作物生产系统的信息实时感知、信息融合与挖掘、诊断规律与响应机制等研究严重缺乏，阻碍了后续基于泛在信息的作物生产系统精准管理和精细作业，以及生态、绿色、高效、可持续作物生产的实现。迫切需要在作物生产系统信息实时感知与精准管理的原理和方法等基础科学研究上取得新的重要突破。

主要科学问题包括：①作物生产系统多源多维信息实时感知的原理与方法；②作物生产系统非结构复杂信息的融合与挖掘；③作物生产系统的过程模拟、实时诊断与优化调控机制；④作物生产系统精准管理与精细作业新方法的理论基础。

（十二）多尺度作物表型信息高通量自动获取与智能解析

表型组学是促进功能基因组学研究、加速作物分子育种与高效栽培进程的重要推动力。我国在作物表型高通量信息获取与解析方面已有一定积累，但整体上仍处于跟踪模仿阶段，缺乏系统性的自主创新能力，特别是表型设备自主研发，表型大数据实时、高效传输技术，表型多尺度数据融合与组学大数据挖掘理论与方法等亟待解决或突破。研究建立表型数据高通量获取理论方法并进行智能解析，揭示作物科学规律；通过整合基因组、转录组、代谢组、表型组数据，实现性状调控基因快速挖掘与表型精准预测；结合生物技术和智能设计、虚拟现实（VR）、增强现实（AR）等手段，推进理想株型的智能设计；通过基因型-表型-环境多维大数据驱动的智能分析，促进作物精准育种。高通量、多维度、大数据、智能化、自动化测量-解析-利用理论技术等应用基础的重要突破，有助于把我国传统作物学研究提升到一个新水平。

主要科学问题包括：①多尺度作物表型信息高通量自动获取原理与方法；②植物-微生物互作表型信息深度挖掘与智能解析的理论基础；③器官尺度作物表型信息深度挖掘与智能解析的理论基础；④作物表型信息深度挖掘与智能解析的理论基础。

（十三）农作物秸秆资源及循环利用的基础研究

在农作物生产过程中，各种农业投入要素中的50%左右会转化为农作物秸秆（陈冬冬等，2007）。作为十分重要的生物质资源，我国各类农作物秸秆年产出量巨大，每年产生秸秆近9亿吨，但其科学处理和利用率不高，未利用的有约2亿吨。农业主产区秸秆大量过剩以及农民就地焚烧秸秆带来的资源浪费和环境污染等问题，日益引起全社会的高度关注。实施秸秆科学处理与资源化利用，不仅涉及整个农业生态系统中土壤肥力、水土保持、环境安全及可再生资源的有效利用，而且有利于增加农民收入、拓宽农业经营领域，具有重要的战略意义。秸秆原料多组分和多样性、结构不均一性及结构特异复杂性，导致秸秆原料利用率低、经济效益差。深入开展农作物秸秆资源及循环利用的基础研究，对发掘秸秆资源化清洁利用新技术途径具有重要意义。

主要科学问题包括：①农作物秸秆物料多样性及其变化机制；②农作物秸秆高效转化障碍因素及其消除机制；③农作物秸秆多元转化的理论基础。

（十四）农艺农机融合的土壤-机器-作物系统互作机制

智能农业装备是提高农业生产效率、转变现代农业发展方式、增强农业综合生产能力的重要物质基础与保障。目前，我国农业装备自主创新能力不强，国际竞争力较弱，特别是农业装备产品质量和可靠性较差，智能化程度较低。应用信息感知、智能检测、大数据、智能设计等理论和方法，以适应我国农业生产复杂开放工况环境的智能化农业装备为研究对象，形成土壤、作物、环境及机器参数大数据，揭示土壤-机器-作物系统的互作规律，进而演化为智能农业装备设计基础模型，已成为农业装备领域急需解决的关键基础科学问题。

主要科学问题包括：①复杂开放工况环境下的土壤-机器-作物互作规律及其影响机制；②复杂开放工况环境下的机器作业载荷谱获取与分析原理；③载荷条件下的农艺农机融合理论与作业实效演化规律；④基于土壤-机器-作物系统自适应的农机优化设计理论与方法。

二、重大交叉领域

（一）合成生物学在作物育种上的应用

合成生物学技术是我国“十三五”时期的战略性前瞻性重点发展方向，已在多个生命科学研究与应用领域取得突破性进展。因此，加快合成生物学的新理论和新技术在作物育种中的应用，创新作物育种的新理论和新方法，培育具有全新性状和特性的作物新品种，是进一步推动作物产量、品质和抗性等农艺性状取得重大突破的关键。基于决定作物重要农艺性状的基因、基因群、基因网络和人工染色体的鉴定、优化、重构和创建，利用工程化设计策略，通过构建新的调控和代谢网络，表现出新的功能，培育具有全新性状和特性的作物新品种（系）。

主要科学问题包括：①合成生物学在作物育种上应用的基础；②利用合成生物学技术创建作物育种技术新理论和新技术。

（二）生物大数据和新技术驱动的作物从头驯化

地球上现存的40多万种植物中，被驯化成现存的各种作物的仅占其中非常低的比例，而人类目前的能量摄入主要依赖其中十几种粮食作物。因此，从头驯化（*de novo* domestication）一些野生和半野生植物，使其成为满足人类未来需求的新作物，将是应对日益严峻的粮食安全问题的有效解决方案之一。基于作物及其野生近缘种基因组序列以及其他高通量组学数据，利用机器学习和深度学习等技术分析生物大数据，系统地剖析与驯化相关的基因组序列、调控基因和DNA顺式作用元件的变异，揭示与作物驯化相关的转录后调控元件和代谢产物的驯化特征，进一步利用精准的基因编辑技术和大片段基因组合成技术，基于作物驯化分子机制，进行“知识驱动”的作物从头驯化，有助于加快创制多样的新作物，对保障我国农业可持续发展和粮食安全具有重要的战略意义。

主要科学问题包括：①作物重要农艺性状驯化的分子机制；②作物驯化模型建立和优化的理论基础；③作物从头驯化的理论基础。

（三）农业机器人系统

智慧农业是未来世界农业的发展方向，而农业机器人是世界智慧农业的研究前沿，也是实现我国农业“机器换人”的重大核心技术。农业机器人是学科交叉最突出的领域之一，涉及作物学、信息学、电子学、控制科学、材料科学和机械学等多学科知识。由于农业的生物特性和农业非结构化特点，农业机器人远比工业机器人复杂，已成为世界学术界和产业界研究的热点。2007年《时代》周刊将年度最佳发明奖颁发给了Hortirobot除草机器人；2008年国际机器人与自动化协会（IEEE Robotics and Automation Society，IEEE RAS）成立了专门的农业机器人与自动化学术委员会；欧盟“地平线2020”资助系列农业机器人项目，如CROPS、Sweeper、MARS等；2018年世界机器人大会（WRC）期间各欧美专家的发言均关注了农业机器人；2018年国际智能机器人与系统国际会议（IROS）组织了3个农业机器人正式会议，农业机器人得到了空前关注。我国农业机器人研究有一定基础，但很薄弱。

主要科学问题包括：①基于视觉、触觉、听觉、味觉技术的空间环境、靶标位置与形态等多模态信息感知的原理；②机器脑研究，对象识别、场景分析、路径判断、避障分析、任务规划、深度学习的原理；③满足农业生物特性的高效鲁棒机器人专用驱动及末端执行机构（新材料、触觉反馈控制、人机交互与共融）。

第三节　国际合作优先领域

一、大豆复杂性状遗传调控分子基础

大豆是世界上重要的粮油饲兼用作物，根据中国海关的相关数据，目前我国大豆进口依存度高达85%以上，大豆供需矛盾严重影响我国粮食安全。单纯增加我国大豆种植面积远不能满足消费需求。保障国际大豆供应链的安全平稳，成为未来实现我国粮油安全的重要途径。依托“一带一路”倡议，联合国际大豆生产国家及具有潜在生产能力的国家，共同开展大豆复杂性状遗传调控分子基础研究。一方面，对大豆种质资源进行精细和系统评价；另一方面，利用多组学技术，深入剖析重要性状的遗传结构，挖掘关键调控基因，从而提升基因组辅助育种、定向选择、精准设计育种水平。这不仅有利于国际大豆生产的稳定和快速发展，而且对保障我国大豆进口安全具有重要意义。

主要科学问题包括：①国际大豆种质资源评价和重要基因的发掘；②大豆复杂性状形成的分子基础及遗传调控网络；③大豆复杂性状间的遗传互作与平衡关系；④大豆精准分子设计育种的理论基础。

优先合作的国家包括：巴西、俄罗斯、阿根廷、东南亚和非洲国家（埃塞俄比亚、坦桑尼亚、肯尼亚等）。

二、作物特异种质资源的挖掘与利用

我国作物遗传资源丰富，资源研究与利用研究处于国际先进水平，但是特异种质资源非常缺乏，制约了我国作物育种的进一步突破。由于地理生态条件的差异，世界各国家和地区都有特异的作物种质资源。例如，巴基斯坦、印度、印度尼西亚、菲律宾，以及非洲国家等不仅有丰富的水稻资源，而且具有水稻资源品质好、抗旱性强、抗病性强、特种品质好、耐热性好等优异特性；南美洲国家玉米种质资源丰富，并且该种质资源具有耐高温、抗病优异特性。充分地挖掘和利用这些优异资源，鉴定其携带的优异基因，创制优异新种质，可为我国作物品种培育取得新的突破提供新的基因与种质资源。

主要科学问题包括：①特异种质形成的分子机制；②特异性状遗传与调控的分子基础；③提高特异资源利用效率的途径。

优先合作的国家或组织包括：IRRI、巴基斯坦、印度、印度尼西亚、菲律宾、非洲国家、南美洲国家。

三、中国-CIMMYT-非洲多边合作开发广适性玉米

玉米是非洲最重要的禾谷类粮食和饲料作物，但病害和干旱等胁迫导致非洲玉米面临大幅度减产或绝收的风险。因此，玉米在振兴非洲农业方面具有不可替代的作用。通过玉米科学和技术进步，其成果可以辐射其他农作物，从而带动整个非洲农业科技的发展。CIMMYT作为世界知名的国际农业研究机构，其全球玉米项目的总部设置在肯尼亚，并在非洲多国建有完善的研发设施和试验基地，长期从事玉米抗病、耐逆新品种的培育、生产和示范。玉米作为中国的第一大农作物，近年来在基础和应用研究方面均取得了重要进展，为主导和参与开发适合非洲的广适性玉米多方国际合作项目奠定了基础。通过中国-CIMMYT-非洲多边合作，开发广适性玉米，不仅可为我国玉米品种进入非洲打下基础，还可为非洲的农业发展、社会稳定和人民幸福做出贡献。

主要科学问题包括：①抗病、耐逆、广适性玉米种质资源的基因组学和遗传评价；②热带玉米广适性遗传改良所需的关键基因及其遗传机制；③温热带玉米有利基因相互渐渗、基因聚合与广适性改良的高效分子途径。

优先合作的国家或组织包括：CIMMYT以及非洲玉米主产国（肯尼亚、津巴布韦、尼日利亚、马拉维等）。

四、"一带一路"植棉国合作与科技创新

"一带一路"倡议将引领形成一个开放、包容、普惠的区域经济合作构架和协作平台，是我国今后一个长期对外开放与经济合作的重点工作。农业是丝绸之路经济带沿途各国的重要主导产业，与这些国家加强农业合作是我国农业对外合作的重要任务，也是我国参与"一带一路"倡议的重要实现形式，更是我国农业"走出去"、参与或主导农业国际经济合作的新模式。新疆是我国最大的棉花产区，与我国新疆相邻的巴基斯坦、乌兹别克斯坦、塔吉克斯坦、吉尔吉斯斯坦等中亚国家的自然条件与我国新疆南部类似，非常有利于棉花的自然生长，其棉花种质资源丰富，同时也是我国正在打造的中国-中亚-西亚国际经济走廊中的重要区域，长期以来与我国双边关系友好，而且经

济上的互补性强。以棉花科研合作为切入点，可以较好地服务于国家的“一带一路”建设。

主要科学问题包括：①中亚特色棉花资源耐高温、抗病虫的机制；②中亚关键核心种质资源的演化规律；③“一带一路”国家棉花育种及配套技术研究。

优先合作的国家包括：巴基斯坦、乌兹别克斯坦、塔吉克斯坦、吉尔吉斯斯坦等。

五、智慧农场

智慧农场通过将“互联网+”、大数据、云计算、人工智能等现代信息技术、智能装备技术与农业生产深度融合，实现信息全方位感知、智能化决策、精准化管控、无人化作业、智慧化服务的农业生产新模态，是农业信息化从数字化到网络化再到智能化的高级阶段，是当今世界现代农业发展的趋势。根据我国农业现代化与乡村振兴战略的重大需求，突破智慧农场核心技术，在作物-环境-气候系统信息的协同感知与一体化获取，多源融合信息驱动的光、温、种、肥、水、药等生产要素的精准管理决策，无人作业系统与智能化精准作业装备，“互联网＋农机”协同作业与远程运维管理，农场大数据管理与智能服务等方向，深入开展强强联合、优势互补的国际合作研究，探索形成可复制、可推广的智慧农场模式与标准规范，加快农业现代化科技创新步伐，引领现代农业发展方面具有重要意义。

主要科学问题包括：①地-空-星信息一体化获取与应用基础；②肥水药、病虫草害等的智能管控原理；③无人作业系统与智能化精准作业装备的理论基础；④“互联网＋农机”协同作业与远程运维管理原理；⑤农场大数据管理与智能服务的理论基础。

优先合作的国家包括：美国、荷兰、日本。

第三章

植物保护学

第一节　植物保护学发展战略

一、植物保护学的战略地位

植物保护学是在对植物病、虫、草、鼠害等的生物学特性、发生规律、成灾机制等的研究基础上，建立有害生物防治策略与技术革新的综合性学科。其分支学科包括植物病理学、农业昆虫学、植物化学保护、生物防治、农田草害、农田鼠害、植物检疫与入侵生物学、植物免疫与抗性、植物保护新技术等。

我国是一个农业生态环境脆弱、生物灾害频繁发生的农业大国。病虫害是影响农业持续、稳定和健康发展的重要障碍。据统计，我国常见农作物病害 775 种、害虫 739 种、杂草 109 种、害鼠 42 种（张礼生等，2019）。它们分布广泛、成灾频率高、突发性强，每年都有重大病虫害的流行甚至暴发，导致农作物减产甚至绝收，而且其品质严重下降。进入 21 世纪以来，我国农作物病虫害防控工作面临更加严峻的形势，包括以下几个方面。①原生性有害生物暴发频繁、灾害范围持续扩大、经济损失严重，如稻飞虱为害、稻瘟病、小麦赤霉病、玉米螟为害、马铃薯晚疫病、柑橘黄龙病等连年发生，持续时间之长、危害程度之重均为历史罕见。②部分原先的次要病虫害逐渐发展成为毁灭性灾害，有些原已长期控制的病虫害“死灰复燃”，变得更加猖獗，如稻曲病的早期报道可追溯到18世纪，一直以来被认为是一种次要病害，但是由于近些年高产杂交品种和高水肥栽培模式的大力推广，稻曲病上升为我国水稻最重要的病害之一。另外，全球气候变化和种植结构调整已经导致棉盲蝽与黏虫等生物灾害大暴发。③随着贸易往来频繁，外来危险性生物入侵导致了生态环境破坏与农业经济损失，加重和突出了农业生物灾害问题（张礼生等，2019）。随着经济全球化和国际贸易往来的迅速发展，危险性外来有害生物入侵所造成的生物灾害问题不断凸显。据2020年统计，入侵我国的外来生物已达660余种，进入21世纪后已发现外来入侵物种110余种，且呈现出侵入频率加快、数量增多、侵入范围扩大、发生危害加剧、经济损失趋重的趋势。例如，2019年“幺蛾子”草地贪夜蛾入侵我国并不断扩散，目前肆虐我国25个省（自治区、直辖市），危害玉米、高粱等80余种农作物，造成了严重的经济损失，受到了党中央和国务院的高度重视，并引起了全社会的广泛关注。据2004年统计，仅烟粉虱等13种外来入侵物种便可造成我国每年574亿元的直接经济损失（万方浩等，2015）。同时，外来有害生物入侵还会导致农林生态景观破碎、生物多样性丧失、生态环境持续恶化等一系列重大问题。④化学农药施用过量及其不科学、不合理的使用导致农药残留超标、污染食品、人畜中毒事件频发，环境污染压力加大。主要农作物的部分重大有害生物防控主要依赖国外农作物品种。随着有害生物抗药性问题日益凸显，有的病虫害已无药可用，有的病虫害长期缺乏特效药，绿色高效新型农药偏少。

综上所述，植物保护学是支撑我国现代农业可持续发展的战略性学科，其在保障农产品安全、保护生物多样性和生态安全、维护国民健康、减少环境污染等方面具有不可替代的关键作用。加强植物保护学学科建设，提升植物保护科技创新能力，发展农作物有害生物检测、监测、预警和控制的新理论与新技术，对保障国家粮食安全、生态安全和公众健康，促进农业发展、农民增收与乡村振兴等均有着重要的战略和现实意义。

二、植物保护学的发展规律与发展态势

植物保护学是兼具交叉性与前沿性特点的学科，它不仅与农学基础学科、植物营养学、园艺学和食品科学等有着密切联系，而且与生物领域的植物学、微生物学、动物学、遗传学、细胞生物学、分子生物学、生物化学、基因组学、代谢组学、生态学、工学、化学和数据科学等学科有着高度的交叉与关联。现代生物技术、信息技术、纳米技术等创新性技术正不断融入植物有害生物的监测预警、绿色农药创新及绿色防控等各个阶段，促进了现代植物保护学的形成与发展。总体上，现代植物保护学在科学研究上朝微观和宏观两个方向快速发展。一方面，利用分子生物学、细胞生物学、化学、分子遗传和信息技术等现代科技手段深入揭示植物抵御有害生物的机制及有害生物致害成灾的机制；另一方面，应用生态学、系统工程学、人工智能与大数据科学的原理和方法建立有利于农业综合生产能力提高、生物多样性保护、环境污染控制和资源节约的有害生物持续治理技术体系。同时，现代植物保护学也呈现出两个方向相互交叉、相互促进的发展局面。

（一）植物保护学的研究领域不断拓展

传统的植物保护学主要是针对农业生产中的病虫害开展防治理论与技术研究。随着全球经济一体化和转基因技术的发展应用，外来入侵物种控制和转基因（含基因编辑）生物环境风险管理已成为植物保护学的重要研究内容。入侵生物学的研究内容主要包括外来有害生物在入侵定殖中的传播、种群重建、生存与适应、进化等生物内在特性，响应环境等外部特征，预防与控制的技术基础等。转基因生物安全是植物保护学学科最新发展起来的具有战略高科技特点的分支学科，主要研究转基因作物对农田生态系统与生物资源的影响、靶标害虫抗性演化与治理等。

（二）前沿技术广泛应用于植物保护学研究

现代生物学与生物信息技术，如分子克隆、基因工程、蛋白质工程、基因组学、蛋白质组学、代谢组学等，已广泛应用于植物病虫致害机制、植物与病虫互作机制、病虫抗药性机制和绿色农药作用机制及其靶标研究，对揭

示病虫致害及植物抗病虫机制、新药剂研发和农药合理使用起到了重要的促进作用。地理信息系统（GIS）、全球定位系统（GPS）、卫星和航空遥感、昆虫雷达监测网络、高通量测序技术等现代信息技术显著提升了对植物病虫害的精确监测预警能力。高速网络通信技术、大数据与人工智能识别技术为病虫害的田间诊断以及防控信息的传递和发布提供了空前的便利条件。结构生物学已经揭示了包括植物免疫受体、病菌致病因子在内的多个重要蛋白质的结构，为精确改良作物抗性、设计基于靶标组的新型农药提供了结构支持（张杰等，2019）。转基因、基因编辑技术是现代生物学引领未来的前沿技术之一，已广泛应用于植物保护的各个分支学科，如利用基因工程技术创制新型微生物杀虫剂，利用 RNA 干扰技术、植物基因组精准编辑技术创制抗病虫转基因品种，培育抗药性天敌和分子不育昆虫及传毒能力弱的介体昆虫等，植物保护学领域的科学家正不断探索与研发作物病虫害的可持续控制新途径。

（三）学科交叉融合催生新的植物保护学分支学科

植物保护科学已进入复杂性研究的新领域，向生物学、生态学、数学、物理学、化学、生物信息学、基因组学和蛋白质组学等学科提出了许多新问题、新概念，产生了雷达昆虫学、昆虫化学生态学、昆虫毒理化学、昆虫分子生物学等昆虫学分支学科，作物泛抗病基因组和病原泛效应子组学等植物病理学分支学科，以及农药信息学和农药化学生物学等农药学分支学科。学科交叉是植物保护学学科发展的必然规律，多学科联合攻关是解决植物保护复杂问题的重要途径，只有多学科的有机协同才能持续推进植物保护科技的重大创新。

（四）高度重视环境友好和产品安全植物保护新技术的研发

随着经济条件和社会文明程度的不断发展，人们对生活质量的要求不断提高，降低农产品的农药残留和保护生态环境的有害生物防治理念日益增强。围绕环境友好和食品安全的植物保护技术研发，如抗性作物品种的布局与利用技术、生物防治技术、基于分子靶标导向的绿色农药创制技术、植物免疫诱抗技术、作物免疫系统重构技术、辐射不育技术、生态调控技术和物理诱杀技术等，受到了高度重视。

三、植物保护学的发展现状与发展布局

（一）学科发展现状

“十三五”以来，我国科学家在先前水稻、小麦、玉米等重要农作物，以及稻瘟病菌、小麦条锈菌、稻曲病菌、东亚飞蝗、褐飞虱等的全基因组测序工作基础上，鉴定了一批具有重要理论与应用价值的农作物抗病虫相关基因以及重大作物病虫致害成灾相关的关键基因；克隆了一批重要的水稻、小麦抗病虫害新基因并揭示了其作用机制；获得了世界上第一个抗病小体的结构并解析了植物抗病基因的作用模型；发现了诱饵模式等一批全新的有害生物致病新机制；揭示了植物免疫系统模式触发免疫（PTI）和效应因子触发免疫（ETI）的协作机制；提出了作物免疫与产量平衡的关键机制及改良作物综合性状的路径；产业化了50余个绿色农药新品种，发现了一批潜在的农药新靶标。这一系列前沿性工作显著提升了我国植物保护科研团队的研究实力与国际影响力，推动了中国植物保护学学科的整体水平跨入世界前列（张杰等，2019）。此外，我国科学家还在有害生物效应因子调节寄主生理与生化过程，植物与病毒分子互作机制，植物胞外免疫的分子与生化机制，植物抑制病、虫基因表达的RNA干扰技术，植物免疫系统与激素调节间的相互作用，真菌、病毒的病害调控技术，害虫抗药性分子机制及其治理，昆虫神经与认知，入侵有害生物的扩张机制及其调控技术，抗病虫转基因作物的培育、利用及其生态安全评价上取得了突出成果。我国在杀线虫真菌的进化、绿色化学农药先导结构及作用靶标的发现、植物和微生物源抗菌杀虫活性化合物、新型杀虫除草蛋白质等方面也取得了可喜进展。一批重要的研究成果分别在《科学》《自然》《细胞》等国际顶尖科学刊物上发表（Guo et al.，2020；Xia et al.，2021a；Wang et al.，2019b）。此外，先后三届国际植物-生物互作大会等植物保护领域的重大国际会议连续在我国成功召开，我国科学家连续应邀在植物病原分子互作等领域内最高水平的国际学术大会上做大会报告，一批科学家入选美国科学促进会、植物病理学会和昆虫学会会士，出任领域内学会的执行委员、顶尖期刊编辑，担任国际学术会议主席，从多方面说明了我国植物保护学学科的成绩得到了国际同行的广泛认可。

近年来，在以全球生物技术和信息技术为代表的第二次农业科技革命大

发展的背景下，欧美发达国家高度重视植物保护新理论与新技术的研究工作，包括印度、巴西在内的发展中国家积极开展具有本国特色的植物保护研究工作。随着全球基因编辑技术、第三/四代测序技术、人工智能与大数据技术的发展和突破，科学技术有力地推动了植物保护理论和方法的快速发展，并衍生出作物病虫害的分子检测与组学诊断技术、害虫人工雷达监控预警技术、抗病虫性状优良的精准编辑，以及转基因植物、转基因昆虫、杀虫防病基因重组微生物等一系列植物保护新技术、新产品。与发达国家相比，我国植物保护的基础研究还较为薄弱，主要体现在原创性的基因材料、农药靶标和科学研究较少，新概念与关键技术的创新相对匮乏，研究工作之间缺少连续性与系统性，学科间缺少交叉融合。我国对有害生物小范围、中短期的预测预报取得了一定成绩，但对宏观大尺度的长期预报还缺乏研究。我国科学家利用传统分子标记等手段对有害生物田间种群开展了大量研究，但在组学水平开展有害生物精准监控，并以此作为科学依据来指导农作物品种布局上，与发达国家还有很大差距。在植物保护信息的搜集和发布手段上，发达国家已实现有害生物数据的搜集、加工、处理，并把有害生物的相关信息作为服务资源，智能推送给农户并提供一站式植物保护解决方案。此外，我国在对有害生物功能基因组导向的新农药创制、抗除草剂和抗病虫转基因植物，以及转基因、基因编辑昆虫的基础研究与应用等领域的进展与发达国家也存在明显差距。

1. 有害生物监测预警

我国科学家先后开发了全国农作物病虫害监控中心信息网络和信息系统、农作物有害生物疫情地理信息系统、迁飞性害虫实时迁入峰预警系统、分布式虫害预测预报系统，以及田间昆虫数据采集和计算机数据传输及管理技术、影响农作物病虫害的气象因素和预警指标的分析提取技术、田间小气候实时监测技术、长期预测预报技术等重要技术；研发了一系列的监测预警产品，如重大病虫害远程监测物联网系统、自动虫情测报灯，覆盖水稻、小麦、玉米、马铃薯、棉花、油菜等作物病虫害及黏虫、蝗虫、草地螟等重大病虫害数字预测预报系统，以及基于人工移动端的病虫害监测数据搜集传输系统等；通过实现病情、虫情测报工具的自动化、信息化，解决了测报工作劳动费时费力、准确度低、时效性差、工作强度大、成效低等问题。研制的多普勒、毫米波昆虫雷达有效解决了稻飞虱、蚜虫等微小昆虫迁飞行为等预测预报中的难题，实现了昆虫雷达由基础研究型向田间实用型的巨大转变；组建了由昆虫雷达和高空探照灯为基础的雷达监测网络系统，并利用该雷达监测网，开展了草地贪夜蛾、稻飞虱、稻纵卷叶螟、棉铃虫、草地螟、黏虫、甜菜夜蛾等重要迁飞性害虫的实时监测和早期预警工作，为这些害虫的预测预报和防治决策提供了重要依据。

2. 植物病害控制

我国除继续在植物与细菌、植物与病毒互作领域保持良好的研究态势外，在植物与卵菌、植物与真菌互作，土壤微生物与作物病害调控，以及植物-病原-虫媒三界互作等研究领域也取得了重要进展。明确了一批病原物效应子蛋白和小干扰 RNA 的植物靶标，进而发现了诱饵模式等一批全新的有害生物致病新机制，系统阐明了病原物效应子蛋白在转录、RNA 加工、翻译修饰水平抑制植物靶标的抗病功能（Ma et al.，2017）。在水稻、小麦等重要作物中鉴定了一批植物广谱、持久抗病基因，阐明了它们介导产生广谱抗性的分子机制，以及抗性与产量之间的平衡机制（Wang et al.，2018a）；利用非寄主植物材料，鉴定了一批与植物分子模式触发免疫/效应因子触发免疫相关的先天免疫受体基因，为今后农作物抗性的科学改良提供了新材料与新思路。在植物病害综合治理方面，我国在小麦条锈病综合治理体系建立和应用方面取得了突破性进展，提出了“重点治理越夏易变区、持续控制冬季繁殖区和全面预防春季流行区”的病害分区治理策略。在水稻稻瘟病防控新技术研发方面，将稻瘟病菌群体的无毒基因监测与抗病品种筛选及合理布局有机结合，有效延缓了水稻品种的抗病性丧失。在大豆根腐病防控新技术研究方面，构建了病原监测、抗病资源利用、药剂拌种等核心技术体系，形成了适宜于我国不同大豆产区的病害防控技术模式。在棉花黄萎病防控新技术方面，我国科学家成功利用寄主诱导的基因沉默（HIGS）技术实现了对棉花黄萎病的绿色防控，为解决实际生产中棉花缺乏抗病资源的困境开拓了新的病害防治策略和研究方向（Zhang et al.，2016）。

3. 农业昆虫控制

我国完成了对小菜蛾、褐飞虱、东亚飞蝗和苹果蠹蛾等的全基因组测序，获得了一批与害虫抗药性产生相关的重要基因。对蝗虫、稻飞虱、棉铃虫和草地螟等重大害虫的生物学习性，如迁飞、滞育、抗寒性和种型分化机制等研究取得了一批突破性成果。在植物-害虫-天敌三营养级互作关系以及化学通信机制、寄生蜂与害虫免疫互作机制等方面取得长足进展。系统研究了产业结构调整、全球变化等现状下盲蝽、蚜虫等农业害虫种群发生灾变趋势及其生态学机制。根据农业生产需求，研发了物理诱杀、昆虫性诱剂、食诱剂、诱集植物等一系列害虫绿色防控新技术与新产品，研究建立了一批基于单个害虫（如稻飞虱、稻纵卷叶螟、草地螟、蝗虫、盲蝽和烟粉虱等）的可持续绿色治理技术体系，以及基于作物系统（如水稻、小麦、玉米、大豆、棉花、蔬菜和果树等）的害虫可持续治理技术体系。在转苏云金杆菌基因抗虫棉花（简称 Bt 棉花）大规模商业化种植对非靶标昆虫种群生态调控机制研究方面，也取得重要进展（Lu et al.，2022）。

4. 外来有害生物控制

我国建立了近 20 种危险性入侵物种与潜在入侵物种快速检测技术。构建了重要外来入侵物种早期预警与狙击体系、应急控制技术体系、阻断与扑灭技术体系、可持续综合防御与控制体系（万方浩等，2015）。在植物检疫方面，快速分子鉴定与检测水平不断提升，实时荧光定量聚合酶链反应（PCR）技术、PCR-限制性内切酶片段长度多态性（RFLP）快速鉴定技术、基因芯片技术等先进鉴定技术在我国一线口岸得到广泛应用。检疫性有害生物的风险分析从定性研究逐步转为定量分析。检疫除害处理技术研究不断完善，尤其是以冷处理和热处理为主导的物理检疫除害处理得到了广泛应用。

5. 杂草控制

我国研究了稗草、杂草稻、鸭跖草等杂草的发生危害规律、遗传多样性及其基因调控。发现稗草在进化过程中，通过基因簇合成防御性次生代谢物，进而与水稻竞争生长空间并抵御稻田病菌；在刺萼龙葵的生长过程中，延迟萌发基因 *DOG1* 通过小 RNA 途径调控种子休眠和开花，从而调控杂草生活史的变化；提出紫茎泽兰氮素分配机制增强其竞争性的论点，在分子水平揭示了上述杂草的生态适应机制；发现了抗除草剂的牛筋草、野芥菜、菵草等抗性种群，明确了多种杂草通过靶标突变、解毒基因增强、代谢调控等对不同除草剂的抗性机制；建立了抗药性杂草快速检测技术及多靶标治理对策；建立了有千余种杂草籽实和近3000种杂草植株标本的杂草标本库和中国杂草信息系统数据库；研究了生物除草剂的作用机制，发现了来源于真菌的次生物质可作为新的光系统Ⅱ抑制剂除草剂；研究了耐除草剂作物种植对杂草种群的影响，监测了其种群结构、组成的动态变化；研究明确了水稻、小麦、玉米、大豆和棉花等农田的主要杂草群落演替规律及成因，构建了以除草剂减量使用技术为核心、生态控草与化学防除相结合的农田治理技术体系。

6. 鼠害控制

近年来，我国学者在鼠类的生物学、监测预警、防控技术等方面取得了系列进展。在鼠害发生规律的基础生物学研究方面，在发现了鼠类种群暴发机制的同时，提出了鼠类行为在种子扩散、植被更替中的关键生态作用；从生理生态学角度，提出能量平衡及母体效应在鼠类种群调节中起关键作用；从种群遗传学角度，发现鼠类社群等级驱动的鼠类偏雄扩散特征及其对种群繁殖的影响；从繁殖调控的生理遗传机制角度，阐明了布氏田鼠季节性繁殖及其年度周期性的分子调控机制。在监测预警方面，从全球气候变化角度提出新的"厄尔尼诺-南方涛动"成因假说，并在欧洲的旅鼠和田鼠及我国的布氏田鼠上得到印证。在鼠类防控技术研究方面，一是在农区鼠害控制方面，以围栏捕鼠系统（TBS）为代表的环境友好型技术在我国农区得到推广应用，阐明了我国农区以褐家鼠为代表的主要害鼠类群的抗性现状及其与我国抗凝血杀鼠剂应用策略的关系；二是在草原鼠害治理方面，提出以控制放牧强度、调整草-畜-鼠协同关系为主的新策略，为实现无公害可持续控制草原鼠害奠定了基础，同时发现左炔诺孕酮-炔雌醚等不育剂对多种野生鼠类的繁殖具有很好的控制作用，为以生态优先的草原鼠害种群调控提供了技术途径。

7. 化学保护

我国在农药-靶标复合物结构生物学方面取得了突破性进展，如对新烟碱化合物作用机制的研究与验证，具有拮抗作用的新烟碱杀虫剂开发，几丁质水解酶复合物晶体结构及基于复合物晶体结构的分子设计等研究方面已形成自主特色。明确了烟粉虱、褐飞虱、棉铃虫、棉蚜及甜菜夜蛾等重要害虫对杀虫剂产生抗性的生理生化及分子机制，建立了抗性基因分子检测技术。研发了可延缓抗药性发展的新型多功能农药增效剂，提出了褐飞虱等重大害虫抗药性治理技术体系。运用纳米技术有效负载农药成分，研制缓控释纳米农药新制剂，改善农药在植物体内的吸收运转性能。通过评估氟虫腈、毒死蜱等高风险农药对害虫种群演化及非靶标生物的影响，研究了无人机航空植物保护等高工效施药技术及功能制剂产品，建立了低毒农药的替代使用技术。规范了系列农药产品质量技术指标和测定方法，制定了多项残留限量食品安全国家标准。围绕解决我国农业生产中重点病虫草害防控所需，创制和登记了 50 余种绿色农药和生物农药新产品，并结合我国病虫草害特点，初步发展了一套行之有效的创新应用体制。在生物农药的研究应用方面，发现了苦皮藤素、印楝素、春雷霉素、白僵菌、绿僵菌等生物农药新品种，为我国农药高效安全应用和可持续发展奠定了扎实的基础。

8. 生物防治

我国科学家系统研究了重要天敌昆虫的控害规律及其机制，包括天敌种质资源挖掘、天敌的行为与适应、天敌与寄主的免疫互作、天敌协同控害的生态学原理。探索了天敌昆虫大量繁育的营养学和生理学原理，在发育营养、人工饲料、滞育调控、生殖生理方面取得了一批突破性成果；从分子水平研究了昆虫病毒、苏云金杆菌杀虫蛋白以及寄生蜂对害虫的致病或控制机制；利用现代生物技术，初步建立了昆虫消化酶抑制剂与 RNA 干扰（RNAi）干扰剂联用的新研究领域，并取得了阶段性进展，积累了大量抗虫 RNAi 的基础理论与使用经验，为开发绿色环保的 RNAi 新型农药奠定了基础；系统开展了植物病害生物防治研究和生物杀菌剂创制研究，创制了具有自主知识产权的芽孢杆菌、食线虫真菌等高效生物防治制剂；创新研究了基于柞蚕卵等优势中间寄主高效繁育天敌技术，开发出“一卵多蜂”等系列赤眼蜂新产品；深入开展了诱导植物免疫及部分重大病害防控的分子机制研究；通过诱导激活植物抗病系统，进而诱导植物获得系统抗性，减少植物病害发生；提出了从免疫复合体向促分裂原活化蛋白激酶（MAPK）级联信号转导的免疫调控模式，研究开发了植物蛋白、氨基寡糖素、香菇多糖等一批生物农药品种作为作物病虫害生物防治的有效手段。在植物病虫害生物防治产品的应用基础研究方面，实现了部分天敌和生物防治微生物制剂的产业化应用及商品化生产，取得了显著的经济、社会和生态效益。

（二）基金资助现状和人才队伍情况

国家自然科学基金涉及植物保护学的内容包括重大项目、重点项目、联合基金项目、面上项目、地区科学基金项目、国际（地区）合作研究项目和人才项目等。科学技术部等部门通过国家重点研发计划等对植物保护的研究工作进行了资助。“十三五”期间的总体资助强度有一定程度的增加。

我国植物保护科研人员主要分布于国家和省（自治区、直辖市）的农业科学院、高等院校和中国科学院三大系统。农业科学院系统包括中国农业科学院、中国热带农业科学院以及各省（自治区、直辖市）的农业科学院，这些单位大多设有植物保护研究所。此外，隶属于中国农业科学院的水稻、蔬菜花卉、棉花、油料作物、果树、柑橘、茶叶、麻类、甜菜等研究所内均设有植物保护研究室。全国高等院校中，中国农业大学、浙江大学、南京农业大学、西北农林科技大学、贵州大学等50余家涉农院校设有植物保护专业。值得注意的是，近年来综合类大学与新型体制大学也逐渐开展植物保护方向的研究。中国科学院动物研究所、遗传与发育生物学研究所、分子植物科学卓越创新中心、微生物研究所等多个研究所亦设有多个植物保护相关科研机构。经过70多年的建设，我国已形成了一支在国内分布广泛的包括植物保护基础研究、应用基础研究和应用技术研究的专业科研队伍。截至2022年，30多位植物保护科学家分别获批国家杰出青年科学基金项目和优秀青年科学基金项目。

（三）学科发展存在的问题

与发达国家相比，我国虽然在植物保护学个别方向上取得了国际认可的特色成果，但是在植物保护学整体的基础研究和人才队伍建设方面还较为薄弱。我国在重要有害生物的功能基因组、表观基因组、微生物组，有害生物致害分子机制暴发生态机制，植物先天免疫机制及其利用，优势天敌遗传特性分析及性状改良，基于靶标的农药定向设计，农田生态系统调控和农作物抗病虫转基因、基因编辑技术利用等方面与发达国家相比还存在很大差距。有关国际合作与学术交流、科研团队和科研设施建设等需要加强。

1. 研究领域须拓宽和加强

我国植物保护研究领域的基础和应用基础研究还相对薄弱，在新理论上缺乏开拓性的探索工作，在方法上也未实现原创性的技术突破。生命科学在进入后基因组学时代之后，蛋白质组学、表观遗传学、宏基因组学、生物信息学等新兴学科发展迅猛，正在融入甚至全面融入植物保护学研究，对植物保护学发展产生了引领和推进作用。在植物保护学方面，我国仿效国际发展趋势的跟踪研究较多，原创性的科学思想较少，突破性理论及技术创新较少，重大标志性研究成果缺乏。

2. 科研投入力度有待加强，机制需要完善

植物保护研究具有周期长、地域性强、风险大等特点，但现有的科研项目一般资助力度小、时限短、持续性差，导致我国植物保护学学科严重缺乏系统性、连续性、深入性的研究，由此制约了其原创性工作和高水平研究成果的突破，也一定程度地影响到人才环境和学科本身的发展。

3. 科研领军人物不足，团队有待优化

我国植物保护学学科在国际学科领域内公认的领军人才尚不充足，我国科学家很少能够在国际植物保护学学科主要国际会议上做主题发言或担任大会主席。另外，科研团队还需进一步优化，要根据适应当代植物保护学前沿性研究和国家战略需求，汇聚一批跨专业、高水平的人才，组建一支高精干的植物保护研究队伍。

4. 科研设施和平台建设需要加强

近年来，众多植物保护学相关研究单位的硬件设施已得到了明显改善，但与国际一流水平相比尚存差距，如高性能质谱设备及其专业人员的不足，制约了我国科研人员开展探索性、原创性工作。另外，我国植物保护试验基地建设普遍比较落后，数量、规模、运行体制远不能满足现有学科发展的需求。有待进一步加强植物保护学科研基础设施和基地建设，为推进整个学科建设提供平台支撑。

（四）学科发展布局

1. 各分支学科

1）植物病理

通过功能与比较基因组学、蛋白质组学的技术，筛选与鉴定重要作物的

重要病原物的关键致病因子及其致病的分子机制；通过与功能基因组学、蛋白质组学与代谢组学等学科的交叉，鉴定植物的抗病基因，研究植物免疫的调控机制。前一类项目的成果可为高效绿色农药的设计提供靶标基因，并奠定快速、准确检测病原的理论和技术基础；后一类项目可以发掘有用的基因资源，用于作物抗病育种，继而为抗病品种的合理化布局控制病害提供优异品种。

2）农业昆虫

研究迁飞、滞育、变态等昆虫重要习性的相关机制，植物-害虫-天敌互作机制，国际经济一体化、全球气候变化、农业产业结构调整和种植制度变革过程中主要粮油、蔬菜和果树作物害虫种群的演变规律和灾变机制。农业害虫防治的新技术与新理论包括生态调控、行为调控、遗传控制、转基因作物、转基因昆虫利用和基于农药化学的杀虫剂应用新技术等。

3）农田杂草

杂草多样性、杂草与作物的互作机制、杂草生理与生化适应机制、杂草群落演替规律、杂草生态调控的原理及其方法、寄生杂草对寄主的识别机制；除草剂的作用机制和靶标、杂草抗药性机制、除草剂精准高效施用技术、除草剂毒理及残留、抗药性杂草早期检测技术、抗药性杂草多样性治理技术；杂草天敌资源、专化型微生物、生物源除草剂的作用靶标与机制；杂草与其他生物的相互作用等。

4）农田鼠害

监测预警及治理策略的基础研究，包括气候变化、环境因子与鼠类种群数量波动和遗传结构变化的关系，环境因子、遗传因子与鼠类繁殖的关系，鼠类繁殖生物学的分子机制及影响因素，种群密度、社群结构与鼠类行为和生理变化的关系。农田鼠害治理的新技术与新理论，包括基于生态基础的综合治理技术，杀鼠剂抗性机制及新型监测技术，不育控制技术在鼠类数量控制中的理论和应用。

5）入侵生物

在基础理论方面，开展基于生态模拟研究的定量风险与损失评估的理论和方法，检疫性有害生物入侵、定殖、扩散、传播、流行的生态学过程中的关键控制因子及灾变机制，以及灾害机制阻断、遗传控制、生物干扰等前瞻性的新型防控技术的研究。在应用基础方面，开展全球生物灾害源自动侦验、识别与预警技术，研发现场高通量、快速基因诊断和自动识别技术，以及突发疫情应急处置技术等。

6）化学保护

有害生物体内专一性农药分子靶标和新靶标；有害生物抗药性、再猖獗及药剂的选择性机制；天然产物活性成分的分离鉴定及其仿生农药；农药活性分子与生物大分子的互作及功能研究；基于分子靶标的新农药筛选与创制技术；基于天然产物的绿色农药创制技术；新型植物免疫诱抗剂的创制；手性农药的创制及作用机制；基于人工智能与大数据的农药靶标与分子发现技术；绿色农药设计技术；化学防治新方法与新技术，如通过植物表达农药活性成分、农药纳米剂型、有效成分控释机制等。

7）生物防治

新杀虫防病的蛋白质与基因资源挖掘；天敌与有害生物互作的行为、生理与分子机制；天敌昆虫人工繁育及滞育调控的营养学与生理学基础；新型微生物生物防治制剂的创制及效价提升；生物防治微生物及免疫诱抗剂作用的分子机制；多种生物防治因子协同控害的生态学原理；农田食物网作物-害虫-天敌间的化学信息网与通信机制以及天敌与害虫间的免疫防御互作机制；农田生态系统中有害生物、天敌的库与源动态、生物多样性对天敌控害功能的作用；RNAi 干扰靶标基因及相关制剂的合成；抗虫转基因植物的安全性评价等。

2. 交叉学科

重点培育新兴领域和学术生长点，鼓励学科交叉合作，推动学科前沿的探索性研究。在学科交叉方面，针对未来植物保护科技前沿和我国农业产业发展的需求，积极支持现代基础生物学学科与植物保护学学科的结合。促进现代化学技术、信息技术、纳米技术、遥感 / 无人技术等与植物保护学的交叉结合。通过与结构生物学、现代化学合成相结合，实现病虫等有害生物新靶标筛选与绿色新药剂创制的有机结合；鼓励植物病理学、微生物学与宏基因组学、表观遗传学、化学生物学相结合的交叉研究领域，开展植物表面、根际微生物菌落生态及其调控技术、有害生物信息流及其人工阻断技术研究。

3. 平台建设计划

根据植物保护学学科国际发展态势和我国科技实际，需要建设绿色农药创制、作物免疫学等方向的全国重点实验室，以及有害生物监测预警和生物防治等国家工程实验室平台，以驱动植物保护学学科前沿基础理论与应用技术的创新，完善不同农作物主产区有害生物种群观测国家野外台站等网络体系，推动植物保护科研创新能力的快速提升。

四、植物保护学的发展目标及其实现途径

（一）发展目标

围绕建设创新型国家的战略目标，瞄准植物保护学学科的国际前沿，结合我国农业生产的战略需求与现实需要，针对学科发展的关键、重大科学问题，系统整合基础研究和应用基础研究队伍，加强原始性创新，在更深的层面和更广泛的领域进行重大植物保护科学问题的基础研究与探索，提升我国自主创新能力和解决重大难题的实际能力，为保障国家农业生物安全、实施乡村振兴战略、维护农产品质量安全和生态安全提供科技支撑。

未来5～10年，应高度重视多学科交叉和渗透、宏观与微观结合，全面促进植物病理、农业昆虫、农田杂草、农田鼠害、化学保护、生物防治、植物检疫与入侵生物学、植物保护生物技术、植物免疫学等分支学科的协同发展，并使部分学科方向或领域具有国际优势与特色。同时，应分层次、分重点地推进各类项目的组织与实施，重点阐明重大农业有害生物的发生规律与灾变机制，发展农业有害生物监测预警与控制新理论和新方法。

（二）实现途径

未来5～10年，将面向我国农业生产和植物保护科技实际，继续巩固与协同发展植物病理、农业昆虫、农田杂草、农田鼠害、化学保护、生物防治、植物检疫与入侵生物学等分支学科的主要研究领域，并扶持研究队伍规模偏小、基础较薄弱的农田草害和农田鼠害分支学科，以及经济或特色作物病虫害发生规律与控制的应用基础研究。重点支持通过与生命科学学科内部相关学科的交叉，利用多组学方法与系统生物学理论研究揭示农业有害生物的发

生规律与灾变机制；重点支持研究植物对重大农作物有害生物的免疫分子机制、生物防治微生物与害虫天敌控制有害生物的机制，发展有害生物控制的新理论与新方法；支持与人工智能及无人机技术、5G、生物大数据检测手段及技术的交叉融合，研究与发展重大农业有害生物监测预警的新思路与新方法。鼓励与环境科学的交叉合作，研究自然环境变化与产业结构调整对重要农业生物灾害的影响机制，生态系统农药的生态行为与污染控制；鼓励与化学等学科的交叉合作，研究有害生物源信息化合物对害虫和天敌的行为调控机制，大分子化学修饰与作物-有害生物的表观遗传互作机制，基于新颖靶标结构的新型农药挖掘与设计利用，以及绿色农药原创分子靶标与手性分子发现等，发展有害生物控制的新途径与新方法。根据生命科学与生物技术的国际发展态势，结合植物保护学学科特点，通过学科交叉与合作，重点培植植物保护生物技术等新兴领域和学术生长点，促进源头创新。最后，加强国际合作与交流，全面提高我国植物保护基础与应用研究水平，切实解决全球重大有害生物的监测与防控科学问题，为构建人类命运共同体提出中国方案与技术。

第二节　优先发展领域和重大交叉领域

一、优先发展领域

（一）农作物免疫激活机制及其利用

尽管经过“十三五”期间的努力，我国农药用量已实现零增长，但其绝对用量仍十分惊人，导致农业病虫抗药性、生态环境破坏及食品安全问题的出现。植物免疫激活分子机制是目前植物保护学的研究热点。鉴定和挖掘来自作物自身天然免疫、非寄主免疫及病虫的作物免疫诱导和调控因子，解析作物免疫激发、强化和维持的调控机制，阐明作物免疫诱导和调控因子的应用理论基础，完善甚至重新构建基于激发和强化作物自身免疫抗病性策略的重要病虫害绿色生态综合防控技术体系以及植物激活剂的创制，在病虫害绿色防控领域形成从原始创新到高新技术的贯穿性成果，培育战略性新兴产业制高点，为我国农业绿色可持续发展提供重要支撑。

主要科学问题包括：①植物免疫激活调控机制；②植物免疫强化和维持调控机制；③非寄生抗性的挖掘与应用；④作物免疫在病虫害绿色防控中的应用技术；⑤基于植物免疫激活机制的免疫激活剂创制。

（二）农作物病虫害抗性基因挖掘及其调控网络解析

我国病虫害呈现越来越严重的趋势，摆脱长期高剂量使用农药从而解决农药残留已成为我国食品安全面临的主要难题。因此，利用广谱抗病基因提高农作物的抗性是解决病虫害的最经济有效的措施。近几年，我国在植物免疫与作物广谱抗病领域取得了一系列重要的研究进展，但是可利用的有效控制农作物病害的抗性基因仍然不多。此外，一些重要的农作物病虫害还没有发现有效的抗性资源，这些严重阻碍了抗病育种的开展。因此，急需针对农作物重要病虫害，系统鉴定筛选种质资源，多手段克隆重要广谱抗性基因，深入剖析抗性基因的遗传变异规律，重新组合构建新的广谱抗性体系，为广谱抗性分子设计育种、提高农作物的广谱抗性奠定理论基础和基因资源基础。

主要科学问题包括：①重要农作物病虫害，特别是新流行病虫害抗性资源的高通量评价与基因挖掘；②广谱抗性基因的分子机制解析；③高抗与广谱抗病信号网络及其与产量性状的耦合机制；④抗性驯化与野生祖先广谱抗性重构；⑤全基因组选择的抗病虫分子设计育种基础。

（三）农作物有害生物演变与成灾机制

农作物有害生物成灾是生态环境条件与有害生物自身特征统一协同的结果。与有害生物自身特性一样，环境因素在农作物有害生物演变与成灾机制中的重要性得到了广泛认同。但由于组成环境的因素众多且作用复杂，生态环境对有害生物发生灾变的影响作用及内在机制尚缺乏系统的研究和深入的科学认识。近年来，农作物种植结构调整使农田景观生态系统的组成与结构出现明显变化，直接影响有害生物的寄主来源与生境条件，使黏虫、马铃薯晚疫病等老问题重现，二点委夜蛾等新问题层出不穷。因此，从作物布局因素出发，阐明作物种植结构调整过程中农作物有害生物的演变过程和成灾机制，具有重要的科学价值和实践意义。

主要科学问题包括：①农田空间分布、生态变化及有害生物发生规律；②有害生物在农田景观中不同生境及作物间的传播流行与转移扩散规律；③农田生态组成与结构对有害生物种群时空动态的调控作用机制；④农作物种植结构调整过程中的有害生物暴发成灾机制；⑤病虫识别、侵入寄主植物的机制及调控网络；⑥农作物响应有害生物侵袭的机制和信号传递机制。

（四）农作物生境微生物组的作用与调控机制

近年来，作物土传病虫害问题日益突出。以植物根部为主要生境的有益微生物可通过提供养分、调节植物关键生长信号通路和代谢途径等，对植物产生一系列积极影响。然而，根部 / 叶部-有益微生物互作对作物可持续生产的巨大潜力并未得到充分利用。因此，对主要作物生境的微生物组进行分析研究，鉴定和开发利用生境有益微生物，探索植物根-病原菌 / 害虫-有益微生物多方互作机制及其在生长与抗病方面的潜在功能，是当前急需深入开展的研究领域，这对有效推进我国作物绿色高效生产具有极为重要的科学意义。

主要科学问题包括：①主要作物生境微生物资源的调查与分析；②生境有益微生物的筛选鉴定、功能解析及开发利用；③植物根-病原菌 / 害虫-有益微生物多方互作机制的探索与利用；④建立与开发基于微生物组的病害绿色防控新理论及新技术。

（五）重大病虫抗性形成机制及监测预警

病虫抗药性是在药剂选择压力下有害生物适应性进化的必然结果，是病虫防治面临的最棘手的问题，国内外均投入了大量人力、物力进行研究治理。病虫抗药性快速增长，截至 2020 年，至少有 30 种农作物害虫对 40 种杀虫剂产生了不同程度的抗药性，且有 20 多种病原菌对各类现代选择性杀菌剂产生了不同程度的抗药性。病虫抗药性暴发导致防控失败，引起农产品产量损失、质量下降和高效药剂的淘汰，同时导致更多的化学农药投入田间，对环境造成严重污染，对有益生物造成毁灭性的杀伤。近年来，围绕有害生物抗药性机制和早期监测预警，引进了组学分析技术，对病虫抗药性涉及的靶标抗性、代谢抗性和其他类型抗性基因进行了全面分析，在靶标结构生物学和代谢抗性分子机制研究方面取得了突出进展。然而，由于室内抗性筛选与自然科学进化的差异，新药剂的抗药性风险评估大都停留在实验室环节，缺乏可靠的抗药性早期监测技术，因此病虫抗药性治理还存在严峻挑战。

主要科学问题包括：①农药与病虫分子靶标互作的结构生物学、抗药性遗传和生化机制；②病虫抗药性水平调控路径和共性、转性抗性基因鉴定；③有害生物抗药性演变规律和关键影响因素鉴定；④基于抗药性机制的病虫抗药性早期检测技术与预警系统；⑤基于病虫抗药性的新农药结构优化与分子设计。

（六）农业病虫害原创分子靶标的挖掘及绿色化学农药创制

由于长期地大面积应用传统农药，农业有害生物对其产生了严重抗性，抗药性有害生物的爆发式增长对农业生产构成了巨大威胁。因此，创制出具有全新作用机制的绿色新农药是有害生物防控的迫切需要。随着多学科交叉的不断深入，一方面，有害生物的生理生化机制研究取得了重大进展，一大批潜在的农药作用靶标被相继揭示；另一方面，结构生物学研究的飞速发展使得系统比较不同种属来源的野生型和突变型蛋白质（即靶标组）的序列及三维结构的农药分子设计成为可能。

主要科学问题包括：①潜在农药作用靶标的成靶性；②农药活性物质发现及其作用机制研究；③靶标抗性预测及低抗性风险作用靶位的发现；④绿色农药分子设计方法学及手性技术研究；⑤基于分子靶标导向的农药先导发现及结构优化。

（七）生物防治资源挖掘与产品创制基础研究

天敌昆虫、生物防治微生物资源挖掘是农作物病虫害生物防治的基础，但工作仍然缺乏系统性、连续性和深入性，阻碍了生物新农药的创制与产业化。因此，在系统挖掘我国天敌昆虫和生物防治微生物资源的基础上，重点开展天敌昆虫发育营养与利用、天敌昆虫与寄主免疫防御互作机制、滞育调控及其机制、定殖提升与景观生态学提升防效原理；生物防治微生物繁殖、毒力、抗逆等性状形成与调控机制，生物防治微生物发酵工艺及机制、生物农药效价提升、生物农药助剂作用机制研究；以天然活性产物为探针，探明作用分子靶标及活性化合物结合的位点和决定药敏性的关键位点，为生物农药创制过程中的结构优化提供指导。聚焦认知微生物从初级代谢到次级代谢的转换机制，实现高产菌株工程改造，为天然产物农药的高效制造奠定基础。

主要科学问题包括：①天敌昆虫与生物防治微生物资源挖掘及评价；②天敌昆虫滞育诱导及其调控机制；③卵寄生蜂与寄主免疫防御互作机制；④生物防治微生物重要性状的形成与调控机制；⑤生物农药的合成和代谢调控。

（八）新发有害生物的扩张适应机制与防控

有害生物入侵严重威胁我国的经济安全、生态安全和生态文明建设，我国多样化的气候条件、多类型的农业耕作制度和种植方式加剧了其危害。针对入侵生物传入—定殖 / 潜伏—扩散—暴发入侵过程中的重大科学问题，采用遗传学、生理学、分子生物学、生态学、生物地理学等多学科方法，从种群、种间和生态系统多层次探究重大农业入侵生物时空扩散规律，解析其生态适应性进化与分化机制，阐明其竞争性扩张机制，明确其监测和控制的技术方法，为监测、预测、狙击、控制和管理提供理论依据。

主要科学问题包括：①入侵生物的时空扩散及预警；②入侵生物的生态适应性及进化；③入侵生物对本地生物的竞争性扩张；④入侵生物的监测和控制。

（九）农田杂草致灾机制

农田杂草在农业生态系统中不断适应，致使其种群不断演化，蔓延日益加速，竞争日趋加剧，危害持续加重。围绕农田杂草休眠、生长、竞争、繁殖、抗药性等重要性状，针对杂草致灾机制的重大科学问题，明确杂草的相关基因及其功能，从基因水平阐明杂草种子休眠萌发、生长、竞争与危害的关系，揭示杂草生态适应性与致灾分子机制，为农田杂草治理提供深层次的基础理论。

主要科学问题包括：①杂草种子休眠萌发机制；②杂草竞争机制；③杂草生态适应性；④杂草相关基因及其功能；⑤抗药性杂草扩散机制。

（十）重大农业害虫行为调控的基础研究

害虫危害严重制约了我国农业的持续稳定发展，发展专一、高效、低毒、安全的害虫防治新方法是我国农业可持续发展的重大需求。害虫行为调控技术不杀伤天敌、不污染环境，与其他方法有很好的兼容性，符合国家农业生态环境可持续发展的国家战略需求。但目前对昆虫与昆虫互作机制研究不够深入，严重制约了该技术的广泛应用。在寄主植物和昆虫全基因组测序的基础上，结合生物信息学、功能基因组学、电生理学和神经生物学等学科内容，系统解析植物-害虫-天敌协同进化的分子机制，为害虫行为调控技术提供理论基础和新的靶标。

主要科学问题包括：①害虫与寄主植物间的化学通信机制；②昆虫嗅觉识别的分子机制及行为调控剂的高通量筛选；③害虫效应因子的鉴定及其调控寄主植物防御反应的机制；④植物次生代谢物的合成和调控网络。

（十一）植物-内生菌-病原互作机制及应用

自然界中，植物内部富集了数量庞大且种类繁多的微生物，这些微生物编码了比植物更多的基因，通过协作和竞争形成了稳定的群落结构，对植物生长发育和抵抗病虫害等生物逆境至关重要。内生菌广泛存在于植物体内，有些对植物生长、抗病虫害和抗非生物逆境等有显著的促进作用。然而，我国对植物与环境微生物互作的研究还存在不足，需要结合系统生物学的原理和技术，特别是植物微生物组学技术来提高我们对植物生长发育和抗逆规律的研究水平。随着植物微生物组研究的不断深入，人们发现病原菌在非寄主植物上内生性生长的现象非常普遍。因此，系统研究植物-内生菌-病原的互作机制，可以从多角度揭示植物生长发育过程中抵抗生物逆境胁迫的规律，大幅度拓宽生物防治资源挖掘渠道，为作物病害绿色防控提供新的策略和物质基础。

主要科学问题包括：①内生菌逃避农作物免疫识别的机制；②内生菌在农作物上的内生生长及促生抗病机制；③植物病原与内生菌角色转换对农作物病害发生的影响及其机制；④作物内生菌资源挖掘与生物防治技术体系创制。

（十二）设施蔬菜重要病虫害灾变机制与绿色精准防控技术研发

设施蔬菜病虫害通常较露地发生得严重，对农业生产的危害性也相对较大，病虫害绿色防控是设施蔬菜安全生产的技术支撑，但是研究工作缺乏系统性、精准性与深入性，阻碍了绿色防控技术的创新与产业化。因此，有必要在厘清设施蔬菜作物病虫害种类的基础上，解析重要病虫害的发生规律与主要影响因素，探明蔬菜病毒与媒介昆虫的互作效应，揭示病虫害暴发的生态机制；重点研发针对单一害虫 / 多害虫的储蓄植物防控技术、生物防治技术与物理防治等方法的协同防控技术，提升害虫的生物防治效应；研究蔬菜全程生产过程中病害与虫害的协同防控技术。基于上述防控技术系统研究，实现设施蔬菜的全程绿色精准防控，为蔬菜的绿色生产奠定基础。

主要科学问题包括：①设施蔬菜重要病虫害的发生规律与主要影响因素；②探明蔬菜病毒与媒介昆虫的互作效应；③针对单一害虫 / 多害虫的储蓄植物防控技术应用基础；④生物防治与物理防治等绿色防控技术的协同防控应用基础；⑤蔬菜全程生产过程中病虫害协同防控技术的理论基础。

二、重大交叉领域

（一）新型绿色农药的分子设计及作用机制

农作物病害的防控目前仍以化学防治为主，我国农药自主创新能力较弱，存在原创农药缺乏、药剂老化、抗药性加剧、生态和人畜安全隐患等重大问题，因此需要研发高效、低风险的绿色农药，确保农业绿色发展。开发农作物病害防治的新型药物，主要从两个方面着手：一方面，提取植物或环境微生物中的天然产物，分析其活性成分，通过仿生技术与结构衍生优化开发候选药物，并明确其作用机制；另一方面，为了解决绿色农药原创性分子靶标及分子发现的关键科学问题，须以化学、生物学和环境科学为基础，重点开展基于大数据和机器学习的绿色农药分子靶标发掘，基于基因编辑、蛋白质组学、结构生物学等技术的新靶标功能验证，绿色农药的仿生设计与高效、清洁制备技术的创新，以及绿色农药化学生物学和环境风险机制等研究。该方向涉及农业害虫防治、植物病理、农药学、杂草学、化学及分子生物学等多学科专业，需要多领域专家的交叉协作。

主要科学问题包括：①天然产物的分离、鉴定及抑菌活性分析；②病害防控药物的设计、开发及优化；③病原菌候选靶基因的发掘及功能研究；

④分子药物的靶标识别、作用途径及安全性评估。

（二）基于大数据与人工智能技术的病虫害监测预警

病虫害是造成农作物产量损失的关键因素，其防治过程中的农药滥用是造成环境污染和生态恶化的主因。包括大数据、人工智能技术的现代信息技术是建立病虫害自动化精确预警的基础，针对病虫害种群扩张和猖獗为害机制、信息化预警和风险管控策略等重大科学问题，从基因组学、表观基因组学、生态学、行为学、信息学、系统工程学等方面进行多学科交叉研究，多领域专家协同攻关，明确病虫害区域迁移、种群扩张、群落演替、猖獗为害的生态学机制，阐明信息技术在生物灾变预警中的基础作用，为病虫害综合治理和农业可持续发展提供理论依据与技术支撑。

主要科学问题包括：①大数据信息系统与生物灾变精准预警的模型基础；②数据流、人工智能、信息控制、系统工程与风险管控策略；③病虫害为害的宏观生态机制；④病虫害群体变异的微观进化机制；⑤病虫害大区域迁移及其种群扩张机制。

（三）农产品中微生物源生物毒素合成机制及调控

由于气候和耕作制度的改变，农作物病害发生新的变化。由病原微生物产生的生物毒素已经成为我国食品安全和生态安全的重要隐患，带来巨大的经济损失。近年来，我国农产品中由病原微生物产生的生物毒素的种类不清，生物毒素合成调控机制不明，污染监测预警系统、全链条安全控制技术、绿色防控体系等基础研究和技术研发相对薄弱。因此，加强生物毒素的合成调控的分子机制研究，加快研发实时快速的生物毒素检测技术及产品，研发能用于控制生物毒素合成的新型化学杀菌剂和微生物杀菌剂，构建绿色生态防控技术，协同储藏、加工过程中的生物毒素阻控技术，从而建立生物毒素的全链条防控体系，实现我国食品安全从被动应对向主动保障的转变，为保障食品安全提供重要的理论基础，为确保我国食品安全和推动食品相关产业健康、快速发展提供技术支撑。

主要科学问题包括：①农产品中微生物来源生物毒素的种类及其毒理学评价；②在新型耕作制度下，农产品中产生生物毒素的病原菌群体变异规律；

③微生物源生物毒素在自然界中的迁移转化规律；④微生物合成生物毒素的分子调控核心网络及生态阻控技术。

（四）植物保护机械自动化控制原理及利用

植物保护现代化的标志之一是植物保护作业的机械化与智能化，随着我国农业一线劳动力人口的下降和人口结构老龄化的加剧，植物保护田间操作将更加依赖植物保护机械。近年来，大型自走式植物保护机械、无人机等发展迅猛，相关农药喷头、药液传送、药械结合等基础研究和应用研究快速升级，适于常规喷洒、超低容量作业、天敌自动释放的辅助器械实现系列化，对病虫害的快速防控起到了关键作用。未来，随着机械设计与制造、自动化控制、病虫害智能识别与诊断等科技发展，植物保护机械将更加紧密地与自动化控制结合，实现对农林病虫害的精准防控。

主要科学问题包括：①适于无人操作式植物保护机械的农药精准喷施的自动化控制；②基于大数据和人工学习系统的植物保护机械智能化作业；③农林病虫害快速识别、精准诊断和防控决策机制及系统研发。

第三节　国际合作优先领域

一、跨境作物重大病虫害监测与控制

跨境病虫害如草地贪夜蛾、马铃薯甲虫等入侵常年给我国的农业生产造成重大的损失。对该类型病虫害的监控仅仅依靠单一国家无法满足需求。深入研究不同国家的多样化气候条件、多类型农业耕作制度和种植方式与跨境病虫害之间的联系，对有效控制重大作物病虫害具有重要意义。比较和利用不同地区调控作物主要有害生物的基本原理与方法，明确农作物差异化屏障有害生物迁徙和传播的规律、效应与作用，探索生境多样性阻碍有害生物传播的关键因子，可为我国农业主要病虫的生态调控和生态安全屏障建设提供科学理论和关键技术，可为世界各国跨境有害生物的传播和防控提供重要范例与参考。

主要科学问题包括：①跨境病虫害监控、预警体系的建立；②生境多样性的组成和分布对作物主要病虫害的效应；③生境多样性调控作物主要有害生物的机制；④生境多样性构建我国生态安全屏障的原理；⑤生境多样性调控作物主要有害生物的关键影响因子。

优先合作的国家和地区包括：东南亚、西亚、欧洲等。

二、重大病虫害免疫源与作物抗病基因利用

植物对病原微生物的抗性主要是通过其识别病菌产生的各类分子实现的。这种基于植物抗病基因与病菌效应基因编码产物特异性识别的病害防控策略，即抗病品种利用，已被证实是病害防控最为经济有效和安全的策略。发掘和利用抗病基因资源，实现作物的广谱和持久抗病性，是作物抗病育种工作的核心和难点。利用高通量测序、生物信息学和分子生物学技术，已从许多重要作物病原菌中鉴定到大量候选效应基因，依据病菌效应基因与抗病基因编码产物的特异识别，实现作物品种抗病基因组成的快速解析和作物遗传材料抗病基因的精准、高效鉴定。通过创制或者引入变异，得到新型抗病基因，进一步拓展利用作物的抗病性。欧洲和美国科学家分别利用马铃薯晚疫病病菌与大豆疫霉病菌效应基因，进行马铃薯和大豆抗病基因的筛选与创制研究，通过克隆获得来源于不同野生马铃薯的抗病基因，发现可识别效应基因 *Avr3a* 多个等位基因的广谱 *R3a* 基因。我国在多种农作物中具有良好的基因组研究平台，部分重要作物种质资源具有明显优势。未来，须进一步加强病原菌基因组学和功能基因组学研究，在鉴定和确认病原菌核心效应基因方面取得积极进展，结合高通量的抗病基因鉴定技术，积极推动作物持久抗病育种工作。

主要科学问题包括：①病原菌核心效应基因的鉴定及其调控；②病原菌群体基因型、致病性、抗药性高通量监测与风险预测；③作物抗病基因规模化快速鉴定及利用；④植物抗病虫资源发掘与人工抗病虫突变体创制。

优先合作的国家包括：英国、美国、荷兰。

第四章

园 艺 学

园艺产业是乡村振兴的重要产业支撑，蔬菜、水果、花卉和茶叶等园艺产品是满足人们美好生活需要的重要农产品。园艺作物基础生物学问题和关键技术问题的研究将为产业发展提供理论依据与技术支撑。近年来，园艺学基础和应用基础研究进展迅速，取得了系列原创性成果，研究领域不断拓展，正朝着多学科交叉的方向发展。

第一节　园艺学发展战略

一、园艺学的战略地位

（一）园艺学的定义及范围

园艺学是一门理论与生产实际紧密结合的应用基础和应用学科，包括果树学、蔬菜学、观赏园艺学、茶学、设施园艺学，同时也是多学科交叉、理论与技术融合的学科。园艺学是农业科学的重要组成部分，是以农业生物学为理论基础，研究园艺作物生长发育机制及遗传改良，涉及园艺作物起源、分类与演化、性状遗传规律与遗传改良、栽培生理生态与绿色安全生产、采后生物学等领域的基础理论与应用技术。

（二）园艺产业的经济和社会地位

园艺产业是提高人民生活质量的必需产业，“无果蔬，不健康”已成为共识。园艺产品能为人体提供碳水化合物、蛋白质、脂肪等能量物质，以及维持人体健康必需的维生素、矿物质、食用纤维、次生代谢物等营养物质，园艺作物种植还具有美化环境、传承文化、丰富城乡景观等社会功能，在改善人居环境等方面具有不可替代的作用。

园艺产业是促进乡村振兴不可或缺的重要产业。发展果树、蔬菜、花卉、茶叶、食用菌等园艺产业，对农民增收贡献巨大，进而助力产业兴旺。园艺产业发展可带动众多相关产业的发展，如交通运输、农资建材、生活服务、信息通信、金融保险等。园艺产业是为数不多的具有较强国际竞争力的重要产业。2020年我国园艺产品出口额超1485亿元，在平衡我国农产品国际贸易中占有重要地位（农业农村部，2021）。

园艺产业是资源高效利用的重要产业。园艺作物种类多样，适应性强，可以上山下滩，充分利用山区、丘陵、滩涂等瘠薄区域生产；采用基质生产时还可以充分利用农林废弃物。

（三）园艺产业与研究的特点

园艺学与其他农业学科及生物学研究存在共性的基础理论研究内容，如园艺作物研究可借鉴模式植物的研究成果。但与其他农作物相比，园艺作物本身具有一些生物学特性和特异的农艺性状。园艺产业与研究主要有以下特点。

1. 园艺作物种类和产品多样性十分突出

我国是多种园艺作物的起源中心，资源丰富，生态型广。园艺产品种类多样，根、茎、叶、花、果实、种子等器官均可食用，这些产品器官的生长发育与模式植物有明显差异。园艺产品具有满足观赏和精神文化需求的功能。

2. 园艺产品具有鲜活性和地域性

与大田作物等以收获成熟的干种子相比，园艺作物的食用部分多以鲜活、柔嫩、多汁的器官或组织为主，其在发育与成熟、品质保持以及保鲜与储藏等方面具有很多独特的生物学问题。部分园艺产品在特殊环境下生产，表现出对生境的特殊需求。

3. 园艺作物具有多年生和生命周期长的特点

果树、部分蔬菜、花卉和茶树表现出多年生的特点，大部分木本园艺植物需要度过 3 ～ 10 年的童期才能开花结果，部分物种的生命周期甚至可达 500 年以上，遗传学、杂交育种等研究所需要的时间较长。

4. 园艺作物育种和繁育广泛利用无性繁殖及体细胞变异

园艺作物大多采用无性繁殖。嫁接作为常见的无性繁殖方式在园艺作物栽培中具有悠久的历史并被广泛采用。栽培的个体是砧穗嫁接复合体，地上地下两种基因型互作对性状的影响在其他作物中不常见。嫁接还可以影响树形、抗性及产品品质。无性繁殖过程中会产生丰富的体细胞变异（芽变），果树作物利用体细胞变异来改良品种比较普遍（邓秀新等，2019）。

5. 园艺生产广泛应用设施条件

蔬菜、花卉和部分果树利用设施条件生产，通过人工适当地调控环境，解决园艺产品周年供应问题，提升了效益。我国设施园艺产业发展迅猛，2022 年全国设施园艺面积超 4200 万亩，助推了农民致富，促进了第一、第二和第三产业的融合（李天来等，2022）。

二、园艺学的发展规律与发展态势

（一）园艺学的发展规律

园艺学研究为园艺作物生产实践提供必要的理论支撑和技术指导。园艺学在发展过程中表现出下列趋势。

1. 从单一学科走向多学科交叉融合

园艺学与其他学科的交叉融合是园艺科学发展的必然趋势。园艺科学与生物学、作物学、植物营养学、植物保护学、林学、食品科学、气候学、信息科学、材料科学、农业工程学、营养学、艺术学等学科产生了广泛交叉，有机结合，相互提升。其他学科的新理论和新技术将极大地促进园艺学的发展。

2. 呈现产业需求拉动与科学技术推动的双驱动发展

园艺学是一门应用性很强的学科。一方面，园艺产业不断涌现的生产问题蕴含着重要的科学命题，成为园艺学研究的重要选题来源；另一方面，园艺学作为生命科学的重要研究领域，科学技术的进步不断推动着园艺学向前发展。

3. 宏观研究和微观研究有机结合

以园艺作物为研究对象的园艺学，研究尺度既可从生态、群体、个体、细胞到分子水平，亦可从基于高通量测序的DNA遗传信息还原到系统生物学。宏观研究和微观研究所使用的各种手段相互结合，从不同层面揭示园艺学的主要科学问题，成为当今园艺学的发展趋势。

4. 国际合作更加广泛

园艺学科学研究的国际合作趋势更加明显。一方面表现在研究上，从基因组测序到性状解析，从资源发掘到育种利用，通过多个实验室甚至多个国家和地区的合作产生了一批高质量成果；另一方面表现为人员交流日益频繁，我国与欧美发达国家的学术交流，以及与共建“一带一路”国家的生产技术输出和交流均在增多。

（二）园艺学的发展态势

1. 基础研究将更加聚焦种质资源与重要性状形成机制

我国园艺学研究长期坚持以生产需求为导向，强调解决实际生产问题。近年来，园艺学在基因组解析与基因发掘方面取得了系列重要科研成果，并在精准育种方面表现出潜力。未来5～15年，园艺学基础研究将进一步针对产业存在的重大瓶颈问题，利用我国在基因组和种质资源领域的优势，将以基因为基础的理论转化为育种方法和调控技术。

2. 适合轻简化和智能化生产的基础研究与技术将成为新的热点领域

园艺生产传统上为精耕细作、劳动力密集型的技术或艺术。随着农村劳动力缺乏越来越明显，传统的生产模式已不再适应新的形势。简单的农艺措施、干净的工作环境、智能化生产已成为园艺产业健康发展的新需求。培育适合于省力、轻简栽培的品种，研发智能化的管理技术，已成为园艺产业发展的迫切需求。随着极端环境条件频繁出现，设施栽培生产面积将进一步扩大，智能化生产技术将逐步朝着无人化方向发展。

3. 园艺产品的优质和多样化是遗传改良与栽培调控的重点研究目标

在人民对美好生活需求不断增加以及消费者个性化需求不断增强的新形势下，品质及健康成分改良需要更大限度地满足人民对园艺产品多样化的需求，如培育具有低糖、富含维生素和特殊次生代谢物、色泽丰富、不同熟期、长货架期等优异性状的新品种。随着生活水平的提高，园艺产品的各种营养成分对健康的影响越来越受到重视。未来 5 ～ 15 年，代谢产物鉴定、品质物质的环境应答与调控网络以及品质改良研究将成为热点。园艺产品安全性问题不断受到关注，研究内源和外来不利成分（如致敏物质）或有害物质的积累和代谢以及调控机制尤为重要。

4. 大数据手段和系统思维将助力园艺作物复杂性状研究

随着基因组学和表型组学的快速发展，大数据和信息技术将加快、加深园艺作物生物学问题研究。研究尺度将更加规模化和网络化，研究性状也将从简单性状延展至复杂性状。从全基因组水平高效发掘重要基因以及大规模鉴定基因功能成为需要攻克的关键技术。此外，从基因到细胞、从个体到群体、从实验室到田间等系统思维将有助于园艺作物的基础研究。

三、园艺学的发展现状与发展布局

（一）园艺学的发展现状和重要成果

随着国家对基础研究的日益重视和科研投入的持续增长，近五年，我国在园艺科学基础和应用基础研究方面取得了显著成绩。蔬菜和果树基础研究水平的高质量论文数量有显著提升（邓秀新等，2019；方智远，2018）。在番茄风味品质和代谢物解析（Tieman et al.，2017；Zhu et al.，2018）、番茄-烟粉虱水平基因转移（Xia et al.，2021a）、二倍体杂交马铃薯（Zhang et al.，2021a）、睡莲基因组（Zhang et al.，2020a）等方面取得了重大原创性认识，相关成果发表在《细胞》《自然》《科学》等国际顶尖期刊上。

我国在园艺作物基因组解析方面取得了突出进展，并以基因组数据为基础，结合种质资源群体分析，为园艺作物的起源、演化、驯化及重要性状形成机制提供了新的认识。发掘到控制柑橘孢子体无融合生殖（种子多胚）的关键基因 *CitRWP*（Wang et al.，2017）；开发了快速开花结果的柑橘模式材料并建立了基因编辑体系（Zhu et al.，2019）；揭示了苹果、梨、桃、茶树的起源、分化、传播和驯化的分子基础（Duan et al.，2017；Wu et al.，2018；Li et al.，2021a；Zhang et al.，2021b；Xia et al.，2020）。在苹果果实糖积累（Zhu et al.，2021a）、番茄果实成熟与软化（Shi et al.，2021）、番茄顶端优势控制（Xia et al.，2021b）、番茄植株耐低温性（Wang et al.，2022）、月季花朵开放（Cheng et al.，2021）分子机制方面取得了重要进展。利用细胞工程、分子标记等生物技术以及远缘杂交开展优良基因定向转移，培育出了一批优质高产多抗的园艺作物新品种（系）和新种质。

我国园艺学学科在国际同行认可的期刊上的发文量逐年增加。根据 Web of Science（WoS）数据库统计，2017 ～ 2021 年我国园艺学学科在生物学领域高影响因子期刊（影响基因＞ 9）上发表的论文数排名已上升至第 2 位，仅次于美国，体现了我国基础研究水平的快速提升。与此同时，我国论文影响力及受关注程度也有大幅提升。以果树科学为例，我国发表科学引文索引（SCI）论文的篇均被引次数与美国基本持平。此外，我国一批中青年学者进入国际刊物的共同主编、执行主编、副主编及编委行列；2014 年，创办了国内园艺领域首份国际期刊《园艺研究》（*Horticulture Research*），该期刊连续三年位列园艺学学科《期刊引证报告》（*Journal Citation Reports*，*JCR*）排名前三位；2019 年，《园艺学报》（*Horticultural Plant Journal*）被 SCI 数据库收录；2021 年《分子园艺》（*Molecular Horticulture*）创刊。

（二）基金资助现状和人才队伍情况

国家自然科学基金委员会对园艺学学科基础研究的支持和资助不断增加。资助数量从 2013 年的 255 项增加至 2018 年的 329 项，资助经费由 1.38 亿元增加至 1.41 亿元（直接经费）；2013 ～ 2018 年，累计资助 1661 项，资助总经费达 7.38 亿元。园艺学学科领域形成了一批以院士、国家杰出青年科学基金获得者等人才为代表，结构合理、年富力强的科技队伍。截至 2022 年 11 月，园艺学领域有院士 10 人、国家杰出青年科学基金获得者 11 人、优秀青年科学基金获得者等人才 20 余人。

园艺学研究条件不断改善。2013 年以来，新增茶树生物学与资源利用国家重点实验室、国家花卉改良中心、食用菌新种质资源创制国际联合研究中心、经济菌物研究与利用国家地方联合工程研究中心、农业农村部园艺作物生物学与种质创制（蔬菜）重点实验室、农业农村部园艺作物生物学与种质创制（果树）重点实验室、农业农村部都市农业学科群重点实验室、北方园艺设施设计与应用技术国家地方联合工程研究中心，以及菌类作物优质高产抗病种质资源的挖掘、创制及应用学科创新引智基地等一批国家级和省部级研究平台。国内培养和从国外引进的园艺学科研人员数量增长较快，全国各大园艺科研单位分工协作的局面逐渐形成，但高学历应用型人才整体偏少。

（三）园艺学学科发展存在的问题

1. 基础研究系统性不足，选题与产业问题结合的紧密度需要加强

近五年，我国园艺学研究在基础研究方面进步较大，产出了一批重要科研成果，但与国外同领域相比，其系统性和产业问题的针对性不足。我国取得的原创性成果大多为科学家兴趣所驱动，成果不系统；针对我国园艺生产实际和产业发展需求提出与凝练的科学问题不凸显，研究成果直接指导应用和技术研发的创新驱动能力不足。建议在今后的研究中加强顶层设计，做到融会贯通，形成系统的从理论到应用的原创性科研成果。

2. 围绕重要科学问题的研究方向缺乏相对稳定性和传承性

近年来，我国对园艺学研究的投入稳中有升，园艺学研究水平提升很快。但由于园艺学研究周期长，研究过程中能长期坚持、攻坚克难的课题较少，

跟踪性研究课题较多，不少研究者的方向尚未形成特色。以资源与育种研究为例，我国园艺资源丰富，研究基础较好，但坚持研究并培育出突破性新品种的较少，创制的核心种质也不多。此外，不同单位之间的研究内容存在低水平雷同现象，联合攻关研究的深度和系统性不够，未能形成集中力量推动产业发展的优势。

3. 各研究方向发展不平衡，栽培生理等传统领域研究薄弱

目前，我国园艺学学科的基础研究主要集中于分子生物学、基因组学等领域，而在关系产业发展的栽培生理学、遗传育种学等传统领域研究相对薄弱，人员和资金分布不够合理。相比国际同行，我国园艺学研究的涵盖范围相对较窄，特别是在表型组学、栽培生理学、采后生物学、园艺教育等领域比较滞后。

4. 与欧美发达国家国际交流合作较多，但与“一带一路”国家合作不足

一直以来，我国园艺学学科与欧美发达国家的国际一流大学、研究机构、跨国公司合作较多，建立了广泛的合作关系，实质性的国际交流与合作也逐年加强，通过主办国际学术会议，在国际上树立了良好的声誉，并建立起3个自主的国际园艺学刊物。但在重要国际学术会议上做大会特邀报告的比例小，参与国际大科学攻关项目的较少。近年来，与巴基斯坦、泰国、菲律宾、哈萨克斯坦等“一带一路”国家的交流和合作有所增加，但合作广度和深度还不足。

（四）园艺学的发展布局

近年来，国家自然科学基金委员会对学科资助结构进行调整，现在园艺学学科包括果树学、蔬菜学、观赏园艺学、茶学、园艺作物采后生物学、食用真菌学和设施园艺学7个分支学科。重点支持园艺作物全球资源（特别是我国原产重要园艺作物种质资源）的收集和全基因组变异图谱构建、基因组设计育种与种质创新、农艺和品质性状形成的分子机制和调控网络、园艺作物产品器官发育机制及调控、园艺作物与环境逆境互作及响应机制、设施园艺作物生长发育和环境的模拟模型及精准栽培技术原理、园艺产品采后与储运保鲜机制及调控等相关基础科学问题研究。优先支持具有重大战略性和广

泛基础生物学意义的学科前沿研究，包括园艺产品品质调控和多样化改良、适合农机农艺结合的生物学性状的遗传和调控机制、园艺作物无性繁殖和无性系变异机制、设施园艺作物水肥光高效利用的生物学基础等研究。鼓励跨学科交叉领域合作研究，包括园艺作物高通量表型组与智慧生产技术等相关基础研究；应用纳米技术防控园艺作物病害及其安全性评价等。在研究手段上，充分利用基因组学、大数据、信息技术及基因编辑技术，就园艺学或园艺产业的重点热点问题开展创新性研究。在研究成果出口上，鼓励基础理论和技术开发交融且互相促进的研究。此外，多数园艺作物的基因功能研究平台还不完善，转化率和再生效率仍是瓶颈，导致规模化基因功能研究受阻；开发模式材料并构建高效遗传转化技术体系急需突破。通过加强扶持园艺学领域共性平台研究，推动承担重大科研项目的能力和园艺学领域取得重大突破，使园艺学研究形成较完整的学科布局。

四、园艺学的发展目标及其实现途径

围绕国家对园艺产品优质、安全、周年供应的重大需求，农村劳动力减少和智能生产需求的背景，以及园艺产业面积大但效益不高的关键问题，园艺学以引领园艺学国际科技前沿为目标，实现我国园艺学原始创新能力与科技支撑产业能力的大幅提升，为乡村振兴、健康中国等国家战略和“一带一路”倡议提供科技支撑。利用我国丰富的园艺作物种质资源优势及园艺基因组学的领先优势，挖掘与解析产业急需的重要性状功能基因，为主要园艺作物全基因组选择育种、分子设计与基因编辑技术在产业中全面应用提供技术方案与实现路径；以解决园艺作物特有的育种与栽培技术瓶颈为目标，着力研究种质资源精准利用和品种多样化改良、品质调控机制、设施生产和智能化生产性状的生理与分子基础，提升我国园艺产业绿色、优质、高效发展的科技支撑能力。着力构建特色鲜明的主要园艺作物研究平台和体系，培养一支原创性强、能解决产业实际问题、国际知名度高的研究队伍，将人才队伍的优势转化为创新和技术优势。力争在“十四五”期间，在资源、育种、栽培及品质维持等领域取得 3 ～ 5 项原创性成果，有 3 ～ 5 个方向的园艺学研究处于国际领先行列，有 20 个左右的重点研究方向进入国际主流行列，使我国园艺学研究总体水平进入世界前列。到 2035 年，我国园艺学在遗传改良理论、育种技术与种质创新、性状形成机制与调控、品质保持生物学基础与调控机制等方面全面领先世界，在科技支撑产业发展的技术路径方面取得重大突破，园艺学研究总体进入世界领先水平。主要实现途径如下。

（一）“十四五”发展目标

（1）充分利用我国在园艺植物基因组学的领先优势，融合多组学、基因编辑和合成生物学技术，结合我国特有的园艺种质资源丰富的优势，挖掘一批产业急需的重要性状功能基因。

（2）针对产业发展的重大瓶颈问题，重点开展遗传规律与资源创新、遗传改良方法、性状形成与调控、无性繁殖与变异、发育规律与肥水需求特征、逆境应答与调控、智能化生产相关性状的遗传与调控等研究。

（3）针对园艺作物特有的、自身鲜明的生物学特点，全面系统地解析园艺产品器官生长发育、品质性状形成、成熟衰老、采后品质维持等生物学基础和调控机制。

（4）针对我国园艺产业劳动力成本上升与比较效益下降的现状，大力开展省力、轻简栽培以及农机农艺融合等相关生物学问题研究。

（5）鼓励园艺学与信息科学、工程与材料、化学及土壤学开展交叉研究，加强园艺植物表型组学和大数据平台建设，探索将纳米材料、小分子化合物、土壤微生物等新技术应用于园艺作物生产；鼓励与“一带一路”国家开展科研合作和学术交流。

（二）中长期发展目标

（1）促进主要园艺作物全基因组选择育种、分子设计与基因编辑技术在高效育种和改良中全面应用。

（2）建立园艺产品品质调控和精准改良的理论与技术体系。

（3）建立智慧园艺的大数据平台和核心技术，为现代化、轻简化和智能化生产提供科技支撑。

（4）通过多种途径和平台加强国际合作，增强我国的国际影响力和凝聚力。

（5）营造潜心研究、学术活跃、竞争有序的学术氛围，培养一批原创性强、水平高、视野宽、能回答园艺学核心科学问题、能解决园艺产业实际问题、国际知名度高的研究队伍。

第二节　优先发展领域和重大交叉领域

一、优先发展领域

（一）园艺作物特色资源收集评价与基因发掘

我国是许多重要园艺作物的起源地，保存着大量的野生和栽培种质资源，资源多样性位居世界前列。目前，我国在园艺植物种质资源系统搜集、评价和利用方面已有一定积累，但对更加广泛的野生近缘种质资源（如具有优异抗性或特殊营养物质，或适应特殊地理生态条件的特异种质等）的搜集和利用还不够；对体细胞变异资源的精准评价和变异机制研究还不明晰；对多倍体形成机制与利用的研究还有待深入。在搜集原始及特色园艺资源的基础上，构建种质资源数据库、表型数据库、基因表达数据库、表观遗传学数据库和代谢物网络等综合数据库，利用后基因组时代大数据挖掘、数学建模或机器学习等思路，解析重要物种的系统演化及驯化机制，为种质创新和从头育种提供共性基础理论与技术。

主要科学问题包括：①园艺作物近缘种、野生种和地方资源收集与利用；②园艺作物驯化的遗传基础和关键基因；③特色资源评价及其特异性状形成的关键基因；④园艺作物多倍体性状变异的分子基础和亚基因组互作；⑤特定生态区自然居群的生态和适应性机制；⑥多年生园艺作物体细胞变异机制与性状调控；⑦大规模种质资源表型组、基因组、基因表达、表观调控综合数据库。

（二）园艺作物种质创新与基因组设计改良

不断选育适应市场需求的优新品种是园艺产业持续健康发展的重要保障。

园艺作物（特别是多年生园艺作物）的传统育种均需要较长的时间，盲目性大，很难在短时间内快速获得优异和特色新品种。近年来，随着多个园艺作物基因组序列的发布，我国在种质资源评价、连锁位点筛选、分子标记开发等方面均取得了重要进展，但现有的分子标记在育种实践中的应用普遍较少，表现出适用性有限的突出问题。因此，对广泛的园艺作物杂交群体开展性状遗传机制研究、筛选全基因组范围内与性状关联的变异位点、开发广适用的性状分型芯片、建立适用的基因组选择模型，是提高和加速优异种质创新和新品种培育急需开展的研究。同时，以CRISPR/Cas9系统为代表的基因编辑技术可在基因组水平精准编辑内源基因，对定向改良性状和种质创新具有重要的应用价值。建立高效遗传转化体系是基因编辑技术得以广泛应用的前提。因此，推动以基因组框架为基础的分子标记辅助育种以及基因编辑技术，可极大地加快园艺作物育种和遗传改良步伐，对未来定向育种、优化品种结构、提高育种效率均具有重要的指导作用。

主要科学问题包括：①高再生种质资源发掘及再生性状关键基因挖掘；②童期的遗传基础以及快速高效育种体系的基础理论与技术；③自交 / 远缘杂交不亲和的机制；④无性繁殖作物品种退化的分子基础；⑤园艺作物模式研究体系构建；⑥无外源基因的基因编辑体系构建；⑦基因组选择模型构建及重要育种性状分子标记开发。

（三）园艺作物品质性状形成与调控机制

随着园艺产业的快速发展和园艺产品总产量的迅猛提高，产品品质性状、健康成分含量及园艺产品质量安全问题受到了密切关注。我国在园艺作物的色泽、风味和苦味物质积累与调控机制方面的研究已有一定的成果积累，但多数决定园艺产品品质的特异代谢物质还不清晰，其分子机制和代谢调控机制研究更少。近年来，园艺作物品质相关研究主要运用基因组、转录组和代谢组等方法，就品质相关物质的关键基因进行挖掘与分析，少数品质物质明确了关键控制基因。在现有基础上，从合成代谢酶、转运蛋白、转录因子、表观修饰因子及非编码RNA方面开展不同层级的基因表达级联调控机制及其调控网络，解析多种信号转导途径交互调控品质形成，以及品质代谢与环境应答的耦合调控机制等研究，探明园艺产品品质形成的调控网络和信号转导机制，为园艺产业提质增效提供科学依据。

主要科学问题包括：①园艺产品外观品质形成基础与调控；②园艺产品色泽品质形成基础与调控；③园艺作物风味品质形成基础与调控；④品质形成不同层级的级联调控机制及其调控网络；⑤不同信号转导途径交互调控品质形成的机制；⑥园艺产品品质代谢与环境耦合的信号途径与调控机制；⑦园艺产品多品质性状的共调控及其机制；⑧基于分子调控网络的代谢调控研究。

（四）园艺作物非生物胁迫的响应机制与调控

近年来，全球范围内的气候变化越来越剧烈。全球气候变化主要表现在温度增加气候变暖、极端高温低温频繁出现、干旱持续时间越来越长和越来越严重，这些逆境导致园艺作物大幅减产和产品品质大幅降低。我国针对极端温度、盐碱、水分胁迫等环境逆境开展了园艺作物应答与调控研究，但突破性进展缺乏。此外，为适应我国经济和社会的发展需要，设施园艺产业比重逐渐升高，已成为园艺领域的高质量发展方向。然而目前对设施园艺作物对高温高湿、低温弱光、次生盐渍化等逆境的响应及其调控机制尚不清楚。因此，有必要深入研究园艺作物对逆境的响应机制，挖掘园艺作物响应逆境胁迫过程的关键基因，阐明其功能及调控机制，为园艺作物抗逆、优质、高产栽培奠定理论基础。

主要科学问题包括：①园艺作物对逆境的应答及其调控机制；②园艺作物对重要逆境的抗性机制及抗性基因的功能鉴定；③园艺作物诱导抗性机制；④设施条件下园艺作物逆境响应生理和关键基因功能；⑤植物激素和生长调节剂在园艺逆境响应中的作用机制与调控网络。

（五）园艺作物产品器官形成与发育的机制

园艺作物产品丰富多样，可分为根、茎、叶、花、果、种子等多种类型，这些产品器官的形成发育过程直接影响作物产量，并且是外观品质和加工品质的决定性因素，直接决定了其经济价值。园艺作物的品种还易发生畸形果、裂球、提前抽薹等不良性状，在色泽、形态、整齐度、耐储运性等性状方面需要进一步提高。近年来，鉴定了番茄、黄瓜、白菜、苹果、柑橘、梨等作物产品器官形成和发育的系列关键基因，但尚有大量关键基因未被解析，且这些基因的作用机制和互作调控机制未被揭示，需要进一步加强研究。从分子水平解析产品器官的形成和生长发育规律，结合我国园艺作物品种资源丰富的特点，可促进具有自主知识产权的优良园艺作物品种培育。这些多样化产品器官的形成发育，与拟南芥、水稻等模式植物的对应器官有着明显差异，可能具有特异的器官形成发育机制和调控机制；加强研究可以增加对植物发育生物学的认识，具有重要的科学意义。

主要科学问题包括：①变态器官的发育与调控机制；②园艺作物休眠的生物学基础与调控；③花性别决定的分子机制与调控；④孤雌生殖的遗传基础与调控机制；⑤果实发育与成熟的分子机制与调控；⑥果实单性结实的分子机制。

（六）园艺作物轻简化栽培的生物学基础

植物株型由分枝、叶片、花和果实等各个地上部器官共同决定，直接影响植物的光合作用效率及养分利用效率，同时也决定了作物的生产管理方式。此外，园艺作物属于劳动密集产业，随着劳动力资源日渐减少，对机械化栽培管理的需求更加迫切，急需培育具有理想株型的园艺作物品种。近年来，水稻、小麦和玉米的株型受到了科学家的广泛关注，研究较为深入。在园艺作物中，黄瓜侧枝发育、有限生长习性及番茄花序构型等株型控制基因研究取得了一些进展，但整体相对滞后。园艺作物种类繁多，不同作物的产品器官各不相同，有不同的株型要求，如叶菜类植物主要关注叶片性状，包括叶片大小、数量、夹角、重叠、弯曲、叶柄长、叶柄宽等；茄果类植物主要关注株高、株幅、节间长度、分枝数量与夹角、花序着生节位、果穗柄长度与夹角等性状；苹果、柑橘、梨等果树主要关注分枝数量和夹角、株高、节间长度等。因此，有必要针对不同类型的园艺作物展开全面的株型形成机制研究。我国拥有丰富的园艺作物品种资源，研究各具特色的株型形成规律，从分子水平解析株型形成的机制，将为获得产量高和品质优的园艺产品奠定坚实的理论基础，并为实现园艺产业的智慧生产提供理论支撑。

主要科学问题包括：①株型的遗传基础与关键基因；②株高的遗传基础与调控机制；③“自剪”性状的调控网络；④侧枝形成和发育的分子机制与

遗传调控网络；⑤控制花及果穗发生和着生部位的分子机制与遗传调控网络；⑥植物激素和生长调节剂在株型调控中的作用机制。

（七）园艺作物水肥需求规律与高效利用的生物学基础

部分园艺作物的持续高产基本上靠“大水大肥”来实现，长期过量不平衡施肥，会造成植物生长失调、产品品质下降及土壤障碍等问题。为解决这些问题，各国均在研究并推广适合本国国情的种植制度和栽培方式。设施园艺发达国家常采用无土栽培的方法来突破土壤障碍，并提高水肥利用率。但无土栽培技术要求高，且生产成本高，不适宜在我国大面积推广应用。以土壤栽培为主的日本、韩国等普遍应用嫁接、轮作换茬、土壤消毒、微生物肥料等技术克服土壤连作障碍。目前普遍认为土壤物理性状劣变、营养失衡、植物自毒作用、土壤微生物等是土壤连作障碍形成的主要原因，但具体的机制仍不明确。另外，不平衡施肥不仅造成生产成本增加，而且加重土壤障碍，并对地下水资源造成污染。因此，研究园艺作物的水肥需求规律以及对水分与养分的高效利用，建立科学量化的栽培技术体系，对于提高资源利用效率、提高单位面积产量、制定科学合理的栽培调控措施来指导园艺智能生产均具有重要的科学意义，可为生态和绿色生产提供技术支撑。

主要科学问题包括：①不同种植模式及水肥管理对土壤生产力保持的作用机制；②园艺作物水肥需求规律及其生物学基础；③园艺作物-根际-土壤的相互作用关系；④园艺作物对土壤水分与养分的高效利用机制。

（八）园艺作物品质保持的生物学基础及调控机制

品质劣变是园艺作物采后贮、运、销过程中常见的问题，严重影响园艺产品的商品价值，是限制园艺产业发展的重要因素。园艺作物的品质在成熟过程中逐渐形成，并随着衰老呈下降趋势，受到外界环境条件与内在调控因子的共同影响。部分园艺作物采后，致病菌在侵染过程中会产生危害人体健康的真菌毒素，从而带来重大的食品安全隐患。解析园艺作物采后品质变化规律及成熟衰老调控机制，将为品质保持技术研发提供理论依据，保障园艺产业的健康与可持续发展。当前，国内外已鉴定到多个重要的调控因子，并研究了其作用机制。但园艺作物品质调控机制和成熟衰老调控网络仍不完善，环境条件与内源因子之间的互作机制也不明确。不同类型园艺作物中调控方式的异同和规律尚不清晰。鉴定在园艺作物品质保持和成熟衰老调控中发挥关键作用的基因，揭示园艺作物对采后环境条件的响应机制，阐释园艺作物采后品质保持的生物学基础，是园艺作物采后生物学研究的重点和优先发展方向。

主要科学问题包括：①园艺产品采后品质变化规律及调控因子；②园艺产品成熟衰老的关键调控基因与网络；③活体园艺产品初加工过程品质成分转化及调控机制；④采后表面损伤修复及微生态系统重建；⑤园艺作物与采后重要致病菌的互作机制及调控网络；⑥环境条件对园艺产品采后品质的调控机制；⑦植物激素和生长调节剂对园艺作物采后品质性状的影响与调控机制。

（九）园艺作物砧木资源高效利用与砧穗互作机制

大多数果树、瓜类、观赏植物通过嫁接繁殖。根深叶茂、根强树壮表明砧木对接穗生长发育、产量、抗性、品质具有显著的影响。我国园艺作物种质资源丰富，但前期研究主要聚焦于接穗品种特性，对于砧木关键性状的生物学基础研究关注度不高，对砧木的水肥利用效率、砧木土壤系统微环境、砧穗互作等研究仍然缺乏系统性，阻碍了后续的园艺作物提质增效和集约化发展。在系统收集我国园艺作物种质资源并开展功能基因组等研究的基础上，对砧木资源开展系统评价，利用种质资源群体和重测序基因组数据等，分析砧木重要性状的关键遗传位点；深入挖掘水肥高效利用的分子机制，为育种和栽培提供理论依据和技术支持。挖掘园艺作物根际微生物群落的特点，筛选特定功能菌，探究其生理特性和对养分影响的偏好性，均可更好地调控土壤微生物，使其在促进园艺作物水肥高效利用、实现稳产高产等方面发挥重要作用。同时，利用园艺作物杂合度高的特点，研究砧穗间的信息交流，剖析砧木和接穗间相互影响的关键因子，并通过高通量信息化数据及表型组学数据，深入开展砧穗高效组合利用与创制研究。

主要科学问题包括：①园艺作物砧木优异性状形成的遗传基础与繁殖调控；②嫁接愈合及亲和性的细胞学机制；③优良砧穗组合基因型选配及农艺表现评价；④砧木调控接穗株型、品质和抗性的生物学基础；⑤基于砧穗间远距离传递的分子设计技术与优良砧穗组合定点改良；⑥园艺作物砧穗互作调控养分利用效率的分子机制；⑦根际微生物调控园艺作物砧木养分高效利用的分子机制。

（十）园艺作物对生物胁迫的应答机制和调控

病虫害一直是园艺产业的重要危害，给园艺产品的优质高产带来严峻挑战。培育抗病虫的园艺作物新品种是解决病虫害为害的根本途径。近年来，虽然对一些园艺作物进行了抗病基因遗传和定位分析，但与水稻、玉米、小麦等大田作物相比，抗病虫基因挖掘及其抗性机制解析仍然十分不足，限制了园艺作物的抗病虫育种。因此，系统收集和创制抗性资源，并对抗性进行系统遗传分析、基因定位、克隆及抗性机制解析，可为园艺作物抗病虫分子育种提供关键的基因资源。同时，研究抗性遗传的分子机制，培育抗性材料，可为综合防治提供理论和材料支撑。

主要科学问题包括：①抗性资源收集、评价和种质创新；②园艺作物响应病原物侵袭的机制和信号传递机制；③重要病虫害抗性基因发掘及作用机制；④重要病虫害感病基因发掘及其致病机制；⑤植物激素在园艺作物抗性、感病虫性中的作用；⑥环境条件影响抗性、感病虫性的机制。

（十一）园艺作物栽培的生理基础与精准调控

在园艺产业日益向集约和高效发展的趋势下，根据气候和生态适宜标准，各类园艺作物的产业化发展逐渐形成主产区与特色产区。但园艺作物存在配套栽培技术落后、对栽培生理的理解严重滞后等问题，限制了园艺作物的产业化发展。因此，须对各类园艺作物在未来的发展定位好优势产区，根据各产区气候环境特点进行最适品种筛选和栽培技术的基础研究，对产量和品质两个决定产业效益的核心参数进行深入研究。在此基础上，对主要产区和特色产区结合当地物候与环境等各因素进行配套栽培技术研发。各主产区的专业化运作对未来园艺作物高效生产与品质提高具有重要意义和紧迫性。

主要科学问题包括：①园艺作物成花的生理基础和环境信号调控；②坐果信号发生、转导与生理响应；③离层形成与器官脱落的生理基础；④高光效的生理基础与分子机制；⑤光合产物分配与代谢方向的生理基础和调控；

⑥不同生态区园艺作物优质丰产的生理基础与调控。

（十二）设施园艺作物栽培的生物学基础

设施园艺植物通过光照、温度的环境控制实现周年连续生产，基本不受自然条件制约，可提供农业与大都市食品安全生产的一种模式，代表了现代农业的一个发展方向。改革开放40多年来，我国设施园艺产业发展迅猛，2022年全国设施园艺面积超4200万亩，产值超1.40万亿元（李天来等，2022）。由于集约化种植，复种指数高，设施园艺高温高湿、低温弱光、次生盐渍化等逆境障碍频发，造成设施园艺作物生长发育不良、光合作用低、落花落果现象严重，这些成为限制设施园艺产业可持续发展的关键因子，但具体的生物学基础及其调控机制尚不明确。因此，须挖掘适应设施化生产的园艺作物种质资源，解析不同园艺作物对人工光源的光生物学特性，明确光-温-营养对植物的协同作用及调控机制，探讨植物工厂特殊生境下植株地上与地下部生长发育特性及调控机制，研究园艺作物功能性化合物累积与调控机制，为设施园艺作物抗逆、优质、高产栽培奠定理论基础。

主要科学问题包括：①适应设施栽培的园艺作物种质资源挖掘与利用；②设施条件下园艺作物优质、高效生产的生理基础；③设施栽培园艺作物地上与地下部生长发育互作与协同调控基础；④设施园艺作物逆境响应生理、关键基因功能；⑤设施栽培模式下光-温-营养耦合与互作机制；⑥园艺作物对人工光源的光生物学基础与机制；⑦植物激素等活性物质在设施园艺作物逆境响应中的作用机制与调控网络。

二、重大交叉领域

（一）园艺作物生长发育的高通量表型组与智慧生产技术

不仅园艺作物生长发育受内在基因的调控，而且外部环境对园艺作物生长发育也具有重要的作用。目前，我国园艺作物的表型数据测定手段与方法严重滞后于基因组、转录组及代谢组等技术发展，使得园艺作物基因组信息无法充分利用，重要优异性状基因很难被有效挖掘。植物表型组学是一种新兴的跨学科科学，涵盖生理学、遗传学、生物学、统计学及计算机科学等其他相关学科，其优点是可快速、高通量地在自然条件下无损伤地获取植物生理指标。基于机器人视觉、机器人学和计算的高通量技术快速发展，通过将这些技术与基因组测序、基因分型、基因组选择等方法结合，发展适用于园艺作物的表型评价体系，建立高通量园艺作物表型组数据，为园艺作物高效育种和精准栽培提供理论与技术支持。园艺产业是劳动密集型产业，其相应的自动化技术配套及生产各环节的高效化建设远远落后于发达国家。相对而言，我国在园艺产业的人工智能和物联网技术支撑方面缺乏必要的基础性与前瞻性深入研究，急需在生产过程中利用目前发达的人工智能和物联网技术，同时对两者相结合的自动化生产体系进行系统研发。对各类园艺植物的不同生长发育时期及生产流程进行自动化研究需要不同学科研究人员进行精细设计与深入探讨，通过园艺学、机械自动化和计算机等学科的交叉与融合，系统研究未来园艺植物产业化和由产业引出的基础研究课题对各学科发展都将有很大的潜力，并能极大地促进园艺产业的发展及园艺基础研究效率的提高。

主要科学问题包括：①园艺作物田间高通量表型测定技术与方法的生物学基础；②园艺作物形态和微形态数字采集系统与植物状态解析；③园艺作物关键农艺性状表型数据的图像处理和机器学习；④园艺作物表型组及重要性状遗传与环境因子的互作机制；⑤园艺作物重要性状高通量活体动态监测及其生长发育状态解析；⑥基于作物与环境互作多因子的园艺作物生长发育及环境模拟。

（二）纳米技术的生物学效应及其安全性评价

纳米技术在植物营养、作物病害诊断和施药防治过程中具有显著的灵敏性与高效性，在基因编辑和遗传改良中的应用前景越来越突出。目前，虽然纳米技术在农业生产领域的应用取得了一些进展，但其精确的生物学效应还未知。纳米农药在田间防治病害的同时，也带来了一系列安全性评价问题。纳米农药在剂量过高时会导致农作物细胞凋亡和组织坏死，甚至引发染色体畸变、DNA 损伤等遗传相关的异常情况。国内应用纳米材料在作物遗传改良方面崭露头角，但缺少系统的研究方法和必要的研究基础，急需在作用机制及安全性评价体系方面取得突破，为纳米农药的广谱适应性和生物安全应用提供支撑性理论与评价体系。通过农学、化学、生物学、材料学等多学科交叉，系统开发应用纳米材料诊断重大病害的灵敏方法，研究纳米材料防治病害的作用机制，发展适用于纳米材料、作物体系研究的方法学，为纳米技术促进农业增产增收提供支撑性理论。

主要科学问题包括：①纳米生物传感器进行植物病害诊断的生物学基础；②纳米生物传感器激活园艺作物防御反应及其细胞和分子机制；③纳米材料在园艺作物病虫害防治过程中的作用机制及调控机制；④纳米材料促进园艺作物产量和品质提升的生物学机制；⑤纳米材料被园艺作物吸收、转运及子代传递的生物学基础；⑥园艺生产中纳米农药安全性评估和监控的生物学基础。

（三）园艺作物土壤退化机制及修复

土壤是作物赖以生存的根本。随着我国园艺作物集约化、专业化和设施化生产的快速发展，土壤也出现了严重退化，表现为土壤酸化、板结、养分失衡、重金属污染、连作障碍等，使得园艺产品品质持续下降，严重阻碍了我国园艺产业的可持续与健康发展。例如，国际上的已有研究表明，长期施用化肥会降低土壤微生物多样性，造成有益生物死亡，过分积累某些元素，影响土壤的理化性质，污染环境等。然而，园艺作物土壤退化与修复研究涉及园艺学、微生物学、土壤学、生态学、植物营养等诸多学科，传统的从单一学科角度开展的研究导致该领域进展缓慢，对土壤退化的生理生态过程、植物与土壤互作机制、改良途径等方面缺乏深入的系统研究。因此，需通过以上多学科交叉，系统研究园艺作物生产过程中的土壤生物学和理化特性变化机制，及其对植物生长发育和品质的作用，发展适用于园艺作物的土壤修复方法技术，为园艺产品安全、健康、可持续生产提供理论基础。

主要科学问题包括：①园艺作物长期施肥及连作等对土壤理化性质与微生物群落的影响；②园艺作物土壤养分失衡及其影响园艺生产的机制；③设施栽培条件下土壤退化的生理生态过程；④土壤酸化的形成机制与改良；⑤微生物与有机肥在园艺作物土壤修复和产品品质提升中的应用。

（四）园艺产品次生代谢物与人类健康

在人类长期利用过程中，一方面，利用其营养成分，包括酚类、黄酮、类胡萝卜素等，部分园艺产品药食同源，富含药用成分；另一方面，部分园艺产品有对人体健康不利的成分，包括人体过敏的品种、上火的果品、多食易中毒的水果、生食易过敏的蔬菜，原因可能是某些次生代谢物积累浓度过高。目前，我国对这些园艺产品的功能还停留在整体认识阶段，代谢物鉴定和分离研究还较少，功效和药用机制尚不明确。研究园艺作物次生代谢物功能，提取生物有效成分，将其应用于医药、保健品，可以不断满足新产品的生产与消费者的需求。开展现代园艺与人类健康领域的基础和应用基础研究，通过园艺学、生物医学、中医药学、食品营养学、心理学等多学科交叉，协同创新，为保持和恢复人类最佳健康状态提供科学依据。

主要科学问题包括：①园艺植物次生代谢物和生物活性物质基础数据；②药食同源园艺产品药用成分的分离与鉴定；③次生代谢物的代谢工程与合成生物学研究；④针对园艺产品功能性品质的特殊人群临床医学试验。

第三节 国际合作优先领域园艺作物

国际种质资源基因库平台如下所述。

园艺作物种类繁多，资源丰富，在世界范围都有分布。目前，对于一些有重要经济价值的园艺作物，其在世界范围的起源地、传播路径、驯化与进化历程不是很明晰或者存在争议，不利于种质资源的保护和利用。同时，虽然我国是很多物种的起源地之一，但我国的资源收集、评价和挖掘利用研究存在很多不足。此外，与一些发达国家在外来资源利用上取得的显著成绩相比，我国在外来资源高效利用方面力量还比较薄弱。因此，通过国际范围的合作研究，有利于在世界范围内系统评价园艺种质资源，揭示物种起源、演化和传播关系，并挖掘出可被我国园艺产业利用的优异资源，明确其重要性状的分子遗传机制，为利用其开展种质创新和品种培育提供资源与理论基础。

近年来，一系列园艺植物进行了高通量的表型数据、基因组、转录组、甲基化组、染色质免疫沉淀测序（chromatin immunoprecipitation highsequencing，ChIP-seq）等组学测序，而在其产生的海量数据中，仍有大量的生物学相关信息有待挖掘。面对如此庞大的园艺作物分类，如何基于植物间基因功能及调控途径的保守性，借助信息技术挖掘组学数据中可以被园艺作物利用的信息显得尤为重要。因此，需要开发生物信息学流程或工具，用图数据库（graph database）和文档数据库（document database）整合园艺植物的组学数据，对关键基因、基因调控网络，以及转录组和表观基因组等组学数据进行分析，并在此基础上构建以研究园艺植物优异性状及进化关系为主要功能的数据挖掘和在线分析平台，使果树近缘种的比较基因组、优异性状解析及通用性分析成为可能。

主要科学问题包括：①世界范围内园艺作物种质资源调查、收集与评价；②园艺作物遗传起源、传播路径和驯化的遗传基础；③具有优异性状的国外园艺作物资源发掘和分子基础解析；④基因型、环境与栽培互作引起的表型差异关联；⑤园艺作物测序数据整合分析平台建立；⑥园艺作物比较基因组学；⑦园艺作物基因功能及调控途径共性工具开发。

优先合作的国家包括：国际园艺作物的优势国家（如美国、加拿大、法国、意大利）及“一带一路”国家。

第五章

植物营养学

植物营养学是研究植物吸收、转运和利用营养物质规律，探讨植物与外界环境之间交换营养物质与能量的科学。我国在植物营养生物学、植物-土壤互作、养分管理、农业废弃物循环利用与污染控制等重要领域开展了系统研究，以满足我国粮食安全、资源与生态环境安全的重大需求。

第一节　植物营养学发展战略

一、植物营养学的战略地位

植物营养学主要研究植物营养物质的活化、吸收、转运和利用规律，以及植物与外界环境之间交换物质、能量与信号的规律（袁力行等，2018）。植物营养学以植物-土壤-环境系统为研究对象，在理论上重点关注土壤中营养物质的形态、转化与生物有效性，植物养分活化、吸收、运输、利用及养分的生理功能，以及生态系统与食物系统中营养物质的循环利用等科学问题；

在实践上通过创新养分资源管理、遗传改良等技术途径，提高养分利用效率，以满足国家粮食安全、资源高效和环境保护的多目标协同，实现农业可持续发展。

植物营养学是农学、资源、环境、生态等重大科学领域的支撑性基础学科，与农业可持续发展紧密联系。学科体系既高度分化又高度综合，研究领域包括植物营养生理、遗传与分子基础，植物-土壤互作过程与调控，植物营养与环境胁迫及土壤健康，肥料与科学施肥，农田和区域养分管理，农业废弃物养分循环与利用，以及食物系统养分流动与调控等。植物营养学学科通过积极吸纳生命科学、化学、地学、信息科学等学科的理论、方法与技术，在分子、个体、田块、区域甚至全球尺度上进行科技创新与应用，充分体现出多学科交叉与理实并重的特点。

植物营养学在保障国家粮食安全、资源与环境安全等方面发挥着不可替代的作用。我国人口的迅猛增长和人民生活水平的提升要求农作物的产量与质量不断提高。化肥是粮食安全的压舱石，对粮食产量的贡献率达到 50%（张福锁等，2022）。我国化肥生产量与消费量分别占世界的 30% 和 25%。农业生产中长期不合理的肥料投入，导致养分资源利用率低，农业面源污染、大气污染及土壤退化等问题不断加剧（Zhang et al.，2013b）。我国在过去的 30 多年间，耕地土壤 pH 下降了 0.5 ～ 0.8 个单位，陆地生态系统氮素沉降每公顷增加约 8 千克纯氮，这都与过量施用氮肥密切相关（袁力行等，2019）。我国耕地土壤污染总超标率为 16.1%，部分地区土壤重金属污染较重，土壤环境质量堪忧。另外，我国秸秆、畜禽粪便等农业有机废弃物年产生量超过 40 亿吨，其中的养分资源却很少被有效利用。因此，我国目前面临的粮食、资源、环境等重大问题给我国植物营养学提出了巨大挑战，但也为学科发展带来了重大机遇。

如何改变我国当前高投入、高产出的农业生产方式，在不断提高作物产量、改善农产品质量的同时，大幅度提高农业资源的利用效率，缓解农业生产引起的资源与环境危机，是农业科学领域亟待解决的重大科学命题。对此，我国植物营养学以提高农业生产系统的养分资源利用效率为核心，积极开展植物营养生理、遗传与分子基础、植物-土壤互作与调控、肥料与科学施肥、农田与区域养分管理、农业废弃物循环与利用、食物系统养分流动与调控等重要领域的创新研究，发展科学理论和应用技术，用以满足国家对粮食安全与生态环境安全的迫切需求。

二、植物营养学的发展规律与发展态势

1840 年，德国科学家李比希（Liebig）提出“植物矿质营养学说”“养分归还学说”“最小养分定律”等重要理论与学说，从而开创了植物营养学学科。这些学说不仅对农业生产实践中的合理施肥具有重要的指导意义，而且直接引导了化肥工业的产生。在随后的近一个世纪里，植物所必需的各种营养元素及其主要生理功能被逐一明确。进入 20 世纪后期，美国科学家爱泼斯坦（Epstein）提出了离子吸收的酶动力假说，发现了养分吸收、运输的基因型差异，开创了植物营养生物学研究领域。美国科学家巴伯（Barber）提出了土壤养分有效性的概念，同时德国科学家马施纳（Marschner）发现植物养分高效的根际作用机制，开辟了根际营养研究领域。随着人们对资源节约和环境保护重要性认识的不断深化，植物-环境营养物质流动与循环及其生态环境效应的研究被日益重视。另外，随着人们对营养、安全的重视，动植物和人类共同必需的微量元素研究也不断被强化，并提出了“生物强化”的概念，把植物营养研究与人类营养健康联系起来。可以看出，植物营养学已从简单的现象描述发展到机制揭示，从单一学科发展到既高度分化又高度综合的学科体系。通过与其他学科互相渗透和融合，形成了许多新兴的研究领域，最终发展成为体系完整、内容丰富的学科。

当前，我国植物营养学的理论研究与实践应用都正处于快速发展阶段，具有良好的态势，主要表现为以下几个方面。①得益于生物学与生物技术新理论与新方法的不断创新，植物营养基础研究已全面进入分子时代，传统植物营养研究无法阐明的植物营养机制正逐步被揭示出来，比如植物感知养分信号途径与分子调控网络等；作物养分高效关键基因的系统挖掘与育种应用也为养分高效新品种遗传改良提供了有效途径，成为众多研究机构与大型种业公司的主攻方向；作物营养生理机制研究也从个体水平扩展到群体水平，为田间养分精准管理提供了重要的理论支撑；植物-土壤互作研究深入根系相关微生物的识别、信号转导与调控，以及根际核心微生物组理想功能体构建

等前沿方向，并发展出有效的根际调控技术应用于生产实践。②植物营养学研究与新型肥料材料创制及大面积精准施用结合更为紧密，肥料新产品研发更多关注养分元素间的配伍与形态、作物养分动态需求规律、区域土壤类型与气候特征及栽培措施等因素，为肥料产业发展提供了重要支撑；植物营养学研究与农业机械化、信息化及智能化技术的紧密结合，使得传统的施肥技术向精准化方向快速推进。③植物营养学研究从农田尺度养分管理发展到整个食物系统养分流动特征分析与定量调控，并通过农业全产业链物质循环及其生态环境效应的系统分析，来定量设计区域及全国尺度上的养分管理模型与策略；研究聚焦水-土壤-空气、植物-土壤、植物-废弃物-动物等系统交叉界面上的前沿科学问题和关键技术，揭示界面间的耦合机制，解决农业全产业链和全生产过程中的“卡脖子”问题。④随着我国土壤问题的不断凸显，土壤健康成为植物营养学研究的一个重点内容，对稳定发挥作物产量潜力、提高水肥保持与供应能力、减少环境损失、提升生态服务功能起到关键作用；满足高质农业的健康土壤定量分析，系统设计及其机制研究的重要性日益凸显。⑤阻控有毒有害物质进入食物系统的机制研究是植物营养保障人体健康的重要体现；根际是污染物质进入食物系统的重要门户，理解根际环境中污染物的转化、降解、植物吸收、富集规律及阻控机制，以及通过养分管理措施来强化植物的修复作用，已成为植物营养学研究的重点内容。

三、植物营养学的发展现状与发展布局

通过近30年坚持不懈的努力，中国植物营养学得到快速发展，并取得了丰硕成果。在科学论文发表方面，2006～2015年10年间我国学者在植物营养相关领域发表SCI论文4000余篇，论文数量规模位居世界第二（占世界总量的18.4%，仅次于美国24.5%），并以13.4%的年增长率递增；当前在《自然》《科学》等顶级刊物上发表的论文数量已超过了美国。

我国植物营养学学科秉承学科交叉、前沿引领、强化基础、应用优先、立地顶天的发展理念，形成了鲜明的中国特色，主要表现在以下几个方面。①在植物营养生物学领域，我国学者在植物氮、磷、钾及微量元素高效吸收利用的分子机制与调控网络，基于作物根系发育的养分高效吸收活化机制，

植物耐重金属毒害的分子机制等方面的研究都成绩显著。不同于欧美科学家专注于模式植物拟南芥的基础性研究，我国科学家坚持围绕作物开展基础与应用研究，比如在水稻中陆续克隆了多个氮高效关键基因（*NRT1.1B*、*GRF4*、*OsNR2*、*ARE1*、*NGR5*、*NRT2.3b*、*TCP19*），不仅为遗传改良作物氮高效性状提供了创新思路，而且利用基因优良等位变异创制出具有重要育种价值的养分高效种质（Wu et al.，2020；Liu et al.，2021a）。②在根际营养领域，我国学者对根际生物互作机制及菌丝际效应、作物抗重金属（如镉等）毒害的根际效应、根系主导的根际过程与营养调控、根际过程与植物免疫等的研究也取得了一系列重大成果（Zhang et al.，2019；Wang et al.，2019b），其中“提高作物养分资源利用效率的根际调控机理研究”获得2005年度国家自然科学奖二等奖。通过根际互作充分挖掘作物的生物学潜力，突破了以往改土施肥调控环境的传统观念，为实现作物养分高效利用提供了新思路。③在养分管理领域，创新了以根层养分调控为核心的土壤-作物系统综合管理理论，通过单项技术创新、综合技术集成、示范推广模式创新等途径，在区域和国家尺度上实现了作物高产、资源高效、环境保护的多目标协同，有力支撑了我国农业绿色发展。该方面的研究在顶级期刊《自然》《科学》上陆续发表了7篇论文，荣获了2014年度“中国科学十大进展”（Chen et al.，2014a）和2018年度“中国高等学校十大科技进展”（Cui et al.，2018），研究水平引领世界。

近十年来，我国植物营养学研究实现了从“跟跑”到“并跑”的转变，甚至在部分领域实现了“领跑”，但依然在不少方面存在欠缺与不足，主要表现在以下几个方面。①我国植物营养学领域的论文数目不少，但平均质量还有待提升；近五年论文的相对引文影响（RCI）仅为0.84，低于世界平均水平（1.0），与发达国家的差距更大，如何在保持数量优势的基础上大力提升论文质量成为当务之急。②当前学科研究群体偏小，研究领域较为狭窄，不同领域间发展也不平衡。尽管有亮点突破，但整体上还未能有效适应未来学科理论知识与内涵的拓展，不能满足国家重大需求的变化。比如植物营养基础研究过于集中在作物个体水平上的遗传与分子机制解析，群体水平上的营养生理研究不足，与生产应用联系不紧密；宏观尺度上的研究多关注农田土壤-植物系统中的养分问题，忽略养分在生态系统和食物系统中的循环和利用，与人们营养健康、生态环境安全等国家重大需求存在脱节。③当前学科国际合作与交流虽然频繁，但形式较为单一，多以跟踪学习为主，能够有效利用国外高端智力研究并解决中国问题、讲中国故事的国际合作还并不多见，合作模式亟待创新。④当前学科人才队伍发展较为缓慢，缺乏一定规模的科研群体，尤其是青年群体，科学基金申请量不断下滑；同时国家杰出青年科学基金、优秀青年科学基金获得者等高端人才数量严重不足，无法支撑学科的高质量发展，大力建设和发展学科人才队伍迫在眉睫。⑤当前学科研究与其他学科，尤其是与新兴学科研究的交叉明显乏力，无法适应国家倡导的多学科交叉、产学研一体化的科研思路。加上当前学科领域范围较窄、优秀人才缺乏、合作形式单一等诸多限制，学科无法与其他高速发展的新兴学科齐头并进，难以激发出有价值的交叉热点领域来共同进步。

因此，今后我国植物营养学在满足自身学科发展需求的同时应更加面向国家战略性需求，基础和应用基础研究并重，优先支持学科已有的优势领域，积极拓展重点交叉领域的创新研究，培育原始基础创新或解决产业“卡脖子”问题。学科研究将围绕土壤-植物-环境系统物质转化、营养过程与调控这一核心主题，涵盖从土壤过程到根际过程、植物过程再到整个食物系统及环境等相互关联的领域，涉及植物营养生理与遗传、植物-土壤-微生物互作与调控、植物营养与土壤健康、肥料与施肥、农田与区域养分管理、农业废弃物养分循环与利用、食物系统养分流动与调控等重要分支方向。通过上述优先领域的支持与发展，保证我国植物营养学在未来 10 ～ 15 年成长为世界一流学科，并满足农业绿色转型的国家重大需求。

四、植物营养学的发展目标及其实现途径

我国植物营养学学科将以粮食安全、环境安全、资源高效与营养健康等国家重大需求为导向，重点研究土壤-植物-环境系统物质循环与转化、营养过程与调控规律、植物营养生理与遗传基础、植物-土壤-微生物互作机制、新型肥料创制及科学施肥原理与技术、养分资源综合管理、农业废弃物养分循环利用与污染物阻控等重大科学问题，快速迈入世界一流学科之列。

针对上述目标，我国植物营养学在基础前沿方面需优先发展的领域是植物矿质元素感知及其信号转导机制、作物养分高效利用的根际过程与调控机

制、协同高产与养分资源高效利用的机制与途径等重要理论问题。鉴于我国在作物养分高效利用的分子生理机制与遗传改良、集约化种植体系水肥可持续利用理论与调控途径等研究领域具有较强的优势与特色，这些领域的研究需要继续保持优先发展，形成国际“领跑”的态势，还需要进一步加强主要涉及领域、交叉领域或新兴领域的研究，如作物品质的植物营养调控及机制、作物营养与抗病应答的地上-地下互作机制与调控、全球变化下植物营养调控与环境污染减排协同机制、食物系统养分流动规律与调控机制等。在产业支撑研究方面，需优先发展新型化肥产品养分高效利用的技术途径与机制，有机（类）肥料制造中微生物群落演替与物质转化的耦联特征等重要领域。此外，植物营养学学科还需重点鼓励与地学部、管理学部和医学部的交叉，围绕营养物质的循环与流动，开展土壤-作物-食物链-环境系统交叉界面互作、系统耦合与农业全产业链资源高效利用机制等研究。在国际合作方面，重点发展与荷兰、美国、以色列等先进农业国家在植物-土壤互作协同提高作物养分利用效率和保障土壤健康的作用机制，利用智能化施肥技术和设备提高养分利用效率和环境减排的作用及机制等领域的合作研究。

第二节　优先发展领域和重大交叉领域

一、优先发展领域

（一）植物矿质元素感知及其信号转导机制

植物需要从土壤中获取必需的矿质元素，同时要有效地降低有毒有害元素的吸收，并对环境中和体内的矿质元素含量及水平变化做出响应。植物细胞可能存在感知土壤环境、胞内养分、有害离子并做出快速响应的信号转导系统，而且不同矿质元素具有各自特有的感知系统。自 2009 年人们发现硝酸盐转运蛋白可以行使硝酸盐受体感知功能以来，其他矿质元素受体及传导途径研究一直没有取得重要进展。因此，系统鉴定各种矿质元素受体及下游的信号转导调控网络，阐明植物细胞响应胞内外矿质元素浓度水平的分子机制，是具有重大科学意义和研究价值的前沿课题。针对植物响应外界矿质元素浓度水平和内部浓度状况的最为上游的感知系统，来改变植物矿质元素吸收和利用过程，继而调控植物生长发育，为遗传改良农作物养分利用效率提供全新思路。

主要科学问题包括：①矿质元素感知受体的挖掘、鉴定与功能解析；②矿质元素感知的信号转导过程解析；③细胞内外感知矿质元素变化的协同机制。

（二）作物养分高效利用的分子生理机制与遗传改良

在实现农作物高产、优质、抗逆育种目标的前提下，以最低的养分投入达到最大的产量潜力，对实现农业可持续发展至关重要。研究作物对矿质元素的活化、吸收、分配与代谢规律，以及这些过程对外界环境的响应机制，充分挖掘作物高效利用养分的生物学潜力，一直是植物营养学领域的研究热点。与以拟南芥模式植物为主的研究不同，近年来我国在作物养分高效利用方面取得了突破性进展，在氮、磷、钾养分高效利用关键基因克隆与功能解析方面处于国际领先地位，同时积极倡导作物养分高效节肥型新品种的培育。为保持我国在该领域的优势研究地位，需进一步加强作物种质资源的养分效率评价，通过遗传学和分子生物学手段系统发掘养分高效利用的关键基因及优良等位变异，解析分子遗传机制和调控网络。在此基础上，将现代育种技术（如基因编辑等）与常规育种技术结合，实现养分高效利用优异性状的聚合，最终培育养分高效利用节肥型新品种。

主要科学问题包括：①作物种质资源养分利用效率评价及高效基因型的挖掘；②作物养分活化、吸收、转运、同化过程的分子遗传机制与调控网络；③作物不同养分协同高效利用的分子遗传机制与调控途径；④作物养分高效利用与高产、优质、抗逆性状的协同机制；⑤作物养分高效利用性状优异等位基因的发掘与育种利用。

（三）群体条件下作物养分高效利用的生物学机制

化肥养分利用效率低是我国集约化农业生产面临的重大问题。解决这一问题的关键是在农田群体水平上理解作物高效吸收与利用养分的生理学机制。

在个体水平上，人们对植物养分生理功能，以及养分吸收、转移、分配与再利用及其基本生理功能已经有了较为明确的认识，这些认识形成了支撑作物高产优质的营养生理基础。但在集约化农田群体水平下，对养分高效利用生理机制的理解还十分匮乏。未来，需要针对主要区域特异生态条件、种植体系、栽培耕作模式，以及不同营养生理特性的优良品种，在田间群体水平和全生育进程中，围绕作物养分吸收、利用开展研究，揭示提高农田养分利用效率的生物学机制及其调控途径。

主要科学问题包括：①作物养分水分高效吸收的根系构型、生理功能及根系调控机制；②全生育期作物体内养分分配、储存及再利用规律及其调控机制；③养分调控作物生长发育及源库关系的生理机制；④作物品种与环境、管理措施互作的生物学机制及其调控途径。

（四）作物品质的植物营养调控及机制

近年来，人们通过养分管理不仅显著提高了作物产量，而且取得了重要的理论进展。如何通过养分管理提高作物品质，实现粮食安全与营养并举、消除营养元素缺乏的“隐性饥饿”已成为农业绿色发展的核心课题。养分不仅直接影响作物矿物质、蛋白质、次生代谢物含量等营养品质，而且调控果实色泽、硬度等感官品质，影响作物产后储藏、加工品质。此外，养分还拮抗土壤障碍或有害因子，有效阻控污染物进入食物链，保障或提高作物安全与品质。需要指出的是，作物品质性状复杂，因作物而异。为深入研究养分调控作物品质的机制，需要做到以下几点：①客观上要求通过现代生理、分子和组学技术，鉴定养分调控的作物品质的关键组分，分析其积累规律、代谢途径、生物有效性，并解析养分通过光合作用、代谢等生理过程调控作物品质性状的过程和作用机制；②为了通过养分管理发掘与实现作物品质潜力，需充分理解大中微量元素的平衡投入、有机养分与无机养分协同对作物品质的决定性作用与调控机制；③作物的优良品种可具有特定的优良品质性状，研究养分对良种品质的调控途径，揭示良种品质的养分调控机制，不仅具有重要的理论价值，而且对科学施肥、提高作物品质具有重要的指导意义。

主要科学问题包括：①矿质元素对作物营养品质的影响及调控机制；②矿质元素对作物感官、加工与储藏品质的影响及调控机制；③矿质养分平衡（大中微量元素）及与有机养分协同提高作物品质的规律与机制；④养分拮抗环境有害因子、提高作物安全品质的过程与作用机制；⑤作物基因型与养分、品质的互作机制及调控途径。

（五）作物养分高效利用的根际过程与调控机制

高投入、低效率、高环境风险是我国集约化农业生产的特征，如何实现节肥增效、绿色环保生产是我国农业新形势下迫切需要解决的重大问题。解决这一问题的关键在于充分发挥养分资源高效利用的生物学潜力，深入揭示根-土壤-微生物互作机制，最大化土壤-根界面的互作效率，以降低对肥料高投入的依赖，从根本上提高作物对养分的利用效率，为实现农业可持续生产提供科学依据。因此，明确不同物种不同作物基因型养分高效的根际特征及机制，研究作物对根际养分形态和浓度的感知与系统响应，揭示根系获取养分的调控机制，探究根系 / 根际结构和根分泌物多样性（含根际化学信号物质）对养分生物有效性及微生物组的作用，明确作物招募的不同核心微生物组对植物地上部养分吸收和生长的作用，揭示其反馈调控机制，解析根-土壤-微生物组协同调控作物养分效率的机制，阐明土壤微生物影响作物养分利用的机制，对探明集约化作物体系养分高效利用的根际调控途径、构建作物根际核心微生物组、在作物系统中实现作物-土壤-核心微生物组的理想匹配、创新与发展根际营养调控理论具有重要意义。

主要科学问题包括：①不同物种不同作物基因型养分高效的根际特征及机制；②作物对根际养分形态和浓度的局部感知与系统响应；③根际结构和根分泌物多样性对土壤养分生物有效性的调控机制；④影响养分利用效率的根际化学信号物质挖掘、作用机制与调控；⑤作物对根系养分相关微生物（根瘤、菌根等）的识别、信号转导和调控机制；⑥作物-核心根际微生物组理想功能体的构建及对养分转化和植物生长的反馈机制；⑦集约化种植体系作物养分高效利用的根际调控途径。

（六）作物营养与抗病应答的地上-地下互作机制与调控

连年或连季种植以及化肥农药的过量施用，会造成经济作物的土壤生态环境趋于恶化，病虫害威胁逐年加剧，从而影响农业的高质量高效益发展。

作物对土壤养分的吸收过程，以及病原菌对作物的侵染过程，其本质是影响作物养分获取的过程，直接影响作物健康。目前，对于单个过程（营养或免疫）的机制研究相对深入，但对二者之间的互作机制研究较为缺乏。根际微生物组对植物生长、植物健康发挥着重要的作用。其中有益微生物具有活化根区养分、促进植物生长、增强植物抗逆、抑制植物病害等功能。近年来，大量研究发现，植物营养与抗病原菌免疫过程之间存在一定的协同作用，但具体的调控机制与作用方式并不清楚。因此，可以养分因子如何调控植物与病原菌的生物互作过程为切入点，围绕作物养分吸收、利用与抗病反应间的相互影响，探索营养吸收代谢与抗病免疫通路间的相互调控机制。从有益微生物个体和微生物组群体两个方面，分析影响微生物组装配的驱动因素、装配过程和功能特征，揭示其促进植物生长、增强植物抗逆、诱导植物系统抗性的作用机制，挖掘有益微生物产生的次生代谢物的生物合成途径、调控机制和信号作用。通过揭示养分有效性对作物抗病反应的生理与分子响应机制，为通过养分调控作物病害防治提供重要的理论基础和技术途径。

主要科学问题包括：①特异性免疫和促生型根际微生物互作多样性的形成与作用机制；②植物核心微生物参与抗病的机制；③根际免疫促生型微生物区系的构建；④作物养分丰缺影响作物抗病的生理机制；⑤作物免疫应答影响养分吸收利用过程的机制；⑥作物养分吸收代谢与抗病免疫通路的互作机制和调控；⑦协同养分高效与抗病性状关键基因的挖掘和育种利用。

（七）新型化肥产品养分高效利用的技术途径与机制

肥料是粮食的“粮食”，事关国家粮食安全、生态安全和绿色发展。现有大宗化肥产品养分利用效率低，作物高产与环保难以协同实现，中微量元素缺乏问题也开始凸显，不利于优质农产品生产。新型肥料创制过程重视对肥料本身和单一元素的调控，缺乏对肥料与土壤、作物的互作机制，以及中微量元素与大量元素利用的相互关系等系统性研究，肥料-作物-土壤三者无法高度匹配，限制了肥料利用率的大幅度提升。目前，我国新型高效化肥产品创新的基础研究尚十分薄弱，养分释放和供应与作物、土壤匹配机制，磷钾肥高效利用技术，大中微量元素协同增效机制，肥料靶向和信息调控机制等养分高效利用的技术途径和理论体系尚未真正建立起来，产品类型也不够丰富和完善。因此，须加强化肥有效养分高效化的技术途径与机制研究，为工业生产高效化肥产品提供基于肥料-作物-土壤系统的新型高效化肥产品设计与创制原理，这对推动传统化肥产业绿色转型升级意义十分重大。

主要科学问题包括：①化肥养分释放和供应与作物、土壤的匹配机制及优化技术途径；②磷钾肥活性保持技术途径与养分高效利用机制；③大中微量营养元素协同增效机制及高效肥料产品创制；④肥料-作物-土壤系统调控技术与养分高效利用机制；⑤肥料靶向和信息调控技术途径与养分高效利用。

（八）有机（类）肥料制造中微生物群落演替与物质转化的耦联特征

我国每年产生约6000万吨养分（折合氮磷钾）的农业废弃物，包括作物秸秆、畜禽粪便和农产品加工下脚料（酒渣、醋渣、糖渣、玉米渣、食用菌菇渣等）。这些有机废弃物富含碳、氮、磷、钾和中微量元素，是植物养分供应的重要来源，也是土壤微生物代谢和有机质周转的物质基础。目前，约50%的农业废弃物已被加工成普通商品有机肥，并成为我国肥料行业中的重要产品。然而，由于普通商品有机肥对当季作物的增产效果低于化肥，农民施用有机肥的积极性始终不高，推广和发展有机肥举步维艰。因此，将腐熟堆肥进一步加工成当季作物增产效果显著的有机无机复混肥、生物有机肥、复合微生物肥等有机（类）肥料产品，是确保我国有机肥产业可持续发展的重要途径。当前有机（类）肥料产业技术发展中存在的突出问题是：高温好氧堆肥时间长、效率低、固定资产投入大、生产基地臭气严重，有机无机复混肥中养分配比不协调，以及生物有机肥和复合微生物肥中功能菌含量不达标、活性保持时间短。这些产业技术问题与有机（类）肥料制造中的科学问题不明密切相关，尤其亟待阐明有机（类）肥料制造过程中微生物种群演替与物质转化及其调控等关键科学问题。

主要科学问题包括：①高温好氧堆肥中供氧强度与堆肥物料中氧气分布特征，挥发性气体产生和散失特征以及物料温度变化的关系；②高温好氧堆肥中微生物群落演替、活跃微生物组分特征及其与堆肥物质转化耦联关系，以及关键水解酶的鉴定及其催化机制；③有机无机复混肥中碳、氮、磷、钾元素在土壤-植物系统中的转化与去向及其调控；④生物有机肥和复合微生物肥制造中功能菌二次发酵原理及其调控；⑤有机（类）肥料制造中基因组、转录组、蛋白质组分析与数据库建设。

（九）集约化种植体系水肥可持续利用理论与调控途径

如何在保证区域资源可持续利用和环境安全的情况下，大幅增加粮食产量，保障粮食安全？集约化农业能否做到可持续生产？这些都是国内外学术界一直在争论的重大科学命题。我国在持续增加作物产量、提高水肥资源利用效率等方面的研究已走在世界前列，部分研究成果正在逐步应用于农业生产。然而，已有技术研究多以产量为中心，重点研究如何在高产条件下优化水肥管理，提高水肥资源利用效率，减少环境损失。这些技术参数能否满足区域资源可持续利用和环境安全指标缺少定量研究，部分集约化农田作物高产、资源可持续性和环境安全的矛盾突出。未来集约化农田水肥绿色可持续利用应首先定量农业资源可持续利用和环境安全的区域限量指标，在水肥资源约束条件下，通过设计作物生产体系（如调整作物熟制、轮作方式、增加物种多样性等）、实施生产过程全程水肥精准调控来提高资源利用效率，在保证粮食安全和农民增收的基础上实现农业可持续发展。

主要科学问题包括：①基于资源可持续和环境安全的水肥限量指标；②不同生态区作物种植体系优化与增产增效潜力；③集约化粮田可持续水氮高效利用原理与调控途径；④高度集约化果蔬水氮高效利用原理及环境减排途径；⑤区域水肥可持续高效利用模式及综合效应。

（十）典型轮作复种体系养分资源高效利用机制

周年复种、轮作、套作是我国高度集约化农业生产的典型特征，在保证我国粮食安全方面起到重要作用。然而，高强度的土地利用往往伴随着高养分投入和高环境污染的风险。与单一作物上的施肥研究相比，我国典型的一年两熟（或三熟）轮作制度周年养分高效利用的研究还不系统，也没有相关的国际先进经验予以借鉴。比如，在水旱轮作系统中，水分状况剧烈频繁交替变化导致不同养分的形态变化，继而影响整个系统的养分转化与循环，但其相关过程及驱动因素并不清楚，制约了周年养分的高效实现。我国在主要作物体系有机资源碳氮微生物转化、无机养分利用、土壤-植物营养诊断与推荐施肥方法等方面有一定积累，但在养分资源潜力、区域性及挖掘利用，养分资源高效利用机制与途径研究上缺乏系统性和聚焦点。因此，系统研究我国主要轮作复种体系不同养分周年循环过程与转化特征，在此基础上应用信息技术、大数据和人工智能，为养分诊断方法提供全新途径，阐明主要养分有效化的驱动因子和作用机制，通过关键土壤培肥技术实现土壤养分供应与作物养分需求的匹配，对研究集成典型轮作复种体系周年养分高效综合管理技术、控制周年轮作体系养分投入、提高养分周年利用率、减少环境损失、发展典型轮作的周年绿色生产具有重要的意义。

主要科学问题包括：①我国典型轮作复种体系土壤养分转化过程、有效性与供肥保肥能力及主要驱动因素；②典型轮作复种体系周年养分循环过程与转化特征及养分资源高效利用的微生物学机制；③典型轮作复种体系土壤培肥与理论基础；④典型轮作复种体系周年养分利用效率潜力、区域性及高效综合管理途径。

（十一）全球变化下植物营养调控与环境污染减排协同机制

在全球变化背景下，在保证作物高产的同时实现养分资源高效和环境减排是植物营养关注的重大命题。全球变化下的植物营养不再是局部的营养调控或管理，而是已成为区域性甚至全球性的营养调控问题，需要从生态系统或更大的区域尺度来定量养分循环、损失与阻控机制及其环境效应。边界理论通过设定营养或环境阈值来“求解”优化途径，为全球变化下的植物营养调控提供新思路。因此，深入开展全球变化下养分资源循环机制研究与精准调控，重点解析养分高效利用的土壤碳、氮、磷关键耦合过程与微生物学机制，继而发展定向培肥土壤，改进碳、氮投入，保障作物高产、优质和高效，以及促进氨和温室气体减排的综合管理措施；同时利用边界理论评估土壤-作物系统在应对气候变化的弹性与优化潜力，开展土壤-作物系统养分高效利用和污染物环境减排协同机制研究，可为全球变化背景下粮食安全与生态环境保护探索新的植物营养综合调控解决方案。

主要科学问题包括：①边界阈值理论在植物营养调控与生态环境保护中的应用；②优化氮、磷养分利用协同环境减排的关键土壤过程与调控机制；③全球变化下氮、磷养分高效利用与环境减排的协同机制。

（十二）食物系统养分流动规律与调控机制

食物系统包含动植物生产、加工和消费等多个环节，其可持续发展关乎食物安全、资源高效、环境安全和生态健康等重大问题。我国食物系统的可持续发展面临巨大挑战，不仅要满足日益增长的食物数量和质量的双需求，而且面临动植物生产脱节、资源投入高、养分利用和循环效率低、环境污染大等共性问题。阐明食物生产与消费过程中的养分利用和流动规律及其调控机制是实现食物系统可持续发展的关键。我国在定量解析食物生产与消费系统养分流动特征方面已开展了相关研究工作，但在养分利用和循环的驱动因素及其作用机制方面的研究不足，缺乏系统性和全面性。比如，研究重点关注了氮、磷等大量元素，但忽视了食物系统具有多养分元素共存以及相互作用的特性；单一空间尺度的研究较多，但对自下而上跨维度研究过程中的养分流动特征和调控途径研究不足。因此，当前急需开展的研究工作包括：与数学、大数据科学、环境学、经济学等学科交叉，创新食物系统养分流动定量方法并构建复杂食物系统分析模型；系统解析食物系统多养分、多尺度耦合特征及其交互作用机制；探索养分、资源、环境和价值等多指标协同调控机制；技术创新、模式集成和政策优化相结合的食物系统优化设计。

主要科学问题包括：①食物系统养分流动特征与驱动机制；②食物系统多营养物质间的相互作用机制与调控途径；③食物生产与消费链养分流与价值流的协同发展机制；④食物系统养分资源高效利用的空间尺度特征与调控机制；⑤动植物生产、加工与消费多环节、多目标协调及政策优化路径的设计。

二、重大交叉领域

（一）土壤-作物-食物链-环境系统交叉界面养分流动、系统耦合与农业全产业链资源高效利用机制

农业绿色发展是涉及产地环境、资源投入、种植、养殖、人类消费、生态环境等全产业链协同发展的系统工程，已成为国家重大需求。传统的单一学科、单一因子或单一过程的研究策略和创新模式，难以发挥系统的协同增

效作用，成为农业转型和绿色发展的主要科技瓶颈。全面推进农业绿色发展必须创新农业绿色发展理论、关键技术、产品和区域应用模式，以多学科交叉、全产业链融合、全区域落地实现为指导思想，以营养元素研究为核心，阐明土壤-作物-食物链-环境系统各个交叉界面的互作机制和耦合调控原理；创新资源投入总量控制、生产全程精准绿色调控、绿色环境指标体系与阈值、绿色产品与人类营养健康等理论瓶颈、共性技术和全产业链绿色发展模式；探索全区域农业绿色发展评估和政策支持系统，创建区域农业绿色发展应用新模式并进行验证，为全国农业绿色发展理论与技术创新提供科学依据。

主要科学问题包括：①水-土壤-空气界面物质交换与生态涵养；②作物-土壤界面物质代谢耦合机制与资源高效利用；③作物生产-食物链的物质流动与人类营养健康；④绿色环境指标体系构建与阈值设计、环境污染控制与修复技术；⑤区域农业绿色发展的多目标协调机制。

第三节　国际合作优先领域

一、植物-土壤互作协同提高作物养分利用效率和保障土壤健康的作用机制

农业可持续发展需要在保证粮食安全的基础上大力提升土壤的生态系统服务功能。以往研究注重土壤的生产功能，忽视了土壤的多功能性。充分发挥土壤生物学潜力，提高土壤自身“活力”，强化土壤生物与植物的协同作用，实现二者互作的正向反馈，可以大幅减少农业化学品的投入，提高养分的利用效率。欧洲和美国在土壤健康、植物健康、生态系统健康等方面提出了基于生物多样性和生态系统稳定性的前沿科学理论，并且创新发展了通过种植覆盖作物、篱笆作物、功能作物 / 微生物、功能生物产品等来增强生态系统健康、构建生态文明的模式。因此，借鉴国际模式，让我国尽快实现从产量导向的生产模式向优质高效、生态文明、生态宜居的多重生态系统服务模

式转变，积极探索和发展适合各大区域绿色发展的生物绿色技术与方案，是解决当前农业发展“卡脖子”问题的一个创新性命题。

主要科学问题包括：①农田生物多样性保障作物稳产与土壤健康的作用机制；②土壤功能生物组与网络影响土壤多功能性的机制；③地下部和地上部生物互作调控土壤-作物系统稳定性的机制。

优先合作的国家（地区）包括：欧盟（荷兰等）和美国。

二、智能化施肥技术与装备提高养分利用效率和环境减排的作用及机制

施用化肥是实现农业高产、高效与粮食安全的重要保证。然而，目前我国施肥技术相对落后，施肥过程中的作物对化肥的吸收及利用效率低，造成土壤板结、水体富营养化等各种环境问题。更重要的是，即使我们已经具备了养分高效利用的作物种类和肥料产品，高效的施肥技术与装备仍然是决定养分利用效率的重要一环。国外现代化农业国家的施肥技术，如以色列的水肥一体化技术、荷兰的智能化装备、日本适合亚洲小田块的机械侧深施肥技术等，对这些先进高效施肥技术的基础理论、装备研发和推广应用已开展了深入研究。为了加速我国农业的现代化进程，跟上国外农业的先进水平，就必须改变施肥技术落后的现状，使农业资源得以高效利用，积极研发和探索适合我国以户为单元、分散式种植国情的先进高效的施肥技术及其作用机制，并将其推广应用于我国现代农业，实现“良种-良品-良法”的链条式衔接，从而提高化肥的利用率，减少化肥所造成的农业污染。

主要科学问题包括：①基于水肥协同-土壤养分供应相协调的增效作用机制；②植物生长发育对一次性养分供应的响应机制；③适应我国南方丘陵山区的智能施肥原理与装备研制；④水-化学组分-基质的固液界面化学过程与管带输送水盐动力学协调机制。

优先合作的国家包括：以色列、荷兰、日本。

第六章

林　　学

林学是研究森林与木本植物生物学现象的本质和规律的学科，主要任务是开展森林资源培育、保护、开发和合理利用。林学的研究范围包括：森林生物的遗传与发育、森林资源的调查与利用、森林培育、森林保护、森林经营、森林经理，以及基于森林资源应用价值衍生出的木材物理学、林产化学、经济林学、园林学、荒漠化与水土保持等。森林资源是国民经济和社会可持续发展的重要物质基础，是国家生态安全的根本保障；国家和社会对林学研究的需求与重视有效推动了林学学科的迅速发展；研究领域的不断扩展、研究队伍的持续壮大是未来实现林学学科战略目标的基本保障。

第一节　林学发展战略

一、林学的战略地位

林学是实现林业行业战略目标的支撑与保障，是贯彻可持续发展战略、支撑生态文明建设的基石与支柱，在美丽中国建设中具有核心基础地位，在乡村振兴建设中具有重要地位，在碳中和目标实现中具有关键地位，在“一带一路”国际合作中具有特殊地位。

（一）林学学科是生态文明-美丽中国建设的重要科技支撑

习近平总书记在党的十九大报告中指出，“加快生态文明体制改革，建设美丽中国”（习近平，2017）。在全国生态环境保护大会时强调，“坚持人与自然和谐共生”“绿水青山就是金山银山”“良好生态环境是最普惠的民生福祉”，“山水林田湖草沙是生命共同体”（习近平，2018a）。习近平主席在2020年气候雄心峰会上的讲话中宣布，到2030年，森林蓄积量将比2005年增加60亿立方米（习近平，2020）。森林是陆地生态系统的主体，林业发展是碳中和等生态文明建设的核心内容之一，在建设“天蓝、地绿、水清、宜居、舒适、和谐”的美丽中国过程中发挥着重要的核心基础支撑作用。我国森林面积约为2.2亿公顷，蓄积量已达到175.6亿立方米；森林覆盖率逐年提高，已达22.96%（国家林业和草原局，2019）；现已成为全球森林资源增长最多和最快的国家，对“全球增绿”贡献居全球首位。但是，我国的森林覆盖率仍远低于世界平均水平且分布极不均衡，森林生态系统的经营和维持仍需不断加强，许多地区的城市绿化率仍然较低，森林提质增效仍需不断加强。要实现生态安全、碳中和等生态文明-美丽中国建设的战略目标，需要林学学科提供强有力的科技支撑，形成林业可持续发展的生态环境空间格局、产业结构、生产方式和生活方式，实现绿色开发利用林业资源和可持续经营；需要把加强林学基础科学研究放在突出地位，融入林业经营、管理和产业开发等各方面与全过程，切实提升我国森林资源质量、增强森林碳汇能力、提升应对气候变化能力、创造绿色宜居舒适环境，全力实现生态文明-美丽中国的建设目标，构建永续发展的美丽中国梦。

（二）林学学科是林业产业绿色发展的根本保障

林业产业为国民经济和社会可持续发展做出了重要贡献，是践行绿色发展理念的重要抓手。在新时期，绿色发展理念赋予了林业产业发展新使命，林木育种、资源培育、木材加工、林业资源高值化利用和林业服务业在促进绿色经济发展、助力乡村振兴、增加碳汇等方面发挥了重要作用。当前我国林业产业总体大而不强、科技创新能力薄弱，并存在资源浪费、环境污染、产品附加值偏低等诸多问题，全面实现林业产业绿色发展迫在眉睫。林学学科的基础研究是林业产业绿色发展的重要保障，未来需要以林业产业发展新使命和国家重大战略需求为牵引、以存在的关键问题为导向，立足美丽中国-生态文明建设和林业产业绿色发展，聚焦林学学科发展前沿，增强基础研究的创新能力。

林木良种培育、特色经济林培育与绿色加工、木竹产业转型升级、林业特色资源开发利用、生物基新材料与生物质新能源、森林碳汇形成机制、维持机制与提升措施等，是林学学科的重要应用基础研究方向。需要加强新兴产业关键技术的多学科协同攻关，促进林业产业结构调整。林学学科促进林业产业的绿色发展，既是新常态下的迫切需求，也是新常态下的必然选择。加强林业资源培育及高效高值利用，构建低投入、高产出，低消耗、少排放，能循环、可持续的现代绿色林业产业发展体系，是践行“绿水青山就是金山银山”发展理念的重要举措。

（三）林学学科是促进“一带一路”倡议实施的基础和动力

林业产业是“一带一路”的核心组成部分，是绿色发展倡议的基础性支撑和保障。习近平主席在2018年中非合作论坛北京峰会开幕式上的主旨讲话中明确指出，“建立中非竹子研究中心，帮助非洲发展竹藤产业”“实施绿色发展”（习近平，2018b）。

“一带一路”国家绝大多数为发展中国家，林业资源相对丰富，林业生产和消费潜力巨大。然而，其林业科技水平相对落后，人类开发利用活动密集、生态环境脆弱，提高林业科学技术的需求迫切，生态环境保护需求巨大，林业科技合作空间广阔。因此，林学学科发展肩负着“一带一路”国家林业产业发展和生态文明建设的重任。林学学科发展可为“一带一路”国家在竹资源等林木培育与可持续性利用、森林保护与修复、荒漠化与水土流失治理、森林可持续经营与管理、森林资源监测、特色经济林培育与利用、林业科教人才培养等诸多领域提供新材料、新技术、新方法与新理论，助力“一带一路”绿色发展。

二、林学的发展规律与发展态势

现代林学是依托于现代科技的综合科学体系，从早期对森林和木本植物的简单调查、保护、培育和管理，逐渐与多学科融合，发展出基于森林和木本植物的多个分支学科，集基础理论与开发应用于一体，对森林资源进行更有效精细的研究、保护、开发和利用。新技术和新理论不断发展，推动了林学从单一数据源向多源大数据转变，从静态分析向动态过程分析转变，从单一尺度观测研究向多尺度、跨尺度观测研究转变，从单项研究向综合集成转变。现代林学基础研究能够推动林业产业的转型升级，其研究成果可为社会、经济发展的宏观决策提供重要依据。

（一）拓展森林资源研究，夯实林学学科发展基础

研究森林资源的分类、组成、演变历史，对森林资源进行监测、管理、保护和可持续利用，是林学乃至林业发展的根本基础，也为林学研究提供了物质保障。随着全球资源日趋紧张、环境急剧恶化，人口增长和生活水平的提高对森林生态系统服务和产品提出了更高要求。强烈的社会需求，驱动森林资源研究在理论和应用上均需要向纵深发展：在理论上，从单一学科问题向多学科交叉融合转变；在方法学上，从简单的数据收集向大数据网络分析转变；在研究内容上，从基础科学研究向基础研究与社会、国民经济发展密切结合转变。以森林为主体的森林类自然保护区资源研究与利用，将综合气候变化生物学、应用信息学、互联网、大数据，通过长期常态化监测，研究气候变化对森林资源和生态系统的影响机制，以及森林对气候变化的响应与适应。加强森林管理、物种管理，使以森林为主体的自然保护区成为传播可持续发展理念、建设美丽中国、实现区域经济均衡发展的重要基础。未来，森林资源研究将在保障森林可持续经营的同时，大力开发林下经济新产品和森林生态产品。目前，我国已经在一些重要的林下经济植物（如香菇、木耳、人参、竹荪、三七、地黄、麦冬等）的种植技术，以及食品、保健品的应用与产品开发方面取得了显著成效。但是，我国林下经济植物资源的开发仍存在品种资源匮乏、优良品种少等问题，缺乏对产品的精深加工。因此，未来林下经济资源研究将集中于新品种引进选育、栽培技术、产品精深加工方面，研发高附加值的新产品。

（二）构建林木多组学、多维度理论体系，聚焦林学基础理论发展前沿

随着基因组测序技术的不断发展，越来越多的林木基因组完成测序，林木相关的基础研究已经从单个分子、单个基因、单个性状扩展到多组学水平。林木基因组的解析是比较基因组学、功能基因组学和群体遗传学研究的基础，也是优异种质的发掘和高产优质遗传改良的重要基础。在基因组水平对林木大型基因家族功能的研究，进一步丰富了基因家族功能分化和适应性进化的理论体系。生物性状对环境的响应通常涉及多基因、多网络的联动变化；多时空、多维度的转录谱分析能够解析基因表达的时空特异性，揭示物种全基因组在不同发育阶段以及环境胁迫下的生理状态，为研究基因表达调控和阐明基因功能提供强有力的证据。此外，全长转录组分析和转录组时空动态测序，为众多非模式林木提供了丰富的编码区信息资源，对基因组测序较困难的大型复杂基因组物种尤其重要。林木生长周期长，与周围生物和环境长期互作，形成稳定的生态链。各种共生微生物参与林木发育、免疫、营养代谢等多个生理过程，对林木生长起到了重要作用。宏基因组测序技术可以获取高通量微生物组的数据，为从群落水平研究林木的适应性演化提供新的视角和理论基础。在后基因组时代，各种组学的数据快速积累，多组学、多层次的协同分析已被成功用于解析林木重要功能性状形成的基因调控网络，构建关键生物过程的系统生物模型。利用基因组、转录组、蛋白质组、代谢组、宏基因组等大数据，从基因、基因组、个体和群体等多个维度对林木的性状、遗传和生态等相关方面进行综合研究，有助于构建新的林学基础理论体系。

（三）创新森林多功能培育理论，突破资源培育瓶颈

随着生态文明建设步伐的加快和绿色发展理念的不断深入，森林培育已进入必须兼顾木材及非木质林产品生产、防护和改善生态环境、缓减气候变化（碳汇功能）、保护生物多样性、发挥森林休闲与游憩等多功能生态产品需求的发展时期；多功能森林培育理论和技术体系的创新，已成为发展的必然趋势。在多功能森林培育的大背景下，经济社会发展对森林培育的需求包括：碳中和等美丽中国-生态文明建设，生态安全保障，生态保护与修复技术瓶颈

突破；提升森林质量与功能，增加森林碳汇，保障木材战略储备与木材安全，创新森林资源高效培育技术；实现绿色共享发展，助农富民实用技术集成与转化。因此，目前森林培育理论与技术发展过程中的瓶颈问题包括：不同森林（特别是人工林）功能解析，森林多功能的耦合机制，森林立地主导因子，特别是困难立地解析与多功能互作，多功能森林结构调控机制，森林生产力和生态功能（特别是碳汇功能）的权衡 / 协调与提升，全球气候变化背景下森林适应与功能响应等。通过对以上瓶颈问题的解决，逐步形成对多功能森林培育技术体系的核心支撑。

（四）提高和维持森林生产力，推动森林高质量发展

我国森林资源相对缺乏，森林质量较低，有待提升，森林服务供需矛盾突出。随着社会经济发展水平的提高，人们对其生活环境越来越重视，“绿水青山”常在、“金山银山”永续、“山水林田湖草沙”协调发展，以及实现碳中和目标等理念，使得森林高质量发展已经成为当前国家和社会发展的重要需求。提高林地生产力是维持和提升森林质量的基石，也是林学领域长期而艰巨的任务。长期以来，我国林业科学家已开创和发展了多项森林生产力提升理论与技术体系。以遗传改良为特征的林木遗传育种、以“适地适树”为基础的森林培育，以及立体复层结构的林木配置与调控方式等理论和模式正在不断向纵深方向发展，广泛指导了我国的林业生产实践，在很大程度上提高了森林生产力和森林质量，在一定程度上缓解了木材等林产品的社会需求。然而，尽管人们的认知水平不断深入，研究手段不断发展，但林木生长的长周期性，森林植被、森林结构变化的复杂性，再加上长期观测资料不足等因素，导致森林生产力仍然难以准确测定，更加难以长期预测。更为重要的是，气候变化、人类干扰及其叠加效应正在并将持续作用于林木的生长和森林植被的演替方向，极大地影响了以森林生产力提升为核心的森林高质量发展，这是我国林业科学发展需要解决的重要问题。

（五）以全球性森林重大灾害为重点，加强森林保护国际合作

越来越多的森林灾害成为全球性问题，同时威胁到我国森林的健康发展。全球化、生物技术、信息技术等的快速发展，对森林保护学的发展提出了新

的挑战，也带来了新的机遇，使森林保护学的研究深度和广度不断延伸。全球变化对病害、虫害、火灾及其他灾害的影响结果及溯因将成为研究的重要方面。伴随着全球化的发展，国家之间、国际组织之间、科研院所之间的合作交流将不断加深，森林保护学对生物的研究尺度为从基因到全球，未来研究将从基因、细胞、组织、个体、种群、群落、生态系统、景观、区域和全球尺度阐释不同尺度之间的差异和必然联系。现代生物技术、现代信息技术与传统技术的结合形成了多学科交叉技术体系，该体系将促进森林保护学的发展；分子生物学、细胞生物学、分子遗传学、生态学和信息学等学科的观点和方法促进了森林保护学科的快速发展；一些新兴学科，如基因组学等将对森林保护学科的发展起到持续的推动作用。新兴学科与传统学科结合将有力促进病原物和昆虫的系统发生、遗传多样性、病原物或害虫与林木的互作、抗病或抗虫林木遗传材料的培育和筛选，以及森林林火的精准观测与控制等方面的研究。

（六）构建林产品高附加值利用体系，促进林业产业绿色发展

林业资源是保障国家绿色发展的重要战略资源，肩负着提供生态产品和绿色林产品的重任。我国林业产业在全球产业分工中仍处于中低端水平，以资源消耗型、劳动密集型、产品低端型为主。通过林产品加工关键技术创新来改造和提升传统林业产业，提高产品的附加值，从根本上改变依赖出口初级原料及初级加工产品的局面，增加我国林产品的国际竞争力，已成为当务之急。

木材学、林产化学、经济林学、竹学等林学学科方向，是促进林业产业绿色发展的基础；在传统木材加工、水解、热解、林果加工、分泌物提取、林产精油等研究基础上，通过与生物学、材料学、物理学、力学、仪器科学等众多新兴前沿学科交叉融合与协同发展；突破高效预处理、官能团表面修饰、定向组装等关键核心技术瓶颈，创制石化行业难以替代的功能化、可再生林产品，形成林产品加工基础研究创新体系；促进林业产业增值增效，推进现代林业建设，构建发达林业产业体系。因此，充分发挥森林资源独特性，多学科交叉融通与协同创新，不断聚焦国民经济发展的前沿领域，是实现林业产业绿色发展的有效措施。

三、林学的发展现状与发展布局

（一）发展现状

近年来，林学基础研究领域不断拓展，研究水平显著提高。在林木遗传育种、森林培育、森林经理、森林经营、森林土壤、森林保护、荒漠化与水土保持（防护林学）及森林生物质综合利用研究等方面取得了长足进展。目前，我国林学基础研究成果已趋向国际先进水平，Web of Science 数据库显示，2010 ～ 2019 年，我国林学科研人员在重要期刊上发表的论文数和论文被引频次占世界相应份额的比例均位居世界第二。

通过广泛收集整合我国的林木种质资源，建立了大型种质资源库，完成了毛竹、胡杨、簸箕柳、银白杨、马褂木、银杏等林木全基因组序列的解析（Ma et al.，2013），并在基因组层面揭示了林木多个大型基因家族的功能分化机制（Ren et al.，2014），阐明了多个森林建群树种的遗传结构与遗传多样性时空格局，以及物种的环境适应性进化机制。近年来，我国在林木功能基因组学领域取得了跨越式的发展（Wang et al.，2018c），研究成果在《自然-遗传学》、《自然-植物》（*Nature Plants*）、《植物细胞》（*Plant Cell*）等期刊上发表，并被《自然》《植物细胞》等专门撰文评述，使得我国在该领域的研究团队进入了国际领先梯队。

在森林培育方面，我国在人工林培育领域取得了长足进步。人工林面积达 8003 万公顷，居世界第一（国家林业和草原局，2019）。我国森林覆盖率的大幅度提升，对世界变绿及增加碳汇发挥了举足轻重的作用。我国在现代化种苗培育理论与技术、困难立地造林与植被恢复、人工林栽培生理生态基础与森林抚育、更新研究等方面处于国际领先水平。在森林信息方面，突破了森林资源信息获取精度低、周期长、可视化程度低、模拟和预测困难等难点，提高了我国森林资源监测、模拟和预测的技术应用水平。在森林土壤领域，我国的研究成果呈现飞跃式增长，Web of Science 数据库显示，2015 ～ 2019 年我国森林土壤领域的论文量已达 8389 篇，占全球论文量的 20.3%，被引用 56 073 次，领域内高被引论文达 94 篇，各项指标均稳居世界第二，表明我国在森林土壤领域的研究获得高速发展，其研究规模已处于世界领先水平。

在森林经理与森林经营方面，攻破了多种近代林业统计模型参数估计理论，如联立方程组、混合效应模型和度量误差模型等，构建的全林整体模型、气候敏感的生物量模型和生物量相容性方程系统达到世界领先水平。在森林更新方面，突破了森林长周期性研究的瓶颈，建立了以空间代时间的森林更新研究方法体系，发展了近自然经营理论与技术。在森林保护学方面，我国目前已形成了完整的森林保护学学科发展体系，研究队伍的规模位居世界前列，一些研究领域，如森林有害生物的分类学和系统发生学、森林有害生物的生物防控等处于世界先进水平。

我国荒漠化与水土保持研究经过近60年的发展取得了巨大的成就，在防护林经营理论与技术、防护林效益综合评估理论与技术、森林水文过程与机制和荒漠化防治等方面引起了世界的广泛关注。Web of Science数据库显示，2010～2019年，全球在荒漠化与水土保持领域共发表SCI论文3098篇，而我国学者在该领域共发表SCI论文1610篇，占51.97%，处于国际领先地位。

在森林生物质综合利用方面，我国是林产化学研究和加工大国，在农林生物质资源化、材料化利用基础研究（Yuan et al.，2021），以及松香、活性炭、竹（木）炭、单宁酸、没食子酸、紫胶等传统林化产品产量方面均位居世界前列（Lu et al.，2019）。我国木材行业的产值已经突破万亿元大关，行业产值和影响均位居世界前列，对国民经济社会发展影响巨大。木材科学的研究范畴不断拓展、延伸、深化，出现了木材仿生、木质纳米材料、先进制造技术和生物质化学资源化等新兴方向（Guan et al.，2018）。

（二）存在问题

我国的林学基础研究尽管取得了长足进展，但与发达国家相比，仍存在较大差距，在林木遗传育种、森林培育、森林信息与监测、森林经理与森林经营、森林土壤、森林保护、荒漠化与水土保持以及森林生物质综合利用研究方面仍存在诸多问题。

在林木遗传育种方面，育种目标单一、技术滞后、导向不明、常规育种萎缩、分子育种技术体系欠缺，林木大数据集中停留在数据积累阶段，缺乏深度解析和利用，理论水平的提高落后于技术的发展速度，林木复杂性状遗传基础解析仍是林学研究的难点等。

在森林培育方面，碳汇等多功能森林培育理论体系不健全、困难立地资源阈值不清、植被恢复理论与技术不完善、全生命周期森林结构动态解析不够、森林功能和生产力不高，制约了美丽中国-生态文明建设进程和“绿水青山就是金山银山”理念的践行。

在森林信息与监测方面，森林资源监测自动化水平不高、时效性差、以点带面、动态可视化和智能化决策程度低，难以满足国家对森林资源的高精度、高频次、多尺度、全覆盖调查与监测及科学经营管理需求。

在森林经理与森林经营方面，由于科技支撑和实践的时间尚短，存在森林经营（特别是多功能森林经营）基础理论不清晰，主要树种和森林类型基础生长模型缺乏、系统性差、成熟年龄不准等问题，不能实现全生命周期预测。在天然林生长与收获预估模型和立地质量评价模型等方面，我国与国际水平相比差距较大。

在森林土壤方面，目前尚未揭示全球变化情境下森林土壤系统的自组织和自反馈过程，而且土壤的支撑能力难以预测，不能用森林土壤特征来预测森林生产和生态功能（特别是碳汇功能）并选择合理的树种和经营方式，因此仍然难以满足“适地适树”的林业生产与发展需求。

在森林保护方面，森林有害生物遗传演化灾变机制、森林灾害（如松材线虫病）在大的空间尺度下的综合防控、森林林火扩散的机制等研究方面与发达国家相比，相差甚远。

尽管已形成基于防护林学原理的防护林可持续经营框架，但目前林分、林带水平研究已无法解决更小和更大尺度的防护林学问题，防护林衰退形成机制、重建与恢复途径等研究仍显不足。

在荒漠化与水土保持方面，森林水文理论框架仍不够完善，研究方法仍不够成熟，森林植被水土保持、水源涵养功能形成机制不清楚，植被、气候变化与荒漠化过程相互作用关系不清楚，植被控制荒漠化机制不明确。

在森林生物质综合利用方面，农林剩余物规模化利用途径少，资源转化利用率低，不能有效解决 7 亿～ 9 亿吨 / 年剩余物的资源化利用问题。我国林产化学基础性理论研究薄弱，跟踪模仿和重复性研究多，高性能生物基材料等方面的研究大都处于“跟跑”阶段。

（三）发展布局

综合我国的林业发展现状和国际发展态势，新时期林学学科仍然应以应用基础研究为主。

在森林资源的整合利用上，着力于重点提升森林资源学的生态、产业和文化三大基础支撑功能，从区域、生态系统、群落和物种等层面研究森林多样性演化历史规律与格局变化特征、物种适应策略与响应机制、群落多样性的形成与维持机制和生态系统修复与服务功能等关键科学问题（Zhang et al.，2020b）。对核心种质资源的功能性状、品质性状开展精细研究，深入剖析重要性状的遗传机制，挖掘关键调控基因。

在森林信息方面，需进一步阐明森林信息的形成和传输机制，对森林信息数据的采集、处理、分析和共享等进行全面深入研究。构建森林资源协同多尺度监测体系和森林精准培育诊断监测及模拟预测体系（郭庆华等，2014），实现森林信息智能管理及大数据分析和森林信息三维可视化及动态模拟（Beland et al.，2019）。

在森林培育方面，森林立地的精准评价及调控、苗木规模化定向培育、人工林培育与环境资源的耦合关系、重要树种天然更新、全生命周期森林结构过程及调控、森林物种间相互作用机制及生物多样性保护、森林质量、碳汇能力精准提升、大尺度人工林功能评价等成为热点研究领域（Zhu et al.，2021b）。

在森林经理和森林经营方面，开展多功能全周期经营规划理论与技术、区域面向经营的天然林立地质量评价模型与方法，近代森林生长收获预估模型理论和方法，天然林林木生长和竞争机制，林木生物量及碳储量的精准估计理论和方法，基于森林碳汇功能的森林经营规划决策优化理论等方面的研究，揭示森林质量形成和精准提升的科学基础，形成新时代中国特色的森林经营理论与技术体系。

在森林土壤方面，深化认识土壤有机质积累与周转以及养分循环过程，深入揭示土壤生物与非生物环境调控森林结构和功能（特别是碳汇功能）的作用规律，明晰森林土壤自组织理论及其对林木生长与森林综合价值的支撑作用，不断满足“适地适树适菌”的新时期林业发展的国家需求（Han et al.，2020；Yang et al.，2018）。

在森林保护方面，阐明重要病虫害形成过程中寄主-害虫/病原微生物-伴生微生物种间作用，阐明森林重大病虫害扩散与流行的生态适应性基础，阐明气候变化对森林生物灾害发生和变化影响的规律和机制，揭示森林重要有害生物演化灾变机制，控制森林重大灾害的发生和扩张。

构建跨尺度研究的防护林生态系统构建及经营新理论与技术体系框架，创建基于生态系统原理的防护林衰退早期诊断理论和技术体系，提出黑土保护的农田防护林和调节小气候的城市防护林可持续经营理论与技术（Zheng et al., 2016）。创建气候变化背景下高效防治水土流失的森林植被构建理论及调控体系，揭示植被、气候变化与荒漠化过程间的耦合机制，以及植被防治沙漠化的作用机制（Song et al., 2020）。

在森林生物质综合利用方面，通过生物炼制及化学转化，生产高附加值的生物质能源、材料与化学品，解决转化过程中定向重组和催化炼制方面的问题。重点布局林业资源活性物质分离与转化、活性评价与筛选、分子设计与合成、定向修饰与复合改性等关键技术，开发绿色功能化生物基材料与化学品，抢占国际生物质领域基础前沿研究制高点，发展我国林业战略性新兴产业。

四、林学的发展目标及其实现途径

（一）林学的发展目标

基于林业发展和生态文明-美丽中国建设对林学的现实需求以及林学学科自身的长远发展，林学的发展目标包括以下几个方面。①准确获取多尺度、高分辨率的全天候森林信息，对森林资源的定位、分布、变化等进行实时动态监测，有效掌握森林灾害自身特性和运动变异规律，准确预测森林自然灾害。②揭示林木自身生长发育规律，解析优异性状基因功能。③制定遗传资源保护与利用和可持续发展策略，针对不同树种建立完善统一、灵活持久的育种策略，进入育种的更高时代。④构建经济林核心种质资源库，制定保护和利用方案，加强保护，合理开发。⑤揭示多种营林措施、气候变化等对森林结构与功能的影响过程，以及对土壤生物与非生物系统的影响，探索多尺度森林结构表达方式，确定地上生产力和地下生物地球化学过程的耦合关系，明确森林碳汇形成机制、维持机制与提升措施。⑥阐明森林重大病虫害的致灾机制以及病原物/昆虫-林木寄主-生态环境之间的级联作用规律，揭示森林林火发生的过程、机制和规律。⑦完成面向石化行业无法替代、具有林化特色的次生代谢物、高性能材料与化学精加工产品研制。⑧建立中国特色多功能森林高质量发展理论和技术体系，全面揭示气候变化对森林结构、功能的长期影响及其机制；实现人工林和天然林的健康培育与可持续经营，提高人工林和天然林的质量与稳定性，大幅提升我国的森林生态服务功能，促进林业支撑生态文明建设协调发展。

（二）林学发展目标的实现途径

林学发展目标的实现途径如下。①加强多尺度、高精度和智能化森林资源监测，森林质量精准监测诊断，以及多平台协同的灾害监测和预警。②结合常规育种和分子育种技术，综合利用优良种质资源，定向培育优良品种；利用全基因组选择技术实现良种早期选择，提高良种培育效率。③揭示经济林木生长发育的基本规律，建立经济林木优质高效培育体系。④全面突破性地解决国土绿化中困难立地植被恢复、人工林与生态环境耦合关系、全生命周期森林生长模拟与决策、森林生产力及碳汇等生态功能精准提升、人工智能的森林经营理论和技术等领域的基础科学和技术问题。⑤基于土壤学、地理学、生态学理论和方法，交叉研究揭示土壤生物系统对森林土壤短期及长期肥力的调控作用，精准量化植物残落物、分泌物和土壤生物对稳定土壤有机质的贡献，深化认识土壤与林木的“上行”和“下行”相互关系理论。⑥促进木材仿生、木基纳米材料、木制品先进制造、新型木质重组材料、功能/智能木材及木质复合材料等前沿研究。⑦鼓励与信息技术、生物科学、新能源、新材料等领域的基础性交叉科学研究，提升和拓展林化产品附加值和应用领域，促进林木生物质资源规模化高效利用。

第二节　优先发展领域和重大交叉领域

一、优先发展领域

（一）气候变化对森林资源的影响机制与调控

气候变化是人类共同面临的重大生态危机，是国际政治、外交、经济和生态等领域共同关切的问题。林业作为受气候变化影响较为严重的领域，是我国确定的应对气候变化的重中之重。我国政府一直高度重视适应气候变化问题，自 2007 年以来发布了多个《国家适应气候变化战略》。其中，2014 年国家发展和改革委员会印发的《国家应对气候变化规划（2014—2020 年）》明确提出了林业领域应对气候变化工作；随后出台的《中共中央 国务院关于加快推进生态文明建设的意见》进一步对适应气候变化工作做出了安排。要加快研究气候变化对森林资源和森林生态系统的影响机制，模拟森林物种和森林生态系统对气候变化的响应，评估气候变化引起的森林物种灭绝风险，加强气候变化下的生物多样性、物种管理、森林管理、森林资源综合利用、环境保护以及林业可持续发展是未来森林资源学的重大研究领域。要强化林业自然保护区建设和适应性评价与管理，搭建自然保护区网络及生态廊道，提高重点物种保护程度，开展极小种群拯救，优先实施种群数量相对较少、分布范围较窄、生境破碎化或破坏严重的陆生野生动植物保护，提升重要物种和珍稀物种适应气候变化的能力。要加强景观多样性与自然生态系统的原真性和完整性保护，构筑完备的生态保护网络体系。

主要科学问题包括：①濒危、极小种群林木对气候变化的响应和适应规律；②森林类自然保护区、国家公园对气候变化的响应机制；③林下经济资源对气候变化因子响应适应的生物学机制；④气候变化背景下林下经济种植模式；⑤气候变化背景下林下经济资源的引种与驯化。

（二）森林资源多尺度立体化监测与评估

信息技术的快速发展为林业现代化提供了新的信息化方法和手段，也为林业产业的技术改造和提升注入了新的活力。目前，我国森林资源调查、监测和评估主要依赖人工抽样调查，存在时效性差、自动化程度低和以点带面等问题，无法满足国家对森林资源的高精度、高频次、全覆盖调查监测需求，急需构建基于激光雷达（LiDAR）、遥感、物联网、人工智能、大数据和云计算等信息技术协同的多尺度立体化监测理论与方法体系。通过构建森林资源高精度、多尺度、高时效的一体化协同监测体系，可以完善和发展我国现有森林资源监测体系，定量评价不同经营措施下的森林生长状况及经营成效，为我国森林资源的高质量培育及科学经营管理提供高效、智能、精准的监测与评估方法支撑。

主要科学问题包括：①森林资源信息的精准采集与评估；②森林信息的动态可视化模拟及智能化；③森林精准培育诊断监测及生长模拟；④森林资源的多平台协同质量与健康监测。

（三）人工林水分运移机制及调控

目前，林木需水 / 耗水、涵水 / 补水机制不清且存在争议，因此，阐明林木水分运移规律，利用有限水资源保障我国大面积人工林的存活、生长、稳定和功能维持，实现以水定林（定绿），并进一步促进现有人工林质量的精准提升，是我国林业可持续发展以及践行“绿水青山就是金山银山”理念的重要课题。我国人工林面积位居世界第一，但人工林建设所涉及的树种、林种、立地条件等均复杂多样，且人工林栽植区域跨越了从寒温带到亚热带的干旱区、半干旱区、半湿润区、湿润区。树种未能适地、良种未配良法、林分缺乏经营等诸多问题，造成我国人工林生态系统中存在水分利用效率不高，干旱、半干旱区大面积林分退化与死亡，人工林应对气候变化的可塑性较差等现象。因此，需要对我国主要地区的人工林水分关系进行深入研究，明确影响人工林水分关系的关键过程与因子，从水资源配置、环境调控、生态系统构建与优化等方面提高我国人工林水分利用效率，减缓和避免水分胁迫、气候变化引起的连锁反应，并进一步提高现有人工林的质量和维持森林多功能的正常发挥。

主要科学问题包括：①我国主要类型人工林的水分利用特征及其影响因子；②主要造林树种的高效水分吸收、传输与利用机制；③人工林林地土壤水分入渗、运移与再分布过程；④人工林水分关系的潜在变化规律及其与气候变化关系；⑤时空尺度上的人工林水分循环过程与模拟。

（四）防护林生态系统服务功能精准提升理论与技术

森林在防御自然灾害与维护生态平衡方面具有无可替代的作用，但在很多需要保护的生态脆弱区恰恰没有森林。因此，营建防护林成为世界各国应对自然灾害和生态问题而采取的重要措施，是构筑脆弱生态区人类生存生态屏障的主要措施。自 1978 年“三北”（西北、华北、东北）防护林体系建设工程启动以来，我国防护林建设规模居世界首位。科学经营防护林成为满足防护林功能高效、稳定与可持续的国家需求关键。尽管我国已形成基于防护林学的防护林可持续经营理论与技术框架，但仍不能满足防护林建设的需要，尤其是防护林衰退频发、生物多样性降低、破碎化加剧等。此外，防护林研究主要集中于林分 / 林带水平，目前无法解决更小和更大尺度的防护林构建、经营和生态效应评价问题。在当前大力推进生态文明建设的背景下，提升防护林生态服务功能成为一个重要的主题，并将是今后相当长一个时期内防护林营建的目标和任务。因此，当前迫切需要构筑实现防护林生态系统服务功能精准提升的理论与技术体系，进一步完善防护林经营理论与技术，从提升生态服务功能角度解决防护林面临的难题。

主要科学问题包括：①防护林生态服务功能形成与稳定性维持机制；②防护林衰退形成与恢复机制；③防护林衰退早期诊断理论和技术体系；④防护林更新改造机制；⑤防护林响应极端气候机制与调控；⑥防护林生态服务价值评估理论与技术。

（五）调控树木重要性状的基因功能挖掘

阐明林木重要生长发育、抗逆胁迫、形态建成、优质高产等关键基因的功能以及信号转导途径，为林业快速发展提供理论基础。近年来，我国树木生物学取得了长足的进步，但与水稻、小麦、玉米、大豆等作物和拟南芥、烟草等模式植物相比，树木生物具有多年生、生长周期长、群体构建困难、遗传背景复杂、开花结实周期长、遗传转化困难等特点，为树木生物学的研究带来了极大的困难。我国国土面积大，生态环境复杂多样，横跨寒温带、温带、亚热带、热带等不同环境条件的地区，而林业栽培品种多，遗传基础薄弱，研究力量分散，难以形成优势。因此，需要在明确树木研究背景的基础上，进一步发掘、利用和整合资源，推出合理的能够满足我国生产实践的部分模式林木树种，建立完善的遗传转化体系，利用组学等研究工具，充分利用分子生物学、生物化学等技术，解析调控树木重要性状的功能基因，为培育优质林木新品种奠定基础。

主要科学问题包括：①树木重要性状及代谢产物形成的分子机制；②林木次生细胞壁的形成和结构特性；③树木抵御逆境胁迫的生物学基础；④维

管形成层活动、激素以及物质运输与木材形成；⑤树木响应物候的生长、开花与休眠机制；⑥树木营养吸收利用与快速生长。

（六）林木大数据的挖掘与应用

随着测序技术的快速发展，越来越多的森林树种将完成基因组的测序工作，转录组学、蛋白质组学、代谢组学数据也将呈指数增加，为林木遗传基础的研究提供全方位的信息。对这些物种基因组的解析，对林木的遗传改良起到了重要的推动作用。通过对多个林木重要基因家族的功能分析，构建了木质素合成等重要生理过程的生物学模型，为优质林木的培育提供了基因资源，但是在大数据的综合分析以及与育种的运用方面仍然不足。通过林学、现代生物组学、生物化学、分子生物学、生物信息学等多学科交叉，对遗传、生态、生化、表型等数据进行整合计算，揭示控制重要育种目标性状的分子与生理生化机制，实现微效基因捕获，构建精准化的分子调控模型，对林木复杂性状进行精确预测，为分子育种提供理论依据和物质基础。同时，利用分子生物学技术手段，创建我国造林树种遗传转化、基因编辑和功能验证的重要平台，为分子育种提供技术保障。

主要科学问题包括：①林木重要性状基因组学特征和环境适应性基因组基础；②林木重要基因家族的起源、分化和功能意义；③重要造林树种高密度遗传图谱的构建及应用；④控制林木复杂性状的微效基因定位；⑤利用基因组数据分析林木复杂性状遗传基础的新方法；⑥林木性状早期精确预测。

（七）森林土壤有机质和稳定性及其对全球变化的响应与适应

森林土壤有机质既是森林土壤肥力的核心，也是全球陆地系统土壤碳和养分库的主要存在形式。一方面，我国森林土壤有机质含量不高，直接限制了森林生产力的提升；另一方面，森林土壤碳库的微小变化将极大地影响大气中二氧化碳等温室气体浓度的波动，我国是全球变化的敏感区域，森林土壤有机质的形成与稳定性对揭示森林碳汇形成机制、维持机制等全球变化情景下林业应对气候变化的能力具有重大的科学价值。同时，土壤有机质的形成过程较为缓慢，而传统的造林实践和经营管理聚焦于木材等林产品的需求，往往忽略了土壤发育特点和生产潜力，导致土壤有机质数量和质量乃至整个森林质量的下降。近年来，随着国家生态文明建设的不断深化，森林土壤支撑以林业发展为主体的生态建设的作用越来越凸显，相关理论研究也在不断深入，但基础还很薄弱，缺乏多尺度、多过程的系统性研究，许多核心科学问题仍亟待解决。因此，需要在对森林土壤有机质形成与稳定性系统研究的基础上，进一步深入理解森林土壤的自组织原理、自适应规律和自反馈机制，充分认识森林土壤有机质对全球变化的适应过程与特点，从机制上提升森林土壤对林业可持续发展与生态文明建设的支撑作用。

主要科学问题包括：①森林土壤有机质积累与稳定性机制；②森林转换过程中土壤有机质动态变化规律；③森林植物残体与土壤有机质的相互作用关系；④全球变化对森林土壤有机质的影响过程；⑤典型森林土壤碳汇的形成与稳定机制及其在碳中和中的作用。

（八）森林重要有害生物演化灾变机制与防控

全球变化加速了有害生物的迁移，促进了有害生物的演化，影响了有害生物的多样性和分布格局，给森林的健康发展和自然生态系统的平衡带来了全新的威胁，对森林保护学发展提出了更多要求。研究森林重要有害生物演化灾变机制，包括有害生物的系统发生、种群生物学、致灾特性多样性及变化特征等，有助于阐明有害生物通过演化导致危害性变化的特征和规律，对制定病虫害的防控策略具有重要的指导意义。针对森林重要有害生物演化灾变机制研究，目前世界范围内主要进行了森林有害生物的系统发生学研究、种群生物学研究等，但对有害生物演化与致灾性关联的研究十分薄弱，对森林生物灾害也尚未形成有效的防控措施。森林主要有害生物演化灾变机制与防控的研究重点和目标包括：剖析主要有害生物的遗传信息以及在生物灾害形成过程中物种、种群的动态变化规律；阐明有害生物危害性变化的分子机制；解析重大生物灾害发生流行规律；为森林重大生物灾害的防控提供理论指导。

主要科学问题包括：①森林有害生物系统发生和演化机制；②森林有害生物在地理和气候区域间的生态适应性；③森林有害生物致灾性分化的分子机制；④森林有害生物与树木互作的分子机制。

（九）多功能森林质量精准提升与成效评价

森林经营是实现林业可持续发展的核心，随着森林面积的不断增加，森林精准经营已成为当前林业生产的重中之重。森林质量精准提升的核心是森林生产力和生态功能的精准提升，关键是破解多功能森林质量精准提升与成效评价的基础理论问题。目前尚未形成符合中国国情和林情的多功能森林经营理论与技术体系，制约了我国森林质量的精准提升。主要体现在：森林功能形成与质量调控机制不清，森林生产力和森林生态功能动态监测理论尚未突破，森林生长收获预估模型系统性差且不能实现全生命周期的精准预测等问题。因此，开展多功能森林质量精准提升与成效评价基础理论研究，构建全周期森林生长收获预估模型理论体系，挖掘森林质量提升机制，突破全周期多功能森林经营，有助于为实现我国多功能森林经营从“跟跑”到“并跑”再到“领跑”的转变提供扎实的理论基础。

主要科学问题包括：①森林碳汇形成机制、维持机制与增汇经营技术体系；②天然混交林结构、功能形成和调控机制；③森林多功能的形成及协调机制；④天然林立地质量评价模型与方法；⑤森林生长与收获模型理论与精准预测；⑥林木竞争模型和森林多功能生态网络经营理论。

（十）经济林优异性状的生物学基础与调控机制

经济林优异性状的开发利用，是充分保护和利用经济林资源、拓宽经济林产业发展潜力的重要前提，对形成科学合理、特色鲜明、功能健全、效益显著的特色经济林发展新局面，助推经济林产业绿色发展具有重要意义。目前，经济林已成为我国林业产业的主体，但我国经济林产业还存在优势特色不突出、市场竞争力不强、经济林产品产量和质量亟待提高等不足。如何拓宽经济林发展潜力，提高科技贡献率，发挥区域优势，增加产品特色和质量，提高市场竞争力已成为我国经济林发展亟待解决的关键问题。因此，需要在经济林资源保护和利用的基础上，发掘和利用经济林资源的优异性状，应用生理生化、细胞生物学、分子生物学、群体遗传学、表观遗传学及功能基因组学等技术方法，研究经济林优异性状形成的生物学基础与调控机制，进一步提升我国经济林的科技创新能力和水平，为实现经济林产业的提质增效奠定基础。

主要科学问题包括：①优异性状经济林木资源的保护与利用；②经济林

木重要性状形成的遗传基础；③经济林优异性状调控的生理生化机制；④优异性状经济林木种质资源的遗传改良与创新。

（十一）竹林培育的遗传基础与分子调控

我国无论是竹子种类、竹资源总量、竹林面积、竹笋与竹材产量、加工水平还是国际贸易量等均居世界首位，素有“竹子王国”“竹子文明的国度”之誉。竹子以适应性强、生物量大、成材周期短、一次种植可长期利用等特点，成为我国林业产业不可或缺的重要组成部分，在我国国民经济、生态文明建设及人民生活质量提升中具有重要地位。随着我国天然林保护工程的全面实施与竹资源工业化利用水平的不断提高，对竹资源的需求日益增加。竹林培育过程是竹产业体系中最重要的基础环节，竹林培育水平的提高有赖于人们对竹子生长发育规律认识的不断加深和调控竹林生态系统水平的逐步提高。虽然我国竹学基础理论研究已取得了长足发展，但与林学其他学科相比，整体实力仍有较大差距，特别是竹林培育基础理论的研究仍十分薄弱，已成为竹资源培育与可持续利用的最大瓶颈。

主要科学问题包括：①竹竿形态建成、材质形成与衰老的分子基础；②竹子开花的调控机制；③竹笋品质形成的分子基础；④竹子在不同逆境下的生长与发育应答机制；⑤竹林高效培育基础与资源利用。

（十二）人工林木材品质与高值化开发利用基础

伴随着天然林被全面禁止商业采伐的现实，人工林已成为世界各国木质资源供给的重要来源，对人工林的开发和利用已成为国际上木材科学领域的热点。中国是世界上的人工林蓄积量大国，20 世纪 60 ～ 70 年代开始经营培育的人工林现已逐渐进入成熟期，已具备采伐条件，因此如何高效开发利用这部分人工林木材就显得尤为重要。人工林木材已成为我国木材物理学领域最主要的研究对象。鉴于我国人工林规模和产量、木材行业快速发展的国情，以及我国在人工林木材物理学方面的整体研究水平已经位居世界前列，为了更好地开发利用人工林木材，首先，需要深入、系统地解析人工林木材的内部构造（如细胞构造、纤丝构造等）以及木材密度、含水量、孔隙率、早晚材渐变规律等基本特征，找出人工林木材在加工利用过程中材性不足的根本原因。其次，以应用需求为导向，采用科学、经济、绿色、高效的策略对人工林木材进行功能改良，提升人工林木材的综合材质，并进一步赋予其新的功能。同时，要注重与前端学科如林木遗传育种、树木生物学等的交叉融合，实现对人工林木材的高效、科学开发与利用。

主要科学问题包括：①人工林木材结构解译与品质改良；②人工林木材材质形成与改良的生物学机制；③木材细胞壁的基本微纳结构以及细胞壁微纤丝排列分布规律；④木材干燥过程中的水分流动通道与传质、传热基础；⑤木材组织构造内的介质能量迁移及互作规律、功能改良与重组复合机制；⑥人工林木材的仿生功能化、智能化理论基础。

（十三）林木生物质定向转化与规模化高值利用

林木生物质是重要的可再生碳资源，其特点是不仅含有“糖”“酚”等木质纤维基本结构单元，而且含有特殊功能、活性的次生代谢物。充分利用林木生物资源的天然分子结构，衍生出化石资源中难以获取的高附加值产品，高效合理利用林木资源，是目前我国农林科学的重要课题。生物质三大组分的物理、化学结构结合紧密，阻碍反应物的渗透与纤维相互作用，通过物理、生物、化学等组合的处理方法，能够高效提取林木次生代谢物，深入理解次生代谢物的形成机制、生物活性、构效关系，是木质纤维规模化高值利用的重要前提。在此基础上，深入揭示木质纤维主要成分（纤维素和木质素）大分子官能团可控修饰机制，构建木质纤维主要成分大分子定向修饰、可控结构重组和增值利用新途径；发展高性能生物基材料与功能产品，特别是提高单糖的利用率，定向合成活性稳定的功能蛋白；不仅可有效解决当前木质纤维剩余物全质化利用问题，而且可缓解我国蛋白质等可再生资源供应紧张的局面。

主要科学问题包括：①木质纤维LCC[①]结构屏障高效降解与组分清洁分离策略；②木质纤维组分分子定向重组与功能化机制；③木质纤维可控催化转化形成五碳糖、六碳糖体系构建；④木质素高效分离、降解及构效关系基础；⑤林木次生代谢物的高效分离、生物活性、分子重组与功能化机制；⑥林木纤维合成林源蛋白质的生物反应器设计与功能评价。

① LCC：木质素-碳水化合物复合体。

（十四）城市森林结构优化与生态服务提升

快速城市化导致城市环境不断恶化，“城市病”（热岛、雾霾、内涝等）频发，城市人居环境受到前所未有的挑战。森林以其多功能性为基础，作为城市生态系统的重要组成部分，其在改善城市环境方面（冷岛效应、降尘除霾、吸收污染物、碳汇、景观美学、游憩、康养等）具有无可替代的作用。近年来，我国城市森林建设发展迅速，截至 2019 年，已有 166 个城市获得“国家森林城市”称号。然而，城市森林存在树种选择不当、功能定位不清、群落结构简单、生物多样性下降、景观破碎化严重等问题，直接导致城市森林功能低下，甚至产生如杨柳梧桐飞絮、银杏果臭、一些树种分泌油脂等问题，极大地限制了城市森林在改善城市环境，以及满足城市居民日益增长的游憩、保健、康养等多功能需求方面的巨大潜力。同时，对如何去除城市森林树种不良性状、培育优质性状和品种、合理配置和调整城市森林树种 / 群落 / 景观结构，以及城市森林生态功能形成过程和机制是什么等诸多方面的理论与技术认识不清，已严重制约了城市森林建设和可持续发展。因此，迫切需要开展特定功能需求（如以康养功能为主）的城市森林优良品种和性状定向改良与培育、城市森林适宜树种选择、稳定健康森林群落的构建、景观空间结构调控及配置等方面的研究，提高城市森林质量和生态服务功能，揭示城市森林生态服务功能的形成与提升机制，为城市人居环境持续改善、建设宜居城市提供理论支持。

主要科学问题包括：①特定功能目标绿化树种品质和性状定向改良与培育；②基于功能提升的城市森林树种选择及群落结构优化；③城市森林生物多样性调控与维持机制；④城市森林康养与游憩功能提升的生物学机制及途径；⑤城市森林热环境与冷岛效应的调节过程及机制；⑥城市森林健康诊断与生态服务功能评价。

二、重大交叉领域

（一）森林土壤物质迁移转化与生物地球化学循环

森林土壤是由固体、液体和气体三相物质组成的有机-无机复合体，其物理结构同地上植被、水分、温度、空气以及由矿物质组成的环境与岩石圈、水圈、大气圈和生物圈之间存在着密切的联系。因此，森林土壤学与地球科学研究存在着天然的关联。森林物质迁移与转化以及以此为载体的生物元素地球化学循环是森林土壤系统最核心也是最复杂的过程。近年来，以地球科学中土壤学系统的理论知识和实验技术为基础，不仅使得森林土壤的形成、分布、物质组成及其基本性质更加清晰，而且增强了森林土壤学学科解决实际问题的综合能力；更加深入地认识主要生物元素（如碳、氮、氧）的迁移和转化过程，以及生物和非生物作用机制，使得森林土壤学研究定量化趋势日益明显。从而为合理科学地利用森林土壤资源、增加森林碳汇，为森林可持续经营提供有力的科学支撑。尽管科学家已认识到学科交叉，结合多学科的思维和手段，特别是利用经典地理学和土壤学理论等，更能清晰地理解森林土壤物质迁移转化过程，但受学科背景和理论储备的影响，相关工作急需进一步加强。

主要科学问题包括：①森林植被与土壤生物地球化学循环及其对碳汇功能影响；②森林土壤生物元素的生态地理过程；③森林主要地表关键带过程的耦合机制。

（二）智能化森林信息获取及森林可持续经营

通过将3S（RS、GIS和GPS）技术和大数据、智能化、物联网、云计算等新一代信息技术相结合，实现森林信息的立体化和智能化获取。对森林信息数据的采集、处理、分析、挖掘和共享进行深入研究，构建智慧森林立体感知及监测评价体系，实现森林立体化感知和智能化管理体系的协同。围绕智慧感知、快速传输、智能化分析和辅助决策等关键技术，提高现代林业信息化水平。同时，构建智能化森林资源管理平台，将森林空间信息和新一代互联网有机结合，实现我国森林资源调查数据的综合表达。运用新一代信息技术，基于大数据存储和分布式计算框架，对多源异构森林资源信息数据进行高效存储和管理。充分运用数据挖掘和可视化技术揭示数据的规律与特性，从单一的森林资源管理提升至智能决策和信息服务，为森林资源经营管理提供信息支撑和决策支持。

主要科学问题包括：①智能化森林信息立体感知体系构建；②森林信

息智能管理及空间大数据分析；③森林可视化动态模拟及森林智能化可持续经营。

第三节 国际合作优先领域

一、美非竹区竹种资源保护与利用

世界木本竹类植物有80余属1200余种，主要分布在亚洲、南美洲与非洲。中国是世界竹子资源最丰富的国家之一，有700余种，占世界竹资源种类的近60%（辉朝茂和杨宇明，2002）。我国竹资源培育和加工利用历史悠久，5000多年前仰韶文化陶器上出现的象形文字中就有“竹”字。目前我国在竹资源总量、竹林面积、竹材产量与加工水平与国际贸易量等各方面均处于世界首位。南美洲与非洲是除亚太竹区之外竹资源最丰富的地区。据不完全统计，美非竹区约有木本竹类32属近400种，草本竹28属近180种（辉朝茂和杨宇明，2002），绝大部分为美洲与非洲所特有。但这些地方的竹种质资源保护观念薄弱，竹资源培育与利用研究落后。通过同巴西等竹资源大国进行国际合作研究，对美非竹区竹种质资源进行系统性普查与分类，并对其进行评价与保护、引种驯化与利用等研究，对我国整合利用世界竹种质资源、保障竹产业可持续发展具有重要的战略价值。

主要科学问题包括：①美非竹区竹种资源分类、起源与演化；②美非竹区竹种资源评价与保护；③美非竹区竹种资源引种驯化与利用。

优先合作的国家或组织包括：巴西（巴西农业研究院、圣保罗大学），埃塞俄比亚［埃塞俄比亚农业研究院（林业研究中心）］。

二、全球化对森林有害生物空间转移的影响机制

全球化导致越来越多的森林灾害成为全球性问题，并导致森林生物灾害

的危害范围和危害程度不断增加。全球化加速了森林有害生物在不同地理区域之间和不同气候类型区域之间的转移，并导致有害生物在新的区域产生更加严重的危害。通过研究森林重要有害生物在世界范围内的空间转移路径和过程，阐明森林有害生物空间扩散驱动因素，对解析全球性森林生物灾害的发生、发展规律和机制具有重要的科学意义，也有助于我国在全球性森林生物灾害防控策略的制定上提升并掌握话语权。

主要科学问题包括：①引发全球性森林生物灾害有害生物的遗传多样性；②全球性森林有害生物的空间转移路径和过程；③全球化对森林有害生物空间扩散的驱动因素。

优先合作的国家或组织包括：美国（美国农业部林务局）、南非（南非比勒陀利亚大学）。

三、“一带一路”森林资源保护与利用

融入“一带一路”建设，实施林业“走出去”战略是林业国际化的重要举措，以建立安全、稳定、经济、多元的森林资源保障体系，实现国家资源和生态安全。国家之间的边界往往不能和生态学边界一致，如动植物种群分布和行政边界相差甚远，且相邻行政边界常常受到两侧迥异或相悖的管理和土地利用政策的影响，致使该地生态系统异常脆弱。因此，通过加强国际合作来保证资源的可持续利用是必然选择，建立跨界自然保护区在实现大尺度自然资源保护的同时，能够稳定双边或多方合作及国际和平。跨界保护区网络是生物多样性保护网络的一种特殊形式，对保护国家或地区边界线附近丰富的生物多样性具有重要意义。构建跨界保护区网络已成为全球自然保护区研究领域的热点问题之一，并被列入《生物多样性公约》重要战略任务。

主要科学问题包括：①“一带一路”森林资源的分类评价；②“一带一路”森林资源的监测与保护；③“一带一路”森林特色资源的引种驯化与利用。

优先合作的国家或组织包括：缅甸（缅甸自然资源与环保部、缅甸林业司、缅甸林业研究所），泰国（泰国研究基金会），老挝（老挝传统医药物研究院）。

四、农林特色资源及加工剩余物的高效利用基础

农林生物质综合利用技术是我国中长期科学与技术发展战略农业领域的优先主题，是国家“一带一路”技术输出的重要环节，是有助于改善“一带一路”国家生态环境、延长农林产业链、提升农林产业化水平和农林综合效益的重要举措，也是开展助农兴农的重要切入点。国内已在农林特色资源及加工剩余物开发高分子新材料、清洁农村能源、生物质特色化学品、生物质提取物等方面开展了一系列应用基础研究；在分子改性、树脂化、固态酯化等分子转化机制和功能化复合、木质纤维素类生物质原料热化学定向转化等方面的应用基础研究也取得了很大进步。在此基础上，针对“一带一路”国家丰富的特殊林木生物质资源，开展平等共赢的合作研究；重点为生物质资源精深加工前沿技术提供应用性理论支撑，共同探索农林特色资源及加工剩余物资源利用方面的前沿性基础理论。

主要科学问题包括：①“一带一路”国家农林特色资源及加工剩余物分子重组与定向功能化机制；②“一带一路”国家森林植物非木质资源次生代谢物研究；③“一带一路”国家木质纤维素类生物质原料热化学定向转化机制。

优先合作的国家或组织包括：俄罗斯（俄罗斯圣彼得堡大学），波兰（波兰华沙大学），斯洛文尼亚（斯洛文尼亚林业研究所），斯洛伐克（斯洛伐克科学院材料研究所），泰国（泰国清迈大学），缅甸（仰光大学），马来西亚（马来西亚大学）。

五、森林培育理论基础与生态系统经营技术

森林退化是21世纪全球生态环境发展面临的七大难题之一。森林生态与培育是快速恢复退化森林生态系统固有结构和功能的关键途径，同时也是干扰后森林可持续经营的坚实基础。目前，美国、加拿大、英国等森林生态与培育领域的科研院校与我国相关科研院所紧密合作，将我国森林培育与国际较先进的森林生态与培育理论和技术有机结合，在全球不同退化类型森林生态系统林分结构量化、干扰对森林生态过程和更新演替的影响等方面进行

了深入研究，并取得了系列成果。在此基础上，针对退化森林建群树种天然更新障碍机制不清、退化森林生态系统服务功能维持与提升的调控技术不明、干扰条件下森林生态系统主要生态过程与机制不清等问题，进一步开展国际合作研究，对推动我国森林培育学、森林生态学等学科发展和促进森林可持续经营技术的进步具有重要的战略价值。

主要科学问题包括：①森林主要树种萌蘖更新过程及其调控机制；②退化森林生态系统功能维持机制及调控与恢复技术；③干扰与森林生态系统结构和功能的关系。

优先合作的国家或组织包括：美国（克莱门森大学）、英国（英国林业研究所）、加拿大（不列颠哥伦比亚大学）。

第七章

草　　学

草地为人类提供了广泛的生活服务和生态保障。我国草地面积占国土面积的41.7%，是最大的陆地生态系统（中华人民共和国农业部畜牧兽医司和全国畜牧兽医总站，1996）。草学已成为国内外最重要的学科之一，但我国草学起步晚，研究较为薄弱，众多关键理论和科学问题尚待研究。

第一节　草学发展战略

一、草学的战略地位

草学，又称草业科学，是研究草与草地属性、功能及其合理利用的学科，即研究草和草地的生产及遗传特性、生态功能、发展规律、保护利用的理论与技术的科学。草学是以草地农业系统及其组分为研究对象的综合性、交叉性的新兴学科，即通过多学科交叉和草业科学理论与技术的创新，研究草地农业系统及其各组分发生与发展规律，建立提高整个系统可持续性的新理论与新技术，形成具有鲜明学科特色的理论体系与方法论体系（任继周等，2016）。1999年，在本科生教育体系中，草原学更名为草业科学，并升格为与作物学、畜牧学等并列的一级学科，但其研究生教育仍然与家畜营养与饲料、家畜遗传与育种、特种经济动物等共同为畜牧学下的二级学科。2011年，草学在研究生教育体系中成为一级学科，下设草原学、牧草学、草坪学、草地保护学、草业经营学5个主干学科。

我国草原面积达4亿公顷，是耕地面积的3倍、林地面积的2.5倍（中华人民共和国农业部畜牧兽医司和全国畜牧兽医总站，1996），具备产品生产、生态调节、文化服务等多项功能。草地是畜牧业的主要生产基地，持续不断地提供肉、奶、皮、毛等高质量畜牧产品。2020年，国家发展和改革委员会、自然资源部颁布了《全国重要生态系统保护和修复重大工程总体规划（2021—2035年）》，其中规定，将全国重要生态系统保护和修复重大工程规划布局在青藏高原生态屏障区、黄河重点生态区（含黄土高原生态屏障）、长江重点生态区（含川滇生态屏障）、东北森林带、北方防沙带、南方丘陵山地带、海岸带（简称“三区四带”）等重点区域。草地是以“三区四带”为核心的“双重工程”总体布局中青藏高原生态屏障区、黄河重点生态区（含黄土高原生态屏障）、北方防沙带的主体部分，对牧区及邻近区域的生态环境有着不可替代的稳定作用。草地还是多个游牧民族的“发祥地”，对草原文化的形成、发展及社会稳定具有独特价值。

近一个世纪以来，面对人口的增长以及能源与环境压力的增大，世界农业结构不断调整，以满足人们对食物数量和质量日益增长的需求。科技提升和科研成果转化是新型农业结构调整与重构的重要支撑。在发达国家，以草地为基础、以草畜耦合为特征的草地农业系统成为农业结构的主要类型。例如，欧洲于21世纪初即提出草地的多功能性，发挥草地在保障人类食物安全、生态安全等诸多领域的作用。美国发展大半个世纪“化石农业”后，于2009年提出以草地资源实现农业可持续发展。面对我国不断增长的社会对食物结构的需求以及对生态文明的渴求，面对如何从根本上解决“三农”（农业、农村、农民）和“三牧”（牧业、牧区、牧民）问题，传统耕地农业发展的潜力受到限制，以草学研究为支撑的草地农业必将逐渐成为中国农业发展的重要方向。

长期以来，草学发展缓慢的主要原因是没有从理念上把“大食物观”作为解决粮食安全的主导思想，没有考虑我国居民膳食结构发生了巨大改变的现实，导致研究队伍体量小、投入有限。2017 年党的十九大报告提出，坚持人与自然和谐共生，像对待生命一样对待生态环境，统筹山水林田湖草系统治理，形成绿色发展方式和生活方式，实施乡村振兴战略。党的二十大报告强调，树立大食物观，构建多元化食物供给体系。上述国家层面的战略需求和顶层设计，为草学学科的发展提供了广阔的舞台和美好的前景，草学迎来了前所未有的发展契机。草学学科发展，将为党的二十大强调的“确保中国人的饭碗牢牢端在自己手中”、美丽中国建设、重要生态系统保护和修复重大工程的实施提供强有力的科学支撑。

二、草学的发展规律与发展态势

草学学科是一门应用性和技术性非常强的基础学科。这种目标导向性特点决定了草学以草和草地发展过程中出现的重大战略需求为动力的发展规律。现代社会经济和相关科学技术的进步为草学学科的发展提供了基础与动力，学科的研究对象和研究内容不断得到拓展与深入。草学学科包括草原学与饲料生产学、园艺学的草坪学、作物学的牧草学与绿肥学、植物保护学的草地保护学、应用经济与管理学的草业经济与管理，建立了有中国特色的草业科学格局。草学研究涉及生态系统、群落、个体、细胞、基因和代谢等多个水平，从宏观、中观和微观三个层面，多角度研究草和草地的演化过程与生物学规律，已经成为草学学科研究的重要特点。

（一）研究队伍进一步壮大

党的十八大提出“山水林田湖草是一个生命共同体”的理念，草原生态文明受到空前重视；2015 年中央一号文件首次提出“草牧业”概念。在这个时期，我国草学研究队伍得到了快速的发展。截至 2019 年底，全国共有 9 所高校建立了与草原有关的独立学院，分别是甘肃农业大学草业学院、内蒙古农业大学草原与资源环境学院、兰州大学草地农业科技学院、新疆农业大学草业与环境科学学院、南京农业大学草业学院、西北农林科技大学草业与草原学院、北京林业大学草业与草原学院、中国农业大学草业科学与技术学院和青岛农业大学草业学院。

（二）支撑条件比较薄弱，区域发展不平衡

草学学科发展的支撑条件总体来讲比较薄弱，各区域发展也不平衡，尤其是在国际交流平台、国际合作与交流水平、野外试验基地建设和草学样品资源库建设等方面发展很慢，底子很薄，条件很弱。建议加强全国草学学科授权点高校与国外相关高校和科研机构的国际交流及合作平台建设，增加国际合作研究平台数量和质量。支持和强化学科授权点高校拥有的野外试验基地建设和草学样品资源库建设，尤其是南方和东北区域学位授权点单位需加大建设力度。

全国草学学科授权点高校学科基础主要呈现以下特点：相关优势高校都分布在西北经济欠发达地区，无区位经济优势，但因草原资源禀赋好、起步早、积累厚实，学科特色和优势突出。华南、华中和东北经济较发达地区的高校有区位经济优势，但因学科起步晚、积累不足，未形成学科优势。仅有个别高校和研究所具备区位与学科两种发展优势，形成了强大的发展动力，如中国农业大学和中国农业科学院北京畜牧兽医研究所等。

（三）传统技术及其理论进一步提升

我国学者研究了草原牧区特有乡土草的抗逆机制与分子机制。例如，系统揭示了多浆旱生植物霸王（*Zygophyllum xanthoxylon*）适应干旱的生理机制及其分子基础，挖掘和鉴定了参与其逆境响应的重要功能基因及转录因子，并通过导入豆科牧草，获得了抗逆、高产、优质的转基因材料，转基因株系的相对饲用价值均显著高出野生型。在收集和评价西部重要乡土草种质资源的基础上，基于转录组学，开展了乡土草分子标记开发，分析了基于转录组学的乡土草分子标记开发和遗传多样性，阐明了剑筈豌豆和老芒麦裂荚、落粒等性状的生物学基础，实施了草类植物育种与种子产业化试验示范。在草类植物种子产业化方面，我国在紫花苜蓿、高羊茅、黑麦草等牧草栽培，以及无芒隐子草等乡土草种子生产技术中取得了高水平的研究成果。

（四）新技术和研究热点不断涌现

近年来，美国在重要牧草的产量、品质、抗逆性分子调控机制、全基因组关联分析和基因组重测序等研究方面取得了一些重大进展（景海春等，2021）。例如，美国已通过基因抑制表达技术获得高品质的低木质素转基因苜蓿品种，并开始大量商业化推广。此外，分子标记辅助育种技术的广泛应用，极大地加快了牧草新品种的选育进程。紫花苜蓿、鸭茅、柳枝稷、饲用薏苡、无芒隐子草、箭筈豌豆、老芒麦等基因组测序（Wolabu et al.，2020），有力地推动了豆科与禾本科牧草的分子育种研究，并为其他基因组未知草类植物的研究开辟了新的领域。CRISPR/Cas9 基因编辑技术体系的成熟为作物分子育种带来了革命性的变化，允许人们对基因组进行大范围、多基因准确的编辑操作，并且在紫花苜蓿中成功地编辑了 *ALS* 基因，获得了抗除草剂的转基因苜蓿株系。基因编辑技术的应用将大大促进牧草基因功能鉴定和分子设计育种工作，并将在苜蓿和柳枝稷中获得成功，促进重要牧草的基因功能鉴定和分子设计育种工作。

三、草学的发展现状与发展布局

总体上，我国草地农业的科学思想并不逊色于国际水平，草学前沿领域研究提出了一系列理论、模式，部分成果已经获得示范推广，推动了我国草业科学和产业的迅速发展。草学科研与国际水平基本同步，在草地生态、草田轮作、分子育种等领域得到国际认同。但是，我国在需要以持续较强的投入为支持的基础研究、实验研究和成果转化的全产业链研发等方面，与国际先进国家还有较大的差距，这限制了我国草业科学的进一步发展。根据我国草地农业的研究方向和国家对草地农业的科技需求，主要从以下方面分析国内外现状与发展趋势。

（一）发展现状

1. 乡土草高产、优质、多抗性状形成的机制及牧草分子育种体系

（1）草类植物抗逆机制。我国对草类植物逆境形态适应性研究起步较早，

多集中于西北内陆干旱区叶表皮角质层发达的红砂（*Reaumuria soongorica*）、柽柳（*Tamarix chinensis*）、二色补血草（*Limonium bicolor*）等典型荒漠盐生和旱生植物以及苜蓿、黑麦草等重要牧草资源。我国学者对草类植物的逆境生理调控也开展了诸多研究。例如，初步分析了霸王和小花碱茅（*Puccinellia tenuiflora*）维持其体内钾离子浓度稳定的分子基础，发现盐和干旱生境下沙芥会吸收大量氯离子并转运至地上部作为重要的渗透调节物质。但是，针对调控这些草类植物的形态建成和生理调控的分子机制尚不清晰，相关分子生物学和分子遗传改良的研究起步较晚。国外在此领域的基础研究仍然主要以表皮角质层并不发达的模式植物拟南芥或主要农作物水稻为对象，筛选了一系列关键基因，并提出了较为系统的拟南芥抗逆分子信号通路和信号间交叉作用的网络结构。与模式植物中的研究相比，草类植物特有的分子调控和信号转导机制尚不明确，有待进一步深入研究。

（2）牧草分子育种。我国在重要牧草、乡土草的抗旱、抗寒、抗铝、耐盐碱、高蛋白、低木质素、叶片衰老、叶片和叶型发育及种子落粒等分子机制和功能基因挖掘、验证、重要农艺性状基因定位克隆等方面取得了阶段性进展，研究思路和前沿领域的探索与国际基本同步，特别是通过调控某些基因的表达来改良牧草的抗逆性、品质及结瘤固氮方面。但在基因组学研究，尤其是在特异分子标记开发和牧草分子设计育种方面相对落后，需要持续的高强度投入。

2. 草类植物育种与种子产业化

世界经济发达的国家大力发展牧草育种和种子生产。当前，国际草类植物的育种目标由单纯高产转变为高产、优质、高抗（逆、病、虫、草）、适应机械化、轻简化等，注重节水和生态保护型草类新品种的培育与驯化，育种理论的发展已经与群体遗传学、数量遗传学和分子遗传学等新兴学科的基本理论相结合形成了新的育种理论体系。美国、新西兰等发达国家的牧草种子生产在半个世纪前就已实现规模化和精准化。我国草类植物育种和种子产业化研究起步晚，审定通过的品种以高产为主，育种手段以常规技术为主，育成新品种数量仍然较少。此外，我国种子质量偏低，总体上生产效率不到美国的一半。草产业在美国是仅次于棉花、大豆和小麦的第四大作物产业。我国每年不仅大量进口优质苜蓿种子，而且自2010年以来苜蓿干草的进口量逐年增加。

3. 农区粮草耦合模式

我国学者主要在粮食主产区研究粮经草轮作、混作，南方主要是水稻与饲草轮作、冬闲田种草等，但对粮草间作、复种牧草、粮饲兼用等模式研究较少，而且需要研究水肥高效耦合管理及减肥节水模式与技术。另外，对产量形成机制、植物复合群体生态位特征、水肥光热资源在土壤-植物-大气系统的传输过程、粮草互作系统氮素表观平衡特征、家畜生长与市场供需规律等还需深入研究。

在饲草加工和利用方面，发达国家主要开展全程机械化作业的研究与示范推广，发展了优质草产品加工配套技术体系，推动了饲草添加剂研发和应用。目前我国在饲草加工和高效利用领域的论文发表量位居世界前列，在青贮饲料和奶牛全混合日粮等领域的研究有诸多进展。但总体而言，基础研究仍相对薄弱，科研成果转化也有待加强，还没有对牧草加工产品（草粉、草颗粒、草块、草捆）等研制相应的标准，导致草产品质量偏低，草产品精深加工不足，附加值低，急需开展相关工作，以促进粮改饲向深层次发展。

4. 牧区现代草牧业生产体系

我国长期、系统地开展了草原生产力的研究，在适应性放牧管理、家畜放牧行为、牧场调畜增效等方面形成了一定的研究特色，大尺度草原生态生产力监测与评价处于国际“领跑”地位。我国草原退化治理的研究比较有特色，提出了草畜系统相悖是草原退化的根本原因，研发和推广了牧区新型季节畜牧业模式、半农半牧区放牧 + 舍饲模式、农耕区与畜牧区耦合模式等适合不同生态区域的退化草原治理模式，提出了通过“乡土草种选育→种子扩繁→物种组配→生态修复”的近自然恢复模式，并在我国得到大面积推广验证，因此这些模式与技术具有应用于世界相似区域的潜力（贺金生等，2020）。

草原对全球变化的响应及其适应性管理是国内外研究的热点。通过降水、氮沉降或热量的组合，模拟多种全球变化情景，在多尺度上探讨草原生产力、生物多样性、碳汇等响应，尤其是在遥感与信息技术结合探索草原生产力的变化及其机制方面，国内外研究基本同步。其中，草地碳固存、退化草原恢复、草原生态补偿等减缓措施已广泛应用于草原管理实践，但是我国的适应性管理主要集中于草原生态补偿，其他尚停留在研究层面。

我国草原学研究在主要方向上处于国际前列，有突破性的科研成果，但数量偏少；草原研究的学术思想、理论探索、前沿领域突破等处于国际水平，与国际“并跑”，个别方向在国际“领跑”，草原研究与产业结合有明显特色。我国地域广阔，草原野外台站分布广，积累时间多在20年以上，各团队之间协调、协同，有望在10年左右整体水平取得重要进展。

5. 草地有害生物可持续防控技术体系

国内外系统研究了草地有害生物发生的规律，包括各种内因和外因，积累了大量数据，应用大数据分析构建了灾变发生的动态模型，揭示了其发生规律，制定了可行的防治措施。未来的突破可能在于主要生物灾害的发生规律、诱发因素的贡献及其变化规律。

灾害控制的模式与技术，以草地健康为目标，兼顾重要有害生物的综合防控。草地的病害、虫害、毒害杂草和鼠害之间存在联系，研究一类有害生物要兼顾其他有害生物。研制一种防治措施，可控制多种生物灾害甚至所有病虫鼠害，以减少防治成本。

研制环境友好型防控措施，根据有害生物发生数量、损失水平和防治成本，确定防治阈值。充分利用生物、农业等防治措施，减少化学农药的施用，减轻对天敌和土壤有益生物的杀伤程度，避免对土壤、水源、空气的污染，减少对人畜的毒害。

（二）发展布局

在研究领域的学科布局方面，重点发展牧草和草坪草育种、草地生态、天然草地管理等强势学科，通过学科间的交叉创新带动其他弱势学科基础研究的发展，如通过分子遗传学基础、基因组学等学科交叉带动草类植物分子育种的快速发展，加快培育高产、优质、抗逆新品种。

在科研能力和创新能力方面，在北京，以及西北、西南和华东等地区重点部署草地学科结构升级所需理论和技术支撑的重要基础研究，以及代表我国草地学科研究水平的前沿科学研究，以此全面带动我国整体研究水平的提升。

在牧草品种方面，以苜蓿、羊草、老芒麦、黑麦草、鸭茅、高羊茅等草牧业发展和生态治理密切相关的牧草为重点，同时开发箭筈豌豆、草木樨、歪头菜、无芒隐子草等特色乡土草，加快优质牧草和乡土草资源的开发与利用，挖掘、鉴定一批与牧草抗逆、产量和品质相关的重要功能基因，利用常规育种和分子设计育种，加快培育一批高产、优质（高蛋白质、低木质素）、抗旱、耐盐、抗除草剂、耐寒的牧草新品种，满足不同区域草牧业发展和生态治理对牧草品种的需求。

在区域上，西北、东北、西南等地是牧草种质资源丰富的地区，适当辅以省际、地区间合作，重点部署地方特色牧草遗传资源评价与开发利用的基础研究；在西北、青藏高原等地区的草地退化、沙化严重地区，重点部署草地修复和治理项目；在华中、华南、东北等地的农牧交错带，重点部署草牧业和饲料加工的基础研究。

四、草学的发展目标及其实现途径

（一）优势研究方向

经过几十年的发展，草学形成了一些在国际上具有优势的研究方向，包括：①草地生态系统生物多样性及生态系统多功能性时空格局和形成机制；②草地生态系统的碳、氮、磷元素循环；③草地生态系统对全球变化的响应；④重要牧草高产、优质、抗逆性状形成的分子机制；⑤牧草重要农艺性状转录组数据的采集、挖掘，物种特异性多态性分子标记的开发与牧草的分子多态性研究；⑥共生真菌提高草类植物抗逆的基础研究。

（二）重要研究方向

经过几十年的努力，也培育了一些重要的研究方向，这些方向在未来需要进一步加强：①草地生态系统多功能性、弹性和稳定性维持机制；②牧草、草坪草种质资源的大范围收集、鉴评与基因挖掘；③牧草和功能草在家畜养殖中的高效利用和动物健康的生物学基础；④退化草地近自然恢复的理论基础与可持续管理；⑤草地主要病害、虫害、鼠害成灾机制及草地系统生态安全、预报、预警研究；⑥重要牧草遗传转化体系的建立与优化，紫花苜蓿基因编辑体系的优化；⑦共生真菌在草地生态系统中的作用及其机制；⑧草坪草、南方特异牧草种质资源的收集、鉴评、优异性状聚合与基因挖掘；⑨非常规饲料资源优异性状形成的基础研究；⑩牧草育种技术的基础理论和方法的创新；⑪多基因转化及分子设计育种研究。

新时期草学的发展，首先要立足国家需求和学科前沿，深入研讨新时期“山水林田湖草”协调发展过程中对草学学科建设、产业发展中科学技术的需求，发现制约我国草学发展的因素。特别是围绕草类植物抗逆性状形成的机制及良种繁育的生物学基础、天然草地草-畜系统生产力与生物多样性维持机制、农牧交错区粮-草系统高效利用模式和高产机制、全球变化下草地有害生物动态及调控、区域尺度草地的生产功能和生态功能合理配置的生物学基础等，进一步凝练草学重要基础科学问题，建立和完善野外监测平台、实习平台，加大对草学中青年领军人才的培养力度，在支撑生态文明建设和保障国家食物安全中发挥应有的作用。

第二节　优先发展领域和重大交叉领域

一、优先发展领域

（一）草地生态系统多功能性与弹性机制

我国是一个草原大国，具有多种生态系统类型，是世界上欧亚大陆草原的重要组成部分。我国在草原生态系统多样性、生产力、碳汇功能等方面进行了一系列有益的探索，积累了一些基本数据（Tang et al.，2018）。但这些多数都是针对草原生态系统的生产功能和部分生态功能，既缺乏在生态系统服务基础上、从生态系统不同组织层次上的生态系统多功能性的系统分析，也缺乏对不同干扰和全球气候变化下的生态系统多功能性的适应与响应机制的探讨，难以为国家山水林田湖草综合治理提出相关的技术指导，是我国草原生态保护和发展的重大瓶颈问题。因此，针对我国不同区域草原生态系统，系统研究分子、生理、个体、群落、生态系统及生态系统组合的健康水平和生态系统服务权衡以及生态系统多功能性的形成机制（Jing et al.，2015），生态系统多功能性对干扰和气候变化的响应，深入剖析生态系统的地上和地下部分的作用关系，生态系统生物群落的完整性、土壤稳定性和水文学功能，以及植物、动物、微生物的相互作用机制，对未来草原生态系统管理和修复以及可持续经营提供重要的参考数据，具有重要的学术价值。

主要科学问题包括：①草地生态系统功能、多服务性与多功能性的关系；②草地生态系统不同组织层次的多功能性维持机制；③草地生态系统地上和地下部分的互作机制；④气候变化下草原生态系统的弹性和稳定性机制；⑤生物入侵对草地生态系统的作用机制；⑥人工草地生态系统的健康和稳定性机制。

（二）区域草地生态系统的碳、氮、磷循环耦合关系及调控机制

我国北方形成了跨地理与气候区域的北方草原带，由于主要环境条件（如土壤、气候、地形水文等）的较大差异，产生了不同区域的草原类型。区域草原功能的有效发挥依赖于生态系统的碳、氮、磷、循环及耦合关系，但这些生物地球化学循环过程又频繁地受到全球变化、人类活动及其共同作用的影响（Liu et al.，2018）。迄今，我国尚没有从区域尺度开展草原生态系统的主要元素——碳、氮、磷循环特征、耦合关系，以及调控机制的系统研究，对这些问题的研究是理解和预测全球变化背景下草原生态过程变化及功能发挥的关键环节，亦可为草原牧区的适应性管理提供理论依据。

主要科学问题包括：①降水梯度下的草地生态系统碳、氮、磷循环特征及耦合关系；②草地退化对区域草原生态系统碳、氮、磷循环的作用规律；③草地生态系统碳、氮、磷循环对全球变化的响应；④不同利用方式对草地生态系统碳、氮、磷循环耦合关系的作用及调控机制。

（三）共生真菌在草地生态系统中的作用机制

土壤微生物是草地农业生态系统中的重要成员，作为生态系统中的重要分解者，参与土壤养分循环，或与植物建立共生关系，如禾草-内生真菌、丛枝菌根真菌（arbuscular mycorrhiza，AM）和外生菌根真菌等。这些共生真菌

均可提高植物对氮、磷、钾等养分以及水分的吸收和利用效率，提高植物对病、虫等生物逆境以及干旱、盐碱、低温和重金属等非生物逆境的抗性，从而促进植物的生长，提高宿主植物在草地农业生态系统中的竞争力，进而维持草地农业生态系统的稳定性和可持续性。但禾草内生真菌侵染牧草，可引致家畜中毒，AM 真菌在土壤养分极度匮乏或充分条件下，亦会抑制宿主植物养分吸收和生长。禾草-内生真菌及 AM 真菌-植物共生体的双重特性是近年来该领域研究的热点领域。我国草地生态系统多处于干旱、半干旱、土壤贫瘠及气候严酷地区，草地退化和沙化严重。全面研究我国天然草地禾草内生真菌和 AM 真菌的多样性，探讨在宿主植物个体、种群、群落和生态系统水平上内生真菌、AM 真菌的作用及其生态学效应，在进一步开发利用这两类共生真菌，挖掘、筛选优良种质，促进草地建植，加速退化草地的恢复，实现草地农业的可持续发展，以及发挥其在改善生态环境中的作用等方面均具有重要的理论与实践意义。

主要科学问题包括：①共生真菌的多样性及其与宿主的互作机制；②共生真菌提高宿主植物抗逆性的机制研究；③共生真菌-植物共生体与家畜的互作机制；④共生真菌及其与植物共生体次生代谢物的多样性研究及其应用；⑤利用共生真菌进行抗逆、优质和高产牧草新品种（系）的培育及其应用。

（四）重要牧草高产优质和抗逆性状解析与分子辅助育种

随着我国畜牧业的快速发展，牧草需求量逐年增加，但目前国内牧草特别是优质牧草不能自给，我国高产优质多抗牧草品种数量较少。相比欧美等畜牧业发达国家，我国在牧草育种和栽培技术等方面相对落后（Wolabu et al., 2020），主要体现在对牧草产量、品质、抗逆性等复杂性状形成的分子生物学基础的研究比较薄弱，优质牧草高效栽培的理论与技术体系相对落后等方面。大力加强相关领域的基础理论研究及技术研发，对我国牧草产业的发展和农业产业结构的调整具有重大的理论与实践意义。围绕上述重要性状，开展高通量表型数据收集、全基因组关联分析、多组学耦合的关键基因挖掘与功能验证，解析重要牧草高产优质多抗性状形成的分子机制，并利用分子辅助育种技术创制牧草新种质。

主要科学问题包括：①控制重要牧草高产优质多抗性状关键基因的挖掘

及其遗传调控机制；②牧草高产优质多抗性状形成的主效数量性状基因座定位（QTL 定位）；③重要牧草与土壤微生物共生互作调控产量、品质和抗逆性反应的分子机制；④高产优质多抗基因与基因、基因与环境之间互作的遗传和分子基础；⑤分子标记辅助育种、转基因育种和基因编辑育种等分子辅助育种改良多年生、多倍体牧草重要农艺性状的基础与应用；⑥重要牧草的高效遗传转化方法和模式牧草高密度突变体库的建立；⑦重要牧草高效栽培管理的理论基础。

（五）主要牧草高质量基因组分析、快速驯化育种及生物量形成机制

目前主要粮食作物和重要经济作物的基因组研究发展迅速。与农作物相比，牧草具有独特的生物学特性和生态适应性，在草牧业发展中有着不可替代的地位，但基因组研究仅在蒺藜苜蓿、黑麦草、鸭茅、饲用薏苡和柳枝稷等少数牧草中有所报道。目前产业上应用广泛的牧草一般都具有多年生、基因组大、倍性高、杂合度高的难题。系统开展牧草基因组研究，有助于深入阐述牧草重要性状的形成机制，建立重要性状全基因组关联分析和全基因组选择方法，为牧草资源深度挖掘、快速驯化选育、提高生物量建立重要的数据平台。建议重点关注优质牧草，包括紫花苜蓿、白三叶草、箭筈豌豆和红豆草等豆科牧草，以及黑麦草、披碱草、鸭茅、高羊茅和甜高粱等禾本科牧草，并兼顾羊草、无芒隐子草和针茅等乡土草的基因组分析。目前国际上牧草基础研究整体薄弱，进展缓慢，国内的基础研究无系统布局，自主育成品种不足。该方向的设立，将有力促进我国牧草基础生物学和分子育种学的发展。

主要科学问题包括：①主要牧草精细参考基因组、泛基因组、高精度转录组图谱的绘制；②多种激素及其互作调控主要牧草生物量形成的分子和遗传基础；③主要牧草物种和亚种形成、种内遗传多样性形成的基因组学基础及物种内品种间的基因组特异性；④基因组选择加快野生牧草驯化选育、提高生物量的分子基础；⑤主要牧草多倍体和多年生性状的基因组特征；⑥主要牧草落粒、自交不亲和、开花和种子休眠的分子机制。

（六）南方特异牧草种质资源的收集、鉴评与基因挖掘

华南地区拥有极其优异的水热资源，非常利于以营养体为主的牧草植物

的快速生长与生产。充分利用华南地区的优异气候条件来发展热带亚热带牧草产业，是缓解当前我国饲草供需矛盾、振兴草牧业的有效举措之一（方精云等，2018）。华南热带亚热带地区有着丰富的特色牧草种质资源，包括许多重要的禾本科、豆科牧草资源。这些特色牧草资源具有生长快、生物量大、营养丰富、含水量高等特征，并且具有保持水土、护坡、改良土壤等重要生态功能。当前，我国热带亚热带牧草种质资源的研究水平还比较低，系统性的种质资源收集、鉴评、保存、创新利用与基因挖掘还严重不足，重要资源学研究还不够聚焦，在一些重要遗传性状，尤其是有待改良的遗传性状的分子基础研究上严重缺乏。因此，系统性地广泛收集我国热带亚热带的牧草种质资源，发展高通量表型组学，对产量、品质、耐逆性等重要农艺性状开展精细鉴评，开展基因组学研究，利用高通量基因型鉴定技术，开展重要性状的遗传基础研究，挖掘优质基因资源，对我国热带亚热带牧草资源的发掘与利用、优异新品种的定向培育具有奠基性作用。

主要科学问题包括：①热带亚热带牧草种质资源的广泛收集、保存与精确评价；②热带重要豆科与禾本科牧草种质资源的创制与培育；③热带亚热带牧草核心种质资源的基因组与群体遗传学研究；④热带亚热带牧草的品质、产量、耐寒性、耐酸性低磷土壤等重要农艺性状的遗传基础研究。

（七）优质安全草产品开发与家畜高效转化利用的生物学基础研究

优质安全草产品生产是现代草食家畜业特别是奶产业健康发展的重要基础和保障，也是保障国家粮食安全，有效推动振兴奶业、粮改饲和农业供给侧结构性改革等国家战略决策的有效抓手与突破口。因此，进行优质安全草产品开发与家畜高效转化利用的生物学基础研究，对推动我国现代草食畜牧业和草产业的发展具有重大的战略意义。相比欧美等畜牧业发达国家，我国在优质安全草产品开发与家畜高效转化利用的生物学基础研究等方面较为落后。因此，开展草产品开发利用的基础研究，有效实施草产品加工利用的科技创新，将为我国现代草食畜牧业发展提供科技支撑。

主要科学问题包括：①优质安全与功能型草产品加工调制的生物学基础；②草产品霉菌毒素、有害产物产生及防治的生物学基础；③青贮饲料对畜产品品质、家畜生产性能的影响机制；④功能型乳酸菌的开发及其影响青贮饲料发酵品质、家畜生产性能与健康的生物学基础；⑤“草-畜-畜产品”生物链提质增效与安全调控的生物学基础研究。

（八）草坪草新种质创制和抗逆性研究

草坪业是我国的新兴产业，其现状是产业发展迅速、科研滞后于生产。随着生态文明建设和美丽中国战略的实施，应该让快速发展的草坪业为提升环境质量、改善人居环境和保护全民健康以及促进体育发展做出应有的贡献。发展草坪业的关键是草坪草种质资源的培育与利用，当今草业发达国家十分重视草种质资源的收集、评价和选育工作。目前，我国的草坪草种大部分依赖进口，而进口草种无法适应我国南北差异巨大的气候条件。我国草坪草资源十分丰富，因此，应在系统收集我国草坪草种质资源的基础上，利用人工诱变创制突变体材料和分子育种手段，加快草坪草新品种的培育步伐。在选育过程中，重点关注新品种的耐践踏、耐瘠薄、耐阴等抗逆优质低养护特性，完善其质量标准，明确品种使用范围。此外，草坪生态系统与农业生态系统的最大不同之处在于草坪坪床土壤系统是由人工构建的，缺少天然土壤的自然属性和农业土壤的栽培特性，人们对其生物学过程特别是土壤微生物过程及其对草坪草生长的作用知之甚少。坪床土壤基质直接影响草坪草根系的生长，进而影响草坪的坪用和使用质量。近年来研究发现，一种特异性抑病土壤能明显抑制某些严重土传病害的发生。因此，未来应加强对草坪土壤微生物的研究，根据不同草坪类型和利用强度，通过人工合理地设计坪床结构和基质配比，构建资源节约型和环境友好型坪床系统，使其具备天然抑病土壤的特性，并具有抗病、抗虫、易建植的能力。

主要科学问题包括：①草坪草新种质资源挖掘利用及创制；②明确耐践踏、耐瘠薄、耐阴等抗逆优质低养护草坪草品种的适应性；③草坪生态系统构件中微生物菌群的分析及其作用机制；④具有抗病虫入侵的坪床土壤系统构建的基础研究。

（九）草地主要病虫害成灾机制及绿色可持续防控技术研究

病虫害是草地生产与生态建设的主要限制因素之一，严重威胁草地有机体的健康，也严重影响草原地区牧民和牧草种植户的生产生活。草地病害不仅会降低牧草产量和品质，缩短草地利用年限，不利于草原生态修复，而且有些牧草病害会导致家畜中毒，检疫性病害可能严重威胁我国草产业，带来更大的损失。草地害虫则会大量啃食牧草，破坏草地植被，给畜牧业生产和生态环境带来严重的威胁。我国对草地病虫害的系统研究比发达国家晚近半个世纪，对草地病虫害种类、发生规律、损失评价、监测预警、成灾机制的研究，以及综合治理技术的研发，均不能满足牧草生产与生态治理的需要。因此，在全面普查我国草地病虫害的基础上，应明确主要病虫害（包括检疫性病虫害）的发生规律、成灾机制与损失评价，确定防治阈值和最适时间，在此基础上建立完善的监测预警网络和系统；加强抗病虫品种选育，研制高效、准确的植物病虫害检疫方法；为避免土壤、水源、空气等污染，减少对人畜的毒害，应研究以生物防治、农业防治、生态防治等绿色防控方式为核心，以化学防治为辅助的草地病虫害综合治理技术集成并将其推广示范，评价防治措施对有益生物和人畜的安全性。

主要科学问题包括：①草地病害的发生规律；②主要病虫害（包括检疫性病虫害）的损失评定；③全球气候变化下的草地主要病虫害成灾机制；④草地病害虫害防控决策与预警技术研究；⑤草地病虫害综合治理理论。

（十）草地鼠类种群调控及其与环境互作机制

鼠类是草地生态系统的重要组分，少则有益，多则致灾。鼠类致灾本质上是种群密度的极度扩张，而影响鼠类种群扩张的因子既包括鼠类繁殖特性，又包括鼠类生境和环境因子。有利于鼠类种群密度扩张的因子是鼠类致灾的关键。目前，国内外关于鼠类种群变化规律的研究主要集中于某一环境因子变化对其繁殖的影响，但关于鼠类繁殖与致灾关系的研究较少。因此，分析灾前、灾期、灾后气象因子的变化特征，界定害鼠致灾的气象条件，有助于为提前预判当年害鼠致灾的可能性提供依据。研究草地管理措施对鼠类种群密度的影响，查清有利于鼠类种群数量极度扩张的机制，有助于害鼠密度的综合调控。研究不同区域内鼠类的致灾密度，模拟致灾阈值，有助于评估害鼠致灾风险，进而划分风险等级。研究温度和降水变化背景下害鼠繁殖的响应特征及其生理和分子机制，明确环境变化与害鼠繁殖特征和趋势之间的关系，有助于为草地鼠害预测预报及可持续治理技术研发提供依据和切入点。

主要科学问题包括：①草地鼠害孕灾的气象环境因子甄别；②草地害鼠致灾机制及其致灾阈值；③环境变化与害鼠繁殖特征和趋势间的关系；④草地管理措施对害鼠种群密度的调控途径和机制；⑤植物源不育剂对害鼠的作用靶点和可持续控制机制。

（十一）草地可持续管理和退化草地修复的基础理论

草地以及与草地相关的广大牧区面临社会和环境的巨大变化，如土地利用、集约化、土地破碎化、人口定居、人口增长、气候变化等，因此，急需草地管理和退化草地修复的基础理论来应对这些变化（Asner et al.，2004）。草地管理的策略由过去的以家畜利用为主转向草地多种生态系统服务的适应性管理，使草地生态系统的容量与社会需求相适应，考虑草地生态系统的多功能性和社会经济发展的适宜性。退化草地的修复是确保草地可持续管理的前提，开展人工辅助设计，可促进退化草地的自我修复，提升生态系统服务功能。草地可持续管理和退化草地修复的基础理论包括基于生态系统弹性的管理、生态系统格局和过程、状态-转换模型等，这一基础理论的突破可以大大提高草地管理在全球变化下的不确定性，改善草地管理，促进退化草地修复。

主要科学问题包括：①气候变化背景下基于草地生态系统多功能性的草地适应性管理；②草地适应性管理的复杂性和不确定性及区域差异；③退化草地近自然修复的植物-土壤和微生物互作机制；④退化草地的近自然恢复与多样性、稳定性和持续性；⑤草地可持续管理的模拟和决策支持系统。

二、重大交叉领域

（一）信息通信技术在草牧业中的应用发展研究

我国草牧业承担着来自社会日益增长的生产和生态双重需求。然而，草地农业长期以来面临生产体系滞后、草场退化、市场信息闭塞、销售流通渠道受限等问题，这些问题严重阻碍了草地农业有效地实现其生产和生态功能。如何借助云计算、大数据、人工智能等信息通信技术构建草地农业智库信息系统，进而达到草场管理精细精准化、牧区畜牧养殖科学化、畜牧生产信息精确监测预警和畜牧产品可追溯，以及拓展畜牧产品销售渠道和新模式等目标，最终既实现草地农业的高效生产，又有效地保护草地生态，这一重要课题成为目前亟待探索的新方向。

主要科学问题包括：①信息通信技术分别在企业层面、农牧户层面的畜牧生产和草地保护中的应用与潜力分析；②探索依托信息通信技术建立草地农业生产生态的动态智库信息系统；③评估信息通信技术对草地农业生产、生态及农牧户生计的影响；④智慧草牧业系统的应用基础研究。

（二）基于5G信息化技术的草原生态监测观测基础平台

草地资源的监测和评价集中于地面监测与遥感监测相结合，主要的空间数据应用于植被盖度，在区分植物种类以及植被和土壤的营养成分中有一定的局限性。5G技术和新一代遥感技术的突破，有望实现大面积草原资源的实时动态监测，并服务于智慧草原畜牧业以及生态保护，方便草原牧区的产业振兴。针对我国丰富的草原资源，利用5G信息网络、我国自主建设独立运行的北斗卫星导航系统、图像大数据、人工智能算法，基于物联网的信息采集、无人机和卫星遥感等技术，开展全年度、全天候草原物联网生态监控系统和草原智能化运营管理系统的研究，解决异构无线物联网的管理问题和跨层资源调度问题，实现安全、稳定、低延时、大数据容量、广连接的草原数据采集和监控信息网。研发可运营推广的草原大数据平台和基于人工智能算法的智能管理决策系统，研制多传感器物联网信息采集智能设备，开发多无人机协同作业相关算法和基于人工智能深度学习的植物识别算法等。探索草原物候、草原植物种类和植被、土壤营养物质以及家畜采食行为的实时动态监测系统与自动化管理系统，极大地提升草原资源的监测与应用水平，更好地服务于草原畜牧业管理和草原生态保护。

主要科学问题包括：①研究基于移动节点和边缘网关的便捷草原数据收集方案；②草原植物种类可识别的信息系统；③植被和土壤物质成分可识别的信息系统；④草原放牧系统信息智能化管理；⑤以牧户为基础的现代牧场智能化管理；⑥集成实现空地一体化和高性能数据分析与处理的草原资源信息化管理平台。

第三节 国际合作优先领域

一、草类种质资源开发、利用和新品种选育

优异牧草品种是草牧业发展的重要物质基础，培育优质、高产、抗逆的牧草新品种一直是国内外牧草品种选育的主要目标。培育优良草品种数量的多少及新品种培育技术水平的高低已成为衡量一个国家草业科学发展水平高低的重要指标之一。据统计（南志标等，2022），我们西部野生牧草资源有9000余种，生物多样性丰富，是牧草育种的重要基因资源，这些资源亟待开发利用。1987～2021年，国家审定通过的草品种达651个，适用于天然草原修复的仅130个，培育的牧草品种数量远低于国际水平，急需利用国际先进的育种技术和经验，与其合作开展牧草抗生物胁迫、非生物胁迫调控网络及品质及产量性状形成的分子机制，发掘、克隆、验证一批重要功能基因，开展草类基因组测序、基因编辑等研究，培育高产、优质、抗逆的牧草新品种。

主要科学问题包括：①牧草抗非生物胁迫（旱、寒、热、涝等）和生物胁迫（病、虫等）的分子机制；②重要农艺性状（产量、品质、开花、落粒等）功能基因挖掘及验证；③重要牧草全基因组测序；④重要农艺性状的全基因关联分析；⑤多组学解析牧草重要农艺性状形成机制；⑥重要农艺性状的全基因组选择；⑦重要农艺性状分子辅助育种；⑧基因编辑技术改良牧草重要农艺性状等。

优先合作的国家或组织包括：新西兰（新西兰国家草地农业研究所），澳大利亚（澳大利亚维多利亚生物技术研究中心），美国（犹他牧草与草原研究室、塞缪尔·罗伯茨诺贝尔基金会）等。

二、草地系统适应性管理

可持续发展已成为世界农业发展的准则。在牧区，家畜放牧辅以栽培草

地支持是全球草地生态系统的主要管理方式。在传统农耕区，作物/牧草-家畜生产系统已经取代传统的单一作物种植系统，成为当今农业生产的主流模式。草地这一集生产、环保、文化、社会观赏及生物多样性保育为一体的多功能性重要资源正在全球农业可持续发展中发挥日益重要的作用。以草地为纽带，传统农耕区与畜牧区的界限正在消失，不同农业系统的耦合已成为全球农业发展的趋势，草地农业系统正是体现这一发展趋势的主体农业系统。面对人口增长，能源与环境压力增大，世界各国均不遗余力地调整农业结构，以期提高系统生产力，减少环境与市场风险，满足人们对食物数量和质量的需求。各国的农业结构调整面临的共同挑战是调整后的系统难以持久。改进草地农业系统的管理，实现可持续发展，是我国乃至世界农业领域的重要科学命题。

主要科学问题包括：①草地农业生态系统中地境、草地、动物、经营管理之间的界面行为及其系统效应；②草原气象灾害的过程及其预警；③政策和管理的作用；④草地农业生态系统可持续发展与食物安全保障的政策和管理对策；⑤优质安全草产品开发与家畜高效转化利用的生物学基础研究等。

优先合作的国家或组织包括：澳大利亚（西澳大学、联邦科学与工业研究组织），美国（亚利桑那州立大学），新西兰（新西兰草地农业研究所），加拿大（曼尼托巴大学），英国（英国农业食品与生物科学研究所）等。

三、草地农业高质量发展

天然草地是我国最大的陆地生态系统和可更新战略资源，也是“一带一路”生态文明建设、草牧业发展的重要基础。草地生态系统的健康事关江河下游地区、全国乃至东亚国家的生态安全。然而，目前我国西部地区生态环境恶化，水资源利用过度，生物多样性受损甚至长期丧失，在气候变化和人类活动双重作用下，整体好转、局部恶化的局面仍然存在，不仅威胁农牧业的发展，而且引发了一系列生产、生态和社会问题。我国草地农业科技发展中的创新能力不强，缺乏适应西部严酷自然条件、可用于退化生态系统恢复重建的草类植物品种以及草地恢复和治理的相关技术，科技成果转化率低等是导致这种现状的重要原因。《国务院关于促进牧区又好又快发展的若干意见》

将“进一步加强优良畜种和草种选育、草原生态系统恢复与重建等关键技术的研发”作为牧区发展的重要任务之一。因此，应加强国际合作，引进国外先进的草地农业发展和生态建设技术、成果、理念，加强与国际技术先进国家在生态建设领域的合作，为我国草地退化系统的修复与重建提供重要的物质基础和科技支撑。

主要科学问题包括：①人类经济活动对草地农业系统演变的作用机制；②草地固碳、减排与“双碳”目标；③共生真菌在草地生态系统中的作用；④典型脆弱草原主要毒害草的扩张机制及生态修复；⑤生态系统受损机制及稳定恢复途径；⑥全球增温对草地物种多样性及生态系统功能的影响；⑦草田系统中目标植物与水分及营养元素的互作机制研究；⑧集水、节水新技术体系的开发；⑨节水与资源高效利用模式等。

优先合作的国家或组织包括：澳大利亚、新西兰、美国、西班牙、肯尼亚、埃塞俄比亚，以及“一带一路”国家（如巴基斯坦）等；国际农业研究磋商组织（CGIAR）。

第八章

畜 牧 学

我国畜牧业正处于从传统畜牧业向现代畜牧业转型的关键时期，迫切需要新科技成果的支撑。新一轮畜牧学学科发展规划战略的制定将为我国畜牧学中长期（2021～2035年）暨“十四五”学科发展提供前瞻性指导，有力促进新时期畜牧业的升级发展。

第一节　畜牧学发展战略

一、畜牧学的战略地位

畜牧学是一门研究农业动物遗传规律、种质创新、繁殖、营养与饲料、饲养管理、环境控制，以及养殖设备设施等的综合性学科，是研究与畜牧生产有关理论和技术的应用基础科学。农业动物主要包括猪、鸡、牛（奶牛、黄牛、水牛、牦牛）、羊（山羊、绵羊）、马、骆驼、驴、犬、水禽等传统家养农业动物，以及蜜蜂、家蚕等经过高度人工驯化的特种经济动物。广义上的农业动物还包括实验动物、伴侣动物、工作动物、娱乐动物，以及野猪、雉、果子狸、狐狸、貂等具有重要经济价值或产业化前景的部分驯养野生动物。畜牧学研究与应用的主要目的是为畜牧业的可持续发展提供理论和技术支撑。畜牧业主要为人类提供动物蛋白食品，其发展水平是衡量一个国家经济社会发达与否的重要标志之一。随着全球人口的剧增，预计到2050年，人类对动物蛋白食物的需求量将增加近一倍（Henchion et al.，2017）。目前，在我国居民食物消费趋势方面，植物源食物消费量逐年降低，动物源食物消费量逐步增加，后者已成为我国居民蛋白质和关键营养素的重要来源。到2035年，随着人口结构的变化、乡村振兴战略的实施和城镇化发展，我国对肉、蛋、奶的需求将比2018年分别增长26%、19%和46%（刘爱民等，2018），未来畜牧业的地位将更加突出。畜牧业是我国农业经济的支柱性产业，在保障动物蛋白食品的充足供应、维护食品与公共卫生安全、提升国民营养健康水平与幸福指数、促就业保增长、维系社会稳定与经济发展等方面发挥着重要作用，具有十分重要的战略地位。我国畜牧学主要具有以下特点。

（一）分支学科众多

畜牧学主要包括农业动物资源学、遗传育种学、繁殖学、营养学、饲料学、饲养管理学、畜牧工程与智慧养殖等，涉及数十个二级、三级学科，贯穿畜牧业全产业链。众多分支学科为学科交叉创新创造了优越的条件。

（二）具备大跨度多学科综合的学科特点

发展安全、优质和高效的现代畜牧业，是一项涉及多学科、多领域的复杂系统工程。随着现代科学技术的进步，畜牧学的研究领域不断拓展，发展速度不断加快，与基因组学、现代生物技术、计算机与信息科学、农业工程、生物医药工程、图像学、系统科学、人工智能等学科渗透交叉、相互促进，呈现出多学科交叉的快速发展态势。

（三）科学研究的选题具有明显的产业驱动特点

畜牧学是支撑畜牧业发展的基础学科，畜牧学相关新理论、新方法和新技术是现代畜牧业成功转型的基础。当前我国畜牧业正处于转型升级发展的关键历史时期，其快速发展不断催生新的科学问题，畜牧学研究与畜牧产业重大问题的结合日益密切，畜牧学研究的产业导向性强，表现出明显的产业驱动的特点。

（四）我国畜牧学的整体研究水平与畜牧强国相比仍有差距

畜牧业发展水平反映了一个国家的经济发展程度，主要欧美发达国家多为畜牧业强国，畜牧业占农业产值的比重一般超过50%（叶兴庆和程郁，2021），畜牧学基础研究与应用基础研究水平也明显领先于其他国家。与欧美畜牧强国相比，尽管近年来我国畜牧学发展迅速，在局部领域取得了世界先进甚至领先的科研成果，但整体上仍有一定的差距，尤其是近产业端的差距更为明显。

国家自然科学基金委员会生命科学部对畜牧学学科的主要资助方向为相关的应用基础研究，同时向基础研究与应用研究领域延伸，资助范围主要涵盖畜牧学基础、畜禽种质资源、畜禽遗传育种学、畜禽繁殖学、动物营养学、饲料学、畜禽行为与福利学、畜禽环境与设施、养蚕学、养蜂学等。国家自然科学基金的有效选题原则上应在其学科代码涵盖范围之内。近几年，从分子、细胞、个体、群体等不同层次、不同角度研究畜禽种质资源、畜禽重要经济性状调控机制、遗传育种新理论与新技术、家畜繁殖生理与调控技术、动物营养新理论与新技术、动物健康与营养调控、饲料开发利用等是申报数量较多的选题方向。畜牧学鼓励交叉创新，但选题需要满足畜牧产业导向需求，应服务于畜牧业或与其有关。畜牧学的主要研究对象是家养农业动物，而与畜牧业无关的野生动物、水生动物研究不属于其资助范围。

二、畜牧学的发展规律与发展态势

畜牧学是一门实践性很强的应用基础学科，除遵循科学研究的一般发展规律外，还体现出以行业面临的重大问题需求为内在动力的发展规律。同时，随着社会经济的发展和科学技术的进步，在众多传统学科和新兴学科的交叉融合下，面对新形势下畜牧业出现的新需求，畜牧学的发展进一步加速，研究对象和研究内容不断拓展与深入，呈现出与传统畜牧学不同的新发展态势。

（一）畜牧业的重大产业需求是畜牧学发展的内在动力

畜牧学是以畜牧业为基础的应用基础科学，畜牧科技创新以畜牧产业需求为导向，产业重大需求是推动畜牧学新理论、新方法、新技术和新产品不断产生的内在动力。人类的畜牧生产活动历史悠久，我国驯养、驯化家畜的历史可追溯到一万年以前。但在前工业社会，由于社会生产力低下、科学技术落后，早期畜牧生产活动的经验知识尚不足以形成畜牧学学科。进入工业社会后，人类对畜禽产品的生产效率提出了更高的要求，在产业需求的驱动下，逐渐形成了现代畜牧学。新中国成立以来，我国畜牧业经历了从“有得吃”到“吃得饱”的发展转变，整体上取得了令世人瞩目的长足发展，主要畜禽产品的产量和消费量均位居世界前列，畜禽存栏数和肉类产量均位居世界第一，肉类总产量已达到美国和欧盟生产量的总和（国家统计局，2019）。在近年畜牧业高速发展的推动下，我国畜牧学的科研工作也取得了明显的进步。

然而，与发达国家相比，我国畜牧业仍有一定的差距。据国家统计局年报统计，2017 年、2018 年、2019 年、2020 年、2021 年全国畜牧业总产值分别为 2.93 万亿元、2.87 万亿元、3.31 万亿元、4.03 万亿元和 5.84 万亿元，占农业总产值的比重分别为 26.85%、25.26%、26.7%、29.2% 和 34.9%，而发达国家的畜牧业总产值占农业总产值的比重一般在 50% 以上，我国畜牧业进一步发展的空间巨大。尽管我国肉类总产量位居世界首位，但人均肉类消费量仍低于主要发达国家水平，而且肉类出口量只有美国的 1/2、欧盟的 1/6 左右，畜禽生产效率、产品品质和安全标准亟待提高。当前我国畜牧业面临优良品种匮乏、养殖效益低下、重大疫病频发、安全问题突出、环境污染严重、设施设备落后等发展瓶颈问题，制约着畜牧产业的高质量发展，严重削弱了畜牧业的可持续发展潜力与国际竞争力。特别是商业化品种，对国外高端种质的依赖度仍然较高。我国畜禽种业面临国际跨国公司涌入国内市场、垄断控制畜禽种源的风险，严重威胁国内畜牧业的安全生产。提升畜禽种质创新能力，持续选育高效、节粮、优质等生产性能具有国际竞争力的畜禽品种（系）已成为我国畜牧业可持续发展的重要基础。同时，畜牧业资源消耗压力巨大，蛋白质饲料资源紧缺（大豆 90% 依赖进口）（刘慧等，2022），畜禽养殖设施设备落后。我国畜牧业面临降成本、促环保、保供给、保安全、提品质的重大产业需求，这是我国经济社会发展对畜牧学学科发展的需求，同时为我国畜牧学的科学研究指明了宏观方向，提出了科研工作者需要重点解决的科学技术问题，为我国畜牧学的发展提供了内在动力。

（二）呈现学科交叉加剧、新成果产生周期变短的发展态势

近年来，3D/4D基因组学、营养基因组学、人工智能、干细胞生物学、合成生物学、生物医药工程、图像学、纳米技术、高通量测序技术、空间组学等学科和技术迅速发展，极大地促进了畜牧学与其他传统学科和新兴学科的交叉融合，以畜牧学为中心的学科交叉更加深入广泛，新的研究热点和方向不断涌现，学科发展加速，研究对象和研究内容不断拓展和深入。新理论、新方法、新技术、新产品的产生周期明显缩短，畜牧学各领域呈现出全新的发展态势。

在遗传育种领域，基因编辑、大数据、基因组选择、基因组选配、精准育种等新理论和新技术相继出现并开始应用于实践，加快了畜禽种质创新与利用的进程。畜禽3D基因组学应用更加广泛，整合组学、全景组学等技术正在代替单一组学技术，成为畜禽重要经济性状遗传基础的重要解析手段。得益于计算机断层扫描（CT）、图像处理、视频分析等非接触式检测技术，新分支学科畜禽表型组学初现端倪。在动物繁殖学领域，新兴繁殖生物技术与传统繁殖技术的结合给畜牧产业带来了巨大变革。动物克隆、活体采卵、体外受精、性别控制等技术的成熟与推广，大幅缩短了畜禽繁殖周期。未来，随着胚胎干细胞建系和体外培养与定向诱导分化等新技术的建立及成熟，联合多基因编辑和动物克隆等技术，将优化畜禽繁育方式，大幅提高畜禽繁育效率，有效推动畜牧生产。在营养与饲料领域，基于大数据的精准营养与饲养技术发展迅速，合成生物学向饲料与饲料添加剂领域广泛渗透，以饲用抗生素替代为标志的新产品不断涌现，畜禽宿主与胃肠道微生物的遗传-营养互作对生长、健康的影响成为研究热点，营养、肠道微生物、宿主三位一体的分子互作调控机制得到初步解析，以精细化、智能化养殖为代表的智慧养殖正在成为学科新的增长点，有望大幅度提升畜禽生产效率。在特种经济动物领域，尤以家蚕及蜜蜂为代表，基于基因组结构解析基础，聚焦与产业有重大联系的性别控制、发育变态、免疫抗性、目标产物合成及食性等重大生物

学性状，以系统生物学的思路，突出功能基因和调控元件鉴定的主线，并推动分子育种技术进步。在畜禽环境与设施领域，畜禽环境影响因素及其互作机制正在成为新的研究热点，更加注重智能环控，动物健康水平及生产性能得以显著改善，更加注重生态养殖和养殖废弃物资源化利用，以解决可持续发展所面临的资源与环境矛盾问题。在动物行为与福利领域，畜禽行为调控机制和评价动物福利状况的情感指标取得突破，建立了适合我国国情的动物福利评价标准。

三、畜牧学的发展现状与发展布局

近年来，我国畜牧学研究针对农业动物遗传育种、繁殖、营养与饲料、特种经济动物、环境与设施、动物行为与福利等领域，面向产业重大需求，全产业链自主创新能力持续提升，以大数据、精准化、动态化、智能化等为特征的新兴研究策略和手段得到广泛应用，各领域呈现出利用“后发优势”赶超国际前沿的发展态势，研究成绩斐然，在部分领域产生了重要的国际影响。目前我国畜牧学各领域的发展情况如下。

（一）动物遗传育种

围绕畜禽性状遗传基础、3D/4D 基因组学、重要基因功能鉴定、分子标记开发、基因组育种方法等内容，我国学者做了大量卓有成效的工作，发掘和鉴定了大批调控畜禽重要经济性状的基因与调控元件，开发了若干全基因组关联分析（GWAS）和基因组选择（GS）新方法，培育了多个具有较高商业价值的新品系或专门化品系，荣获 2018 年度国家技术发明奖二等奖、2018 年度国家科学技术进步奖二等奖等多项奖励，研究成果丰硕，特别是在基因组与进化等领域，先后在《自然》、《科学》、《自然-通讯》（*Nature Communications*）、《分子生物学与进化》（*Molecular Biology and Evolution*）等国际知名期刊上发表了家猪（Yang et al.，2022；Zhao et al.，2021）、草食动物（Yang et al.，2016）、家禽（Zhu et al.，2021c）等多个畜禽的基因组研究成果，在国内外产生了重要影响。2019 年，我国学者牵头合作解析了反刍动物角发生发育和鹿茸快速再生的遗传基础（Wang et al.，2019c）。2022 年，我国学者在农业动物领域首次鉴别到宿主基因组影响肠道菌群组成的因果突变，并系统阐明了其作用机制（Yang et al.，2022）。本领域所取得的研究成果极大提升了我国畜牧科学的国内外影响力，为畜禽基因组设计育种等产业化应用奠定了重要基础。

我国在家畜基因组结构解析、进化分析、整合基因组学等方向具有国际先进甚至领先的优势，但在家畜品种（系）生产性能持续改良方面较为滞后，至今仍未选育出与国外大型育种公司相媲美的高生产性能的优良品种（系）。畜禽遗传育种在“十四五”期间重点布局重要地方畜禽品种的起源进化与优异基因资源发掘、重要经济性状形成机制、整合组学与基因组育种方法等，在优良种质培育的基因素材与高效育种技术等方面进行重点突破。

（二）动物繁殖学

围绕畜禽生殖内分泌调控机制、配子发生、早期胚胎发育、胚胎干细胞、基因编辑和动物克隆等领域开展了深入研究，先后取得了一批重要的研究成果，在猪中实现了单碱基突变的基因编辑，建立了安全高效的猪批次化生产技术，荣获2020年度国家技术发明奖二等奖和各类省部级奖励。关于试管动物性别比例失调新机制、克隆牛和克隆猪胚胎发育过程中特有的重编程障碍及其机制，研究成果先后发表在《美国国家科学院院刊》（*Proceedings of the National Academy of Sciences of the United States of America*，*PNAS*）、《自然-通讯》、《基因组生物学》（*Genome Biology*）等国际著名期刊上，在国内外产生了重要影响。代表性成果包括绘制和比较了猪体外受精和单亲生殖附植前胚胎的染色质三维结构（Li et al.，2020），利用转基因和核移植相结合的方法获得了抗猪繁殖与呼吸综合征、抗仔猪腹泻、抗牛乳腺炎、抗疯牛病、抗结核病以及表现特定优良性状的转基因克隆大家畜（Xu et al.，2020a；Gao et al.，2017）。此外，在干细胞和基因编辑方面取得新进展，建立了猪的拓展性胚胎干细胞，获得了三个单碱基突变的基因编辑猪（Xie et al.，2019），这些成果为畜牧业发展奠定了基础。

我国在动物克隆和基因编辑家畜生产技术等方面具有国际先进或领先优势，但基础研究较为薄弱，至今对各畜禽配子发生和早期胚胎发育的分子调控机制知之甚少，导致繁殖新技术不能突破瓶颈，因此在“十四五”期间，重点布局畜禽的配子发生和早期胚胎发育分子调控机制及胚胎干细胞维持和分化的机制研究，以发展畜禽繁殖新技术和新策略，提升我国畜禽繁殖效率，甚至改变繁育方式，实现“试管繁育”。

（三）动物营养与饲料科学

我国学者在动物营养与饲料科学领域取得了实质性进展。在动物营养理论与新技术的推动下，畜禽饲料转化效率大幅提高。对营养物质在动物机体内的消化吸收规律与调控机制，营养素间的协同、平衡、拮抗关系，肠道微生物组与宿主互作的分子机制等方面的研究促进了生产效率的提升，减少了饲料养分向环境的排放。动物营养与饲料科学领域取得了一批重要的研究成果，在猪、家禽和反刍动物营养代谢与营养需要，各种动物饲料配制关键技术，饲用氨基酸、饲用酶制剂等重要饲料添加剂研发等方面荣获 2019 年度国家自然科学奖二等奖及国家科学技术进步奖二等奖等奖励；在《细胞宿主与微生物》（*Cell Host & Microbe*）、《核酸研究》（*Nucleic Acids Research*）、《微生物组》（*Microbiome*）等期刊发表了营养与微生物互作、免疫、精准营养、低蛋白日粮及饲料安全等方向的研究成果，解析了早期断奶仔猪抗腹泻的机制、脂肪细胞生成的表观调控机制，以及褪黑素调控营养代谢与免疫、感染的作用机制（Hu et al.，2018；Song et al.，2019；Chen et al.，2021）。但是，目前该领域面临饲料资源严重不足、集约化养殖下环境污染压力加大、饲料抗生素使用过度等严峻挑战，制约了畜牧业的可持续发展和竞争力的提高。“十四五”期间，将重点布局重要营养素代谢转化与需求机制，以及营养、肠道微生物、宿主三位一体的分子互作调控机制，存量饲料资源高效利用，新型饲料资源开发，精准营养与饲养技术等领域的基础与应用基础研究工作。

（四）特种经济动物饲养

整体上，我国蚕业科学研究继续保持了国际领先地位。继 21 世纪早期我国家蚕基因组研究取得多项世界领先成果之后，近年来又相继取得了丝腺甲基化谱、规模化资源测序重建家蚕驯化历程、重大病原微孢子虫基因组图谱、饲源植物桑树基因组图谱等组学代表性成果，建立起“家蚕-桑树-病原”

基因组生物学研究体系。在解析家蚕发育与激素调控机制、性别决定与调控、病原侵染及抵抗机制、蚕丝蛋白新组分与纤维性能决定机制、重要特异性状的遗传基础等方面取得了系统性进展。同时，在家蚕转基因和基因编辑技术、抗病育种、单养雄蚕品种选育应用等方面也取得了令世人瞩目的成果（Chang et al.，2020），开辟了蚕丝蛋白医用生物材料等新领域，引领了蚕桑产业升级改造和多元化发展。在蜜蜂方面，通过国际合作在基因组水平解析了蜜蜂从独居到群居的演化过程；揭示了蜂王浆主蛋白 1（MRJP1）的复合物结构和功能（Tian et al.，2018）；发现了母源效应对优质蜂王培育具有重要意义，为优质蜂王培育和蜂群崩坏失调防控提供了新思路（Wei et al.，2019）。在驯鹿方面，我国科学家联合国内外多家单位在《科学》上报道了驯鹿适应北极环境和鹿角极快再生的遗传机制，引起广泛关注（Lin et al.，2019）。对其他特种动物的研究主要集中于貂、狐、貉、兔等，以遗传资源、营养、病害等研究为主。畜牧学虽然取得了明显进步，但畜牧物种众多，发展水平不一。"十四五"期间，应重点布局影响特种经济动物生命活动及主要生产性状的调控机制，发掘并培育新种质等研究。

（五）畜禽环境与设施

在畜禽环境与设施方面，以"畜禽-行为-环境-装备"互作规律为主线，开展基础和应用基础研究，取得一批重要成果，获 2020 年度国家科学技术进步奖二等奖等多项奖励。揭示了畜禽高效养殖环境需求及行为适应与偏好性选择机制；系统探究了光、空气、水环境对畜禽生理、健康、行为、生产性能的影响及作用机制，编制了重要畜禽饲养环境参数等；初步建立了基于畜禽发声特征和音视频技术的个体特征与行为自动识别、健康感知与预警方法；建立了不同类型畜禽生产设施空气质量监测与溯源方法，探明并构建了温室气体排放系数及减排核算方法；创建了畜禽养殖废弃物"水热处理-厌氧转化-营养微藻资源化"的环境增值能源核心工艺，为我国畜禽高效生产工艺、多目标环境调控、精细化管理、废弃物资源化以及环境影响评价提供了重要科学依据。牵头成立了动物环境与福利化养殖国际研究中心，联合 15 所国际顶尖研发机构致力于动物环境与动物福利研究，在改善舍饲畜禽健康、提高其效率与质量等方面提升了国际影响力。

目前我国在传统环境调控方面已有良好的积累，但缺乏福利化等新型养殖工艺下的精准环境调控及精细化管理基础理论与方法，整体与国际前沿差距明显。“十四五”期间，应在畜禽健康高效养殖的立体空间与环境、精细化管控、智能感知与管理、智能装备的理论支撑和应用基础研究方面进行重点布局，取得重点突破。

（六）动物行为与福利

动物行为与福利是现代集约化生产模式下的新兴研究领域。近年来，该领域在我国开始受到高度关注，在畜禽规癖行为、异常行为，以及小尾寒羊和地方猪种母性行为研究方面取得可喜进展，揭示了动物规癖和异常行为发生的环境因素及调控机制。目前，国际畜牧业正从集约化、规模化逐渐向智能化、福利化及适度规模化方向发展，我国在畜禽规模化、智能化方向跟进迅速，但福利养殖模式发展缓慢。探讨适合中国特色的福利养殖模式及福利评价方法是“十四五”期间重点布局的方向之一，主要是在现代养殖环境下畜禽行为的遗传基础及神经生理学调控机制，以及不同环境下畜禽的情感状态等方面进行重点布局，实现重点突破。

四、畜牧学的发展目标及其实现途径

（一）畜牧学的发展目标

为适应新时期我国畜牧业转型升级发展的需要，未来 5 ～ 15 年在畜牧学的基础研究方面，争取在畜禽基因组学、营养-微生物-宿主互作机制、畜禽干细胞等领域产生若干具有国际重大影响的成果。在应用基础研究方面，争取在智能表型组、基因组育种理论与技术、精准营养与智慧养殖方面取得支撑解决我国畜牧业重大战略需求的重大成果。在畜牧学学科研究团队方面，培养一批具有国际竞争力的青年科学家，培植一批具有交叉学科背景和前沿攻关能力的研究团队，在若干前沿领域形成国际领先的优势研究方向，促使我国由畜牧大国向畜牧强国快速转变。我国畜牧学中长期（2021 ～ 2035 年）暨“十四五”学科发展的具体发展目标如下。

（1）在动物遗传育种领域，针对我国畜牧业发展中的重大科学技术问题与需求，瞄准世界前沿，发展和利用高新生物技术，多层次、多角度、系统解析畜禽重要经济性状的组学基础，发掘优异种质资源，创新以动物表型组、多组学大数据育种为代表的动物育种新方法和新技术，持续选育高产、优质的畜禽品种（系）。

（2）在动物繁殖领域，以动物繁殖机制与繁殖新技术为重点，深入解析动物繁殖机制，争取获得理论上的重大突破，提升传统繁殖技术的效率。通过集成、优化和发展，创新繁殖新技术，提高动物繁殖技术应用的效率、水平和广度，提升畜禽繁殖效率，促进畜禽育种推广。

（3）在动物营养与饲料科学领域，以营养基因组学、代谢组学与精准饲养为核心，面向学科前沿，系统解析重要营养素在不同品种、不同生理阶段、不同生产目的、不同生产环境条件下的代谢转化机制，深入探索不同养殖模式下“营养-肠道微生物-宿主”互作调控机制，开展新型生物饲料和饲料添加剂资源开发，创新现代集约化条件下的精准营养与饲养技术。

（4）在特种经济动物领域，以功能基因组学研究与资源开发利用为中心，综合利用现代生物学技术，阐明影响特种经济动物生命活动及主要生产性状的调控机制，发掘并培育新种质，为特种经济动物产业技术创新与转型升级提供理论和技术支撑。

（5）在畜禽环境与设施领域，以智能化环境调控、养殖数据传感与大数据分析技术、智能化生物安全管理技术、智能饲喂机器人的基础和应用研究为重点，重点突破安全、封闭式、绿色环保智能化楼房养殖新模式以及人工智能养殖新技术、新方法，为畜牧业提质增效和向智慧化转型升级提供理论与关键技术支撑。

（6）在动物行为与福利领域，重点围绕现代集约化、规模化饲养条件下畜禽的行为规律与福利，深入阐明畜禽行为的遗传基础，以及动物福利的评价指标、影响因子及作用机制等，取得一批具备国际前沿水准的研究成果。

（二）实现途径

针对上述学科发展目标，坚持强化优势方向、扶持薄弱方向、鼓励交叉方向、促进前沿方向的指导思想，坚持协同攻关与自由探索相结合，促使学科发展目标的达成。

优势方向包括：①畜禽及特种经济动物种质资源发掘与评价的基础研究；②畜禽重要经济性状调控的基因组学机制；③动物生殖调控机制；④畜禽营养基因组学与代谢组学；⑤新型生物饲料资源与饲料添加剂研发。

薄弱方向包括：①现代畜禽表型组学与基因组学新理论、新方法、新技术创新研究；②畜禽品种（系）持续选育；③畜禽废弃物无害化处理；④动物行为与福利；⑤宠物营养。

交叉方向包括：①大数据与动物智能整合育种及饲养的基础研究；②农业动物作为医学模型的相关基础研究；③信息学、智能化、传感器与畜禽环境控制；④大数据、生物医药工程、通信与畜禽表型组学。

前沿方向包括：①畜禽 3D/4D 基因组学与全景组学；②畜禽免疫组学计划等后基因组计划；③畜禽基因编辑与干细胞生物学；④精准饲养与智慧养殖；⑤畜禽模式动物、伴侣动物、工作动物、娱乐动物的相关基础研究；⑥畜禽纳米生物学；⑦合成生物学与重要饲料添加剂。

第二节　优先发展领域和重大交叉领域

一、优先发展领域

（一）畜禽重要性状形成的生物学基础

畜禽重要性状形成的生物学基础一直是畜牧学领域的研究难点和重点，也是畜禽分子育种的基础。尽管该领域已有较好的工作积累，但数量性状调控复杂、研究手段不足，限制了遗传与调控机制研究的突破。因此，需要持续投入畜禽基因组新型结构变异与互作图谱研究，深入开展生长、饲料效率、繁殖、抗病抗逆、畜产品（肉蛋奶毛等）品质等重要经济性状的遗传结构及因果突变位点解析，剖析性状基因调控网络，阐明性状形成的分子机制。畜禽性状形成涉及从 DNA 到表型的复杂信息传递、加工过程，深入解析畜禽性状形成的生物学基础，仅从近信息源端的分子调控机制着手不够全面。近表型端的生理生化调控机制为畜禽性状形成机制的深度剖析提供了最直观的窗口，阐明畜禽性状的生理生化基础可以系统整合近信息源端的各种分子、组学“碎片化”研究结果，从而达到阐明完整的生物学机制的目的。另外，畜禽重要经济性状形成亦涉及复杂的遗传与环境互作，尤其是肠道微生物与遗传互作已被证明对畜禽性状形成有重要贡献，肠道菌群及其代谢产物如何通过宿主基因表达影响畜禽性状形成的分子机制仍亟待深入研究。

主要科学问题包括：①基于多组学信息的全基因组关联分析方法；②畜禽不同类型性状遗传结构的基因组解析；③畜禽生长、抗病、繁殖、品质等性状形成的生理生化与遗传基础；④动物重要经济性状功能基因与致因突变挖掘；⑤畜禽血液生理生化基础与抗病机制；⑥畜禽生理生化数据库、新方法、新工具；⑦畜禽肠道菌群-遗传互作及其影响重要性状的调控机制。

（二）畜禽及特种经济动物功能基因组学

功能基因组学是后基因组学时代的研究重点。随着高通量技术的发展，畜禽基因组变异、单倍型、转录组学、表观基因组学、蛋白质组学及代谢组学数据大量积累。针对畜禽功能基因组学，欧美发达国家先后启动了农业动物DNA元件百科全书计划（ENCODE）和3D/4D基因组学计划，我国虽有参与，但总体资助力度较弱，整体进展缓慢。目前，畜禽及重要经济动物的单一组学研究报道较多，而整合组学研究较为薄弱。我国畜禽各种基因组数据主要分散保存于各实验室，数据相互交换得很少，而且大部分数据存放在美国国家生物技术信息中心（NCBI）、欧洲Ensembl等国外数据库中，既不安全，也不利于基因组数据利用。基因组数据存储分散、整合分析方法不足、整合分析工具缺乏等因素，限制了基因组数据的高效利用。鉴于此，应加强畜禽整合组学研究，建立我国自主的动物整合组学数据库，开发整合组学分析新算法、新工具，提升基因组信息挖掘能力和利用效率，从而促进我国畜禽功能基因组学研究的跨越式发展。

主要科学问题包括：①畜禽及特种经济动物ENCODE计划；②畜禽及特种经济动物3D/4D基因组学；③畜禽性状及重要生命过程基因调控网络；④畜禽重要性状表观、蛋白质组及代谢组学基础；⑤动物多组学整合新理论、新算法及新工具开发；⑥动物整合组数据库创建与基因组大数据编码及存储。

（三）畜禽及其野生近缘种种质资源评价与优异基因发掘

畜禽及其野生近缘种种质资源是重要基因挖掘及品种创新的源泉，是支撑我国畜牧业种业安全的根本保证。我国地方畜禽品种具有繁殖力高、抗病力强、肉质好、耐粗饲等诸多优良种质特性，深入揭示我国优良地方畜禽优异性状的遗传规律，有助于系统认识畜禽种质资源特性，并为种质创新奠定坚实的材料基础。畜禽遗传资源分析与评价和保护利用一直受到世界各国的普遍关注和高度重视。我国在前期已经资助了畜禽种质资源评价、品种进化、基因挖掘等研究，并取得了显著进展。但是，我国畜禽地方品种及近缘种众多，性状类型多，前期投入不足以完全解析其种质特性，新的特异性状及基因仍然需要挖掘，地方畜禽品种保护与开发利用的理论和技术创新需要加强。尤其是随着非洲猪瘟疫情的暴发和蔓延，加强畜禽种质资源评价与保护尤显迫切。

主要科学问题包括：①地方畜禽品种资源多组学精准评价与基因挖掘；②畜禽及其近缘种功能基因组；③畜禽基因组进化分析理论与方法；④特定生态区的种质资源的遗传进化机制和高效利用；⑤地方畜禽优异性状的遗传基础与关键基因发掘；⑥非洲猪瘟疫情下猪品种的资源保护与开发利用。

（四）畜禽基因组设计育种与种质创新

主要畜禽全基因组序列测定的相继完成，以及重要经济性状遗传结构和功能基因的不断积累，促进了畜禽基因组设计育种的出现与发展。继传统最佳线性无偏预测（BLUP）方法之后，全基因组选择等新方法开始出现并在牛、猪等畜种育种中得到应用。全基因组选择的预期遗传进展显著提高，明显缩短了新种质或新品种的培育周期。同时，基因组选配也成为继配合力测定法之后最优杂交亲本组合筛选的新方法。随着第三代测序技术、机器学习、图像视频处理等新技术的应用，畜禽基因组育种理论和方法的发展正面临前所未有的新机遇，创新基因组设计育种的新理论、新方法，为我国在动物遗传育种领域实现“弯道超车”提供了契机，因而是值得重点支持的领域。除数量育种技术外，生物育种技术也逐渐受到重视。以基因编辑技术为代表的生物育种技术可更加精细地操控目标性状的改良，甚至创造自然界中无法获得的人工突变，在畜禽遗传改良，尤其是分子抗病育种领域具有巨大的应用潜力。目前，基因编辑技术在靶基因精确修饰、基因编辑脱靶率控制、基因编辑通量等方面仍面临巨大考验，需要加大投入予以解决，推动基因编辑向精准化、多元化、高效化、规模化方向发展，并最终实用化。

主要科学问题包括：①高通量基因分型新技术体系开发；②畜禽基因组选择与基因组选配新理论及新方法；③基因编辑工具及体系创新；④单碱基突变技术介导的单核苷酸多态性（SNP）功能与育种研究；⑤畜禽表型组学新技术；⑥机器学习与畜禽基因组育种；⑦畜禽分子抗病育种；⑧畜禽配合力分子基础与杂种优势高效利用技术。

（五）畜禽早期胚胎发育及胚胎干细胞生物学

家畜繁殖效率的进一步提高急需新技术的突破，胚胎干细胞由于体外的无限增殖能力，可进行高效多基因编辑，而且在体内体外可以诱导分化成各类组织细胞，包括精子和卵子，因此是家畜繁殖育种最具潜力的细胞工具。但目前其体外培养体系仍不成熟，归因于对家畜早期胚胎发育的调控机制和家畜胚胎干细胞的自我更新调控机制的研究不够。此外，在家畜胚胎干细胞与基因编辑结合方面的研究还比较缺乏，阻碍了其后续的繁殖育种应用。因此，在家畜早期胚胎谱系分化及胚胎干细胞多能性调控机制解析的基础上，须突破家畜胚胎干细胞建系技术瓶颈，阐明家畜胚胎干细胞自我更新的分子机制和关键信号通路，进而建立完善的体外培养体系，并且分离获得具有生殖系嵌合能力的胚胎干细胞系。同时，进一步发挥家畜胚胎干细胞优势，开展多基因编辑和动物克隆以及定向诱导分化（如肌肉、精子和卵子），为“人造肉”“试管育种”等家畜高效、优质、快繁技术体系的建立提供理论依据和技术支持。

主要科学问题包括：①畜禽早期胚胎谱系分化调控机制；②具有生殖系嵌合能力的家畜胚胎干细胞系的分离；③家畜胚胎干细胞多能性维持的关键信号途径分子机制；④家畜胚胎干细胞定向分化的分子机制；⑤家禽原始生殖细胞的分离和定向分化的分子机制；⑥家畜胚胎干细胞多基因编辑与动物克隆；⑦“人造肉”的干细胞生物基础。

（六）畜禽配子发生及环境对配子质量影响的分子基础

提高畜禽繁殖力是促进畜牧生产的核心要素之一，其中种畜禽的配子质量直接决定了繁殖效率。前期研究工作在畜禽生殖内分泌相关的繁殖技术、卵母细胞体外成熟技术和体外受精技术方面已取得一定进展，但配子和胚胎质量低下的问题一直没有得到解决。同时，目前尚缺乏一套比较系统的配子质量评价指标，用于选育具有优良繁殖性能的种畜禽以提高生产效率。解决这些问题必须进一步从分子水平深入解析生殖内分泌、配子发生、配子成熟、受精等方面的调控机制。此外，各种环境因素对畜禽配子以及繁殖力的影响程度与作用机制也不明确，是急需开展的研究方向。因此，通过发掘一批调控配子发生、成熟、受精的新分子，以及揭示环境因素影响配子质量的机制并提出相应改善策略，能够有效提升畜禽繁殖力和生产效率，具有重大的理论和实际意义。

主要科学问题包括：①畜禽生殖内分泌的调控机制；②畜禽精子发生和成熟的分子机制；③畜禽卵泡发育和卵泡闭锁的调控机制；④畜禽卵母细胞减数分裂成熟的分子基础；⑤畜禽受精的分子调控机制；⑥环境因素影响畜禽配子和胚胎质量的作用机制；⑦提高畜禽配子质量的新方法和新策略。

（七）“营养-肠道微生物-宿主”互作与畜禽重要经济性状调控

畜禽重要经济性状的形成受多种复杂因素的调控，其中“营养-肠道微生物-宿主”三位一体互作是近年来逐渐受到高度重视的研究领域。已有研究多局限于单一因素，分别从营养、宏基因组与宿主遗传角度探索畜禽重要经济性状的调控机制，并取得了重要进展，包括畜禽经济性状的遗传基础解析、肠道关键菌株的分离鉴定、重要营养素对畜禽经济性状的调控等。不过，畜禽重要经济性状实际上同时受到营养、肠道微生物、宿主遗传等多因素的协同调控，解析“营养-肠道微生物-宿主”三位一体的互作机制是精准阐述畜禽经济性状表型调控机制的有效途径。已有研究发现，宿主基因对肠道菌群组成具有重要影响，肠道菌群组成对宿主性状（如脂肪沉积）有调控作用，肠道菌群也会对氨基酸、单糖和脂肪酸等营养物质的吸收代谢产生重要影响，这表明，营养素、肠道微生物菌群与宿主遗传三者之间具有复杂的调控关系。但“营养-肠道微生物-宿主”通过互作网络而影响畜禽重要经济性状的形成机制仍有待深入研究。因此，开展“营养-肠道微生物-宿主”互作研究，可以全面、系统、深入地解析畜禽经济性状形成的调控机制，为从遗传、营养素、肠道微生物菌群等多因素相结合的角度开发新的畜禽育种及养殖技术奠定基础，具有重要的科学意义。

主要科学问题包括：①影响畜禽重要经济性状的胃肠道关键菌株挖掘；②肠道屏障形成的分子基础及调节机制；③畜禽肠道菌群的组成及调控机制；④宿主基因型与肠道菌群组成的互作；⑤肠道微生物组成与重要营养素代谢的互作；⑥营养-肠道微生物-黏膜与机体免疫互作；⑦肠道微生物组-营养素-遗传互作调控网络。

（八）畜禽产品产量与品质性状形成的营养基础及调控

优质价廉畜禽产品的生产和供应关乎人民生活，当今国际畜产品市场总体趋向饱和，发达国家不仅以“绿色技术壁垒”将我国的畜产品拒之门外，还试图伺机占领我国消费市场，给我国畜牧业的发展带来严峻挑战。营养是除遗传和环境因素外影响动物产品产量与品质的主要因素。但是，学界及公众对优质肉蛋奶重要性状形成的营养代谢基础的认识仍有局限。因此，立足于我国动物产品生产现状，以营养代谢-动物产品为核心，以营养素-代谢-表观遗传互作为研究思路，深入发掘不同品种肉蛋奶等性状形成及主要物质合成规律及重要的调控分子，解析对营养需求的规律性特征，解析动物蛋白代谢和糖脂代谢与畜禽产品品质形成的调控机制，阐明不同营养素及其代谢中间产物对重要性状及其关键分子的调控作用及路径，具有重要科学意义。

主要科学问题包括：①肉蛋奶性状发育及主要物质合成规律；②脑-肠轴与动物产品形成机制；③基于多组学的蛋白质、糖和脂类的需求特征、代谢及营养物质调控机制；④幼龄畜禽器官发育的生理生化机制及其早期营养干预；⑤种畜禽繁殖周期营养物质代谢特征及繁殖性能调控的机制；⑥非常规饲料原料关键营养素的摄食调控、吸收与分配规律。

（九）畜禽精准营养与饲养

饲料是畜牧业生产成本的主体，同时也是我国粮食消费的主体。当前，我国畜牧业现代化进程中存在饲料转化效率低、养殖成本高、养殖排泄物污染重、疫病频发四大瓶颈问题，研究畜禽个体营养与精准饲养模式，建立饲料和养殖生产大数据分析库，通过实时监测动物营养供应状况生物标志物，建立动物精准营养状态量化模型，深度融合人工智能技术与畜禽生产全产业链，是突破四大瓶颈的必需技术路径。国内外将以个体标识技术和健康感知技术为切入点，以营养需求动态化、模型化为驱动力的智能饲喂设备作为基础的家畜个体或家禽小群体的精准饲喂技术迅速发展，促使未来的畜牧业成为新的"工业"。从国内外现状的比较来看，我国在构建精准营养供给模型、饲料养分实时分析模型所采用数据样本的代表性、样本量和普适性等方面，在针对不同品种、不同生理阶段、不同养殖模式的感知系统的研发方面，以及在适用于不同养殖环境的生物传感器制造技术方面仍处于落后状态。

主要科学问题包括：①主要畜禽饲料养分高效利用的营养代谢基础；②反刍动物营养代谢平衡与碳氮减排调控机制；③畜禽母子一体化营养调控与营养管理的免疫学基础；④饲料养分及有毒有害物质土壤迁移与植物循环利用的种养一体化机制；⑤主要饲料原料实时分析模型和畜禽精准营养供给动态模型；⑥畜禽健康信息感知生物传感器研发与预警模型；⑦畜禽精准饲喂机电控制原理；⑧营养物质及其代谢物的适配体筛选及其作用机制研究；⑨感知营养物质及其代谢物的传感界面构建，以及微创或非侵入生物传感器的研发。

（十）营养与免疫互作调控畜禽健康的机制

免疫系统的正常发育和稳态维持是保障畜禽健康的重要基础，营养物质在调控免疫系统发育和功能中起重要作用。在当前饲用抗生素被禁用、畜禽疫病复杂化的背景下，充分调动畜禽的免疫力、提高动物的健康水平，是保障我国畜牧业健康发展的重要支撑。特别是在无针对性疫苗、无特异性治疗药物的疫病流行状况下，机体具有自身强大的免疫抗病能力尤为重要。营养与畜禽免疫功能和抗病力的关系已经得到认可，因此应该从增强畜禽非特异性免疫功能、提高特异性抗体保护效率、缓解疫病病理损伤与病程、消除饲料源性免疫抑制或激活因子四个维度，充分利用多组学技术，揭示各类营养物质对畜禽免疫系统发育和功能的影响；从营养代谢、分子互作和表观调控角度深入阐明营养素发挥免疫调节功能的机制；揭示免疫细胞代谢营养物质的规律，阐明营养代谢物在免疫细胞间信号交流的作用和机制，从而系统探明营养与免疫互作的关键机制。

主要科学问题包括：①营养物质对免疫系统发育的作用及其调控机制；②畜禽特异性疫病免疫增效的营养调控机制与利用；③营养缓解畜禽特异性病原感染的生物学效应与分子机制；④调控畜禽非疫病性免疫抑制或激活的营养理论与利用；⑤产抗菌肽、免疫调节肽、抗菌性饲料酶生物活性及氨基酸的微生物代谢通路研究；⑥疫苗免疫后不同应答阶段对营养代谢及需要的影响研究；⑦畜禽疫病感染和恢复期不同阶段营养物质代谢变化规律及养分需求研究；⑧农业饲用植物替抗活性物质研究。

（十一）畜禽养殖废弃物资源化利用与环境调控

畜禽养殖废弃物的环境污染问题已成为制约畜牧业发展的关键因素之一，养殖废弃物的环境监测、污染环境修复与资源化利用是保障畜牧业可持续发展的重要基础。国际畜禽废弃物处理和利用的突破性成就依赖于厌氧发酵与好氧发酵等基本原理的揭示，并借助现代工程技术开发出堆肥和沼气工程等实用技术，并将其在畜禽废弃物处理中得到广泛有效应用，近年来基于热解原理探索畜禽废弃物高值化利用已成为前沿技术。昆虫与微生物联合转化畜禽粪污技术，能够在高效转化畜禽粪污的同时，获得昆虫虫体作为饲料原料，虫粪可以作为优质有机肥，构成了畜禽养殖废弃物资源化利用的重要途径。在畜禽废弃物处理与利用方面，我国的畜禽粪污资源化理论、前沿技术和基础研究力量薄弱，致使畜禽废弃物处理与利用的投资和运行效率低、成本高。由于我国养殖场规模不同、各地自然条件和环保要求不尽相同，畜禽场对废弃物处理技术的需求也有较大差别，急需开展适合我国畜禽养殖特点的畜禽废弃物高效处理与利用基础和应用基础研究，从理论上突破畜禽废弃物处理与利用的困境。

主要科学问题包括：①畜禽粪便定向高效生物转化机制及调控机制研究；②畜禽养殖污水深度处理的生物学机制研究；③昆虫与微生物联合高效转化畜禽养殖废弃物的机制及环境调控；④畜禽养殖环境及其粪污除臭综合技术的研发及机制研究；⑤畜禽养殖废弃物抗生素和抗性基因降解与碳氮磷营养循环机制；⑥畜禽养殖废弃物高效处理创新技术研究；⑦畜禽养殖污水中痕量污染物纳米传感监测技术；⑧主要环境因子对畜禽生长健康的影响机制。

（十二）畜禽养殖设施智能化技术和理论

提高畜禽养殖水平和效率的根本途径是提高自动化水平，减少人工劳动。人工智能技术已成为当今世界最新热门的技术之一。将人工智能技术应用于畜禽养殖，提高畜禽养殖的自动化、智能化水平是目前推动我国畜禽养殖发展的重要方向。人工智能中的深度学习及大数据已广泛应用于网上商务、车站、银行、保险等各个部门和领域，给这些部门及领域的工作流程和工作方式带来了革命性的影响。同样将人工智能应用于畜禽养殖业，开展种、料、养、管、防、检等各流程智能化设备应用基础和关键技术的系统研究，将引领畜禽养殖进入一个崭新的发展阶段。但我国的畜禽自动化养殖起步晚，技术积累不够，需要将人工智能技术与畜禽养殖机械设施设备相结合，从畜禽养殖的各个环节上做文章，即将人工智能技术充分应用于畜禽养殖的精准饲喂、环境调控、繁殖监测、营养调配、工艺管理、疫病预警、产品溯源等方面，从根本上提高肉蛋奶的生产效率及产品质量。

主要科学问题包括：①畜禽养殖环境智能化调控技术的理论和策略；②畜禽养殖饲喂自动化及营养智能化调配的技术理论和策略；③畜禽养殖智能化繁殖监测的技术理论和策略；④畜禽养殖监测新型数据传感器及相关设备的研究；⑤畜禽养殖疾病预警技术理论和策略；⑥畜禽养殖智能化工艺管理技术理论和策略；⑦畜禽养殖智能化产品溯源技术理论和策略；⑧畜禽养殖智能化大数据分析和管理决策技术及理论。

（十三）特种经济动物重要性状的遗传基础与调控机制

我国是蚕、蜂、鹿及其他毛皮动物等特种经济动物养殖大国，国际主导或优势地位突出，是养殖业的重要组成部分，并为工业提供原料，产物开发价值高。随着经济社会发展，特种经济动物产品在满足人民日益增长的美好生活需要方面的作用和前景更加凸显，需求旺盛。但迄今对特种经济动物种质资源的遗传基础研究总体薄弱，一系列重要经济性状未获得根本解析，对产量、品质等与适应性之间的遗传调控机制多不明了，由此导致育种徘徊不前、品种雷同、抗逆性差、综合经济性状提升遭遇瓶颈等问题。我国在家蚕等重要特种经济动物基因组研究和功能平台技术方面具有良好基础，结合资源优势，聚焦产量、品质、抗性、食性、转化率、生长等重要经济性状开展控制基因、调控元件、互作网络挖掘鉴定，解析优势性状形成机制及整合途径，将为辅助选择、定向改良、设计育种及合成生物学创制新种质等提供直接的理论支持，产生重大推动作用。蜜蜂等授粉昆虫对全球粮食的生产贡献巨大。近年来，由于环境变化、人类活动、病原侵袭等原因，蜜蜂面临严峻的生存挑战，对生态安全造成了极大威胁，开展蜜蜂健康性状相关研究，对我国蜂业的可持续发展及生态健康的维系等具有十分重要的意义。

主要科学问题包括：①我国特种经济动物种质资源收集与评价；②蚕、蜂、鹿等特种动物优势种质及特异性状的遗传基础；③蚕、蜂、鹿等特种动物食性及饲料效率的分子调控机制；④蚕、蜂、鹿等特种动物与病原及饲源生物互作分子机制；⑤蚕丝蛋白高效合成及丝纤维性能调控的分子机制；⑥蜜蜂病虫害致病机制与蜂群健康；⑦环境因素对蜂群健康影响的分子机制；⑧鹿茸快速生长与再生分化的分子机制解析。

（十四）畜禽行为调控机制及动物福利评价

动物行为与福利学是一门新生学科，产生于20世纪，其中动物福利学成为全球性热点问题，备受关注。动物福利的产生是现代集约化生产模式下发展的必然产物，目标是追求畜牧业的可持续发展和食品安全等。作为动物福利学学科的基础学科——畜禽行为学也伴生发展。近年来，我国在动物行为和福利学领域开展了一些跟随性工作，在畜禽规癖行为（如猪的无食咀嚼行为）、异常行为（如家禽的啄羽行为），以及小尾寒羊和地方猪种母性行为研究方面取得了一定的进展，揭示了动物规癖和异常行为发生的环境因素及调控机制。目前，国际畜牧业正从集约化、规模化逐渐向智能化、福利化及适度规模化方向发展，我国在畜禽规模化、智能化方向也正在紧跟国际先进的养殖模式，但在福利养殖模式上发展比较缓慢。因此，探讨适合中国特色的福利养殖模式及福利评价方法是“十四五”期间重点布局的方向之一，主要是在现代养殖环境下畜禽行为的遗传基础及神经生理学调控机制，以及不同环境下畜禽的情感状态等方面进行重点布局，实现重点突破。

主要科学问题包括：①畜禽行为的遗传及神经生理学调控机制研究；②畜禽行为表征研究；③畜禽行为及情感状态的脑组织及神经生理学基础研究；④“富集”条件（环境）刺激对畜禽行为及情感状态的影响；⑤畜禽行

为及情感状态的分子调控机制；⑥情感对畜禽认知能力的影响；⑦行为及情感状态对畜禽肠道微生物种群特征的影响；⑧农场畜禽福利评价指标体系的确立。

二、重大交叉领域

（一）肉蛋奶绿色生产与人类健康

我国畜牧生产面临饲料转化效率低、养殖成本高、养殖排泄物污染重、疫病频发四大瓶颈问题，导致肉蛋奶等动物产品质量下降，污染环境，影响人类健康。提高动物健康水平、减少废弃物排放并进行资源化利用，是打造环境友好型畜牧业、保障畜牧业可持续发展的重要基础，但目前这方面的基础研究薄弱。另外，动物产品营养成分与人类健康息息相关，例如，国际上已开展针对高不饱和脂肪酸等产品生产的育种和营养调控方面的研究，因此在动物遗传育种、营养与优质畜产品生产和人类健康的关系研究方面取得突破，是由追求数量型转向追求促进人类健康的优质型畜牧业发展的共识和方向。

主要科学问题包括：①健康畜产品生产的遗传-营养互作调控机制；②畜禽产品成分调控人类肠道菌群变化的机制；③肉蛋奶营养成分与人类疾病的联系；④胃肠道菌群与宿主基因调控肉蛋奶品质的机制；⑤主要环境因子影响畜禽健康的机制；⑥畜禽废弃物减排与环境友好型品种培育；⑦畜禽养殖废弃物高效生物转化机制。

（二）动物智能化育种与养殖关键技术研发

基因组大数据可以通过测序仪器获得，而表型组学数据往往需人力采集，效率低，而且造成的人为误差不易校正，成为智能化育种和大数据生产实现的瓶颈。创建适用于不同品种、营养体系、生理病理状态和生产阶段的智能化养殖体系，可以满足动物养殖的各项精准需求。通过图像学等信息学手段获取表型组大数据，采用深度学习策略挖掘其与多组学大数据之间的隐藏关系，精准评估个体的育种价值；通过智能监控饲料品质、自动化供应畜禽不同生理阶段的饲料，实现安全及精准营养；通过传感器监控养殖舍内环境因子，实现养殖环境的智能优化；建立楼房养殖新模式，开展全封闭、智能化、无人畜牧场的集成应用与示范。伴随着以人工智能等新技术为代表的智能化育种和养殖时代的到来，通过农学、信息学、工学等多学科交叉，系统研究适用于智能化育种、养殖的方法学，研发智能化育种、养殖设施设备，建立智能化楼房养殖新模式，为现代化育种与养殖提供新的理论、方法和工具支撑。

主要科学问题包括：①智能化育种和养殖技术的理论和策略；②智能化动物养殖大数据传感与生产管理决策技术；③智能化表型组信息的采集与挖掘；④智能化畜禽大数据育种评估方法研发；⑤智能化多楼层输送喂料设施设备及饲喂机器人研发。

（三）畜禽营养源创制化学生物学

饲料是畜禽生产的最大投入品，我国是饲料生产大国，工业饲料年产量超过2亿吨（中国饲料工业协会，2022），有力地促进了养殖业的发展。然而，我国饲料工业仍然是以粉碎混合为主的传统粗加工工业，对饲料组分的化学结构没有做多大改变。由于化学组成和结构十分复杂，天然饲料不但难以被畜禽消化利用，而且容易导致消化道损伤，危害畜禽健康，品质低劣的饲料更是如此。实际上，即使是玉米豆粕型饲粮也有10%～20%的养分不能被消化吸收而排出体外，不但浪费资源，而且污染环境（Le Goff and Noblet，2001）。据估计，全国每年生产的配合饲料因不能完全被畜禽消化利用而损失的能量相当于1.6个三峡大坝的年发电总量（陈代文，2019）。所以，我国每年进口大量大豆、鱼粉、谷物等饲料原料，而丰富的农副产物无法得到有效利用。究其原因，主要是天然饲料养分在形式上与畜禽消化生理不匹配。因此，应用现代化学、物理和生物技术对天然饲料原料特别是农副产物原料进行加工改造，彻底改变物质化学结构，创制出能被畜禽高效利用的能量源、蛋白质源、脂肪源、纤维源等新型营养源，使其更加适合畜禽消化生理特性，减轻消化道负担和损伤，对充分利用丰富的农副产物饲料资源、减少饲料进口量、缓解人畜争粮、降低养殖的环境污染、实现饲料工业和养殖业可持续发展意义重大。

主要科学问题包括：①天然饲料养分的存在形式与化学结构；②营养源

改造与创制化学、物理及生物技术；③新型营养源化学结构鉴定；④新型营养源生物学效价评定；⑤新型营养源畜禽饲用价值评定。

第三节 国际合作优先领域

一、“一带一路”国家粗饲料资源挖掘与利用

加强与“一带一路”国家的农业国际合作，是我国国际合作的重要一环。开展畜牧业国际合作不仅符合中国扩大对外开放和进行农业供给侧结构性改革的要求，也契合加深“一带一路”国家全球化以满足促进农业发展、拉动经济增长的需求。饲料资源开发与利用是中国与“一带一路”国家特别是饲料资源严重短缺的非洲国家面临的共同问题。因此，合理开发利用当地现有粗饲料资源、提高粗饲料资源的消化利用率对我国与“一带一路”国家畜牧业发展均有重要影响。此外，通过关键技术改善粗饲料资源饲料效率，也将是饲料资源利用的重要合作领域。

主要科学问题包括：①“一带一路”国家粗饲料资源挖掘与营养价值评估；②反刍动物降解和代谢利用粗饲料的机制研究；③提高牧草粗饲料消化率的作物育种技术及基因挖掘；④提高粗饲料消化率的预处理技术及其开发利用。

优先合作的国家或组织包括：埃塞俄比亚、肯尼亚、ILRI、蒙古国、缅甸、纳米比亚、坦桑尼亚、乌干达、津巴布韦等。

二、“一带一路”国家畜禽遗传资源评价及优异基因挖掘

“一带一路”国家资源禀赋各异、地域跨度大，畜禽品种在长期的适应性进化过程中形成的一系列适应当地气候环境与文化特点的资源群体，是开展畜禽遗传资源多样性研究、解析优异种质特性遗传基础的天然素材。“一

带一路”国家涵盖了目前主要畜禽品种的起源地与驯化迁移线路，不同的文明塑造了畜禽丰富的遗传多样性。以家猪为例，目前该物种是单点起源还是多点起源仍然在学界存在争论；以水牛为例，其主要品种就分布于“一带一路”国家，具有抗逆性（耐热、耐粗饲性和抗病力）强的优异种质特性。因此，加强“一带一路”国家农业领域的深度合作，全面系统地评价“一带一路”国家的遗传资源概况，深入解析“一带一路”国家畜禽在适应不同海拔、不同温度、干旱程度差异乃至不同文化传承中形成的诸多优良畜禽性状的遗传基础，实现技术共享，推动“一带一路”国家畜禽资源研究的合作交流，对实现畜禽遗传资源的可持续发展具有重要意义。同时，开展与“一带一路”国家农业领域的深度合作，可有力推动“一带一路”国家共建共享的中国方案，是构建人类命运共同体的重要组成部分，具有重要的战略价值。

主要科学问题包括：①家猪起源、驯化、迁移及其种质优异基因的挖掘；②猪重要经济性状人工选择信号的检测与育种新技术的应用；③家禽遗传资源评估与种质特异性状的功能基因定位；④山羊与绵羊遗传改良中基因组选择技术的应用；⑤水牛重要经济性状测定及其全基因组关联研究。

优先合作的国家包括：德国、丹麦、法国、意大利、巴基斯坦、伊朗、印度、越南、埃及、肯尼亚等。

第九章 兽医学

传统兽医学是一门研究动物疾病预防与诊疗的科学。随着社会经济发展和人类生活水平的提高，兽医学的内涵不断丰富，其功能已拓展至兽医公共卫生安全、动物源性食品安全、人类健康、生态环境、生物医学等领域，一批交叉学科正在兴起。兽医的职责已经从保障畜牧业的健康发展到保障人类健康、食品安全与社会生态和谐。

第一节 兽医学发展战略

一、兽医学的战略地位

中国迈向现代化的关键是实现农业农村的现代化。我国是养殖大国，畜牧业是农业农村经济发展的支柱产业，占比在 30% 左右（发达国家一般高于 50%），是支持健康中国、粮食安全、乡村振兴、绿色发展等经济社会发展的基础性产业。当前我国畜牧业生产水平仍低于世界发达国家平均水平，动物疫病是制约其发展的主要瓶颈因素。重大动物疫病给畜牧业造成了巨大的经济损失，影响畜产品质量安全和供给安全；日趋严峻的人畜共患病、动物源细菌耐药、兽用药物残留、食源性微生物污染等，对动物性食品安全和人类健康构成巨大威胁。随着“同一健康”和“人类健康命运共同体”新理念的提出，兽医学肩负着前所未有的艰巨任务和职责，同时面临诸多风险与挑战。

（一）为畜牧业健康和可持续发展保驾护航是兽医学的根本任务

我国畜禽养殖业在“十三五”期间经历了重大的结构调整和转型，规模化、集约化程度以及生产效能得到进一步提高，但动物疫病仍是制约其可持续发展的首要因素，其流行与暴发呈现新的特点。一是老病未除，新病不断。动物结核病、布鲁氏菌病、猪繁殖与呼吸综合征、猪流行性腹泻、猪伪狂犬病等重大老病未能得到有效净化和根除，病原不断发生变异，出现变异株或耐药株。新病原也正以前所未有的速度频繁出现，包括H7N9禽流感病毒、鸭坦布苏病毒、口蹄疫病毒新亚型、猪德尔塔冠状病毒、猪圆环病毒3型、猪塞内卡病毒等。二是跨境动物疫病传播日趋严峻。小反刍兽疫、非洲猪瘟、牛皮肤性结节病等先后传入我国。三是多种病原混合感染或继发感染普遍。截至2022年，我国动物疫病病种多（174种），流行范围广，危害程度日益增强，动物疫病防控面临前所未有的挑战。加强动物疫病的基础和应用研究十分必要，可为提升我国动物疫病防控水平提供理论和技术支撑，进而保障养殖安全、动物源食品安全，以及生态安全。

（二）提升人畜共患病防控水平，保障人和动物健康是兽医学的重要使命

人畜共患病不仅给畜牧业造成了严重的经济损失，还威胁人类健康。全球重要人畜共患病有200余种，危害最严重的有30多种，其中75%以上的新发人类传染病源于动物。无论是14世纪中叶的黑死病、1918年的流感大流行，还是21世纪初的严重急性呼吸综合征（“非典”），以及2020年初开始流行的新型冠状病毒感染、2022年突发的猴痘等，均是如此。近10年来，动物源人畜共患病暴发有加重趋势。同时，老病新发问题愈发突出，布鲁氏菌病、

结核病、利什曼原虫病等人畜共患病在养殖动物和宠物中呈上升态势，狂犬病、炭疽、流行性乙型脑炎、猪链球菌病等重要人畜共患病时有发生，H5和H7亚型禽流感的公共卫生问题十分突出。随着饲养方式改变、全球气候变暖，以及生态环境恶化，近年来人畜共患病的流行也出现了新特点：一是一些新病种的出现速率逐年加快，过去一些对人无致病性或低致病性的病原变异转化为对人类有强致病性的病原；二是一些老病出现反弹，既给动物和人类带来了严重危害，又引发了严重的公共卫生问题。新形势下，在“同一健康”的理念下，坚持人病兽防，关口前移，从源头阻断人畜共患病的传播途径是兽医学面临的重大时代课题和使命。

（三）保障动物源性食品安全，提升人民生活品质是兽医学的重要责任

动物性食品安全威胁舌尖上的安全。习近平总书记在2016年全国卫生与健康大会上指出，要“把人民健康放在优先发展的战略地位”（新华社，2016）。党的十九大提出要“实施食品安全战略，让人民群众吃得放心”（习近平，2017）。这一系列要求对兽医学科在保障食品安全和提高人民生活品质方面提出了新的责任，赋予了更高的担当。当前，病原微生物污染、药物和其他有害化合物残留是威胁动物源性食品的主要危害因子。国家突发公共卫生事件报告管理信息系统的数据显示，2017年我国共发生食源性疾病暴发事件348起，累计发病7389人，死亡140人，其中由病原微生物因素所致的患病人数最多，占总数的57.60%。兽药（喹诺酮类、磺胺类药等）、霉菌毒素（黄曲霉毒素M1、赭曲霉毒素A等）和非法食品添加剂（氯霉素、硝基呋喃类等）是当前我国动物源性食品主要的化学性污染物。我国每年有超过5万吨抗菌药物用于养殖业，超过50%的抗菌药物用作药物饲料添加剂。兽药、非法添加物及霉菌毒素在动物源性食品中的残留问题对消费者的生活质量和生命健康构成了巨大威胁。此外，畜禽养殖生产中抗生素的滥用，不仅影响动物源性食品安全，而且使细菌的耐药性越来越普遍，使动物细菌性疾病的控制难度加大，同时带来十分严峻的公共卫生问题。因此，加强动物源性食品安全的基础与应用基础研究对保障兽医公共卫生安全和动物源性食品安全极其重要。

（四）阻断动物疫病跨境传播，保障我国生物安全是兽医学的重要担当

《国家中长期动物疫病防治规划（2012—2020年）》明确提出要通过多种举措防范外来动物疫病传入。随着我国畜禽养殖业的飞速发展，畜产品国际贸易量快速增长，人员和动物的流动性增加，加之社会环境和生态环境的改变，不但造成许多疫病的流行与传播，还导致外来疫病乘虚而入。经初步统计，我国新传入和发生的动物疫病达30余种，如非洲猪瘟、口蹄疫、小反刍兽疫、猪繁殖与呼吸综合征、高致病性H5N1禽流感、牛皮肤性结节病等。以非洲猪瘟为例，自1921年在肯尼亚首次确诊以来，其逐渐扩散至非洲其他国家，并迈出非洲大陆传播至欧洲、南美洲和亚洲。从全球疫情来看，2007～2014年非洲猪瘟疫情较平缓，2015年后数量陡增。2018年8月，非洲猪瘟传入我国，重创养猪业，并流行至今，且波及亚洲国家，蒙古国、越南、柬埔寨、朝鲜、老挝、缅甸、韩国等国家先后报道非洲猪瘟疫情。目前亚洲其他国家和地区的非洲猪瘟传入与流行风险也在持续增加。因此，新形势下如何有效阻断重大动物疫病的跨区域和跨境传播是动物疫病防控的重点问题，也是兽医学科亟待破解的难题。

（五）兽医学为人类与伴侣动物、野生动物和谐相处保驾护航

随着物质水平的不断改善，追求更高的精神生活成为人们的迫切需求，而伴侣动物无疑起到了很大的作用。近年来，中国“宠物经济”持续升温。根据艾媒咨询（iiMedia Research）的相关统计，截至2018年，中国宠物行业市场规模达到1708亿元；据预测，到2023年，中国宠物行业市场规模将达到5928亿元。相较“宠物经济”热和愈加庞大的宠物数量，对宠物传染病（特别是人畜共患病）的研究却相对薄弱，如狂犬病、流行性乙型脑炎、弓形虫病、利什曼原虫病、疥螨病以及一些真菌性皮肤病等，不仅会导致动物患病甚至死亡，而且会危害人类健康。此外，许多人畜共患病与野生动物的带毒和传播密切相关。因此，加强伴侣动物、野生动物疫病的监测与预警以及防控技术研究，是我国兽医学研究面临的紧迫任务。

综上所述，新形势下兽医学在护航动物和人类健康，保障养殖安全、公共卫生安全与生物安全、动物源性食品安全、生态安全等方面发挥着重要作

用。因此，重视兽医学的战略地位，加强兽医学基础及应用基础研究，提升自主创新能力，是服务国家战略需求的迫切需要。

二、兽医学的发展规律与发展态势

（一）发展规律

兽医学与时俱进，与现代生命科学同步发展，和医学、生物学、公共卫生学、药学等学科相互交叉、相互促进，逐渐发展成为一门具有特色鲜明的基础和应用学科。早期的兽医学研究以观察、描述和验证性实验为主，主要在畜禽组织和器官水平开展致病机制等相关研究。随着微生物学、生物化学、生理学、病理学、分子生物学等学科的快速发展，多种新仪器设备和技术手段，如电子显微镜、质谱、色谱、显微成像、高通量测序、生物信息学等，在兽医学领域得到越来越多的应用，动物疾病的研究层次逐步深化和拓展，主要体现在由个体到群体、由现象到本质、由细胞到分子、由表型到基因型。现今的兽医学能更加系统地剖析动物疾病的发生发展规律，开发特异性更强、灵敏度更高的高通量诊断技术，研制更加安全有效的疫苗和药物，制定更有效的预防和控制措施。

（二）发展态势

兽医学科正在经历以学科汇聚为标志的第三次革命，一些过去关系不大的学科，如物理学、工程学、化学、信息科学、生态学、人工智能、机器人等，也在积极地汇聚到兽医学领域中来，兽医学逐渐在与这些学科的交叉融合中成长和壮大，所涉及领域在广度和深度上都有了显著提高，主要表现如下。

1. 研究领域不断拓宽，研究层次不断深入

首先，兽医学的发展表现在研究对象得到拓展，病原种类不断增多，宿主范围进一步扩大，一些新近出现的病原微生物在我国逐渐被发现和认识，如非洲猪瘟病毒、猪急性腹泻综合征（SADS）冠状病毒、猪圆环病毒 3 型、猪塞内卡病毒等。同时，一些老病的病原微生物（如多重耐药菌、猪伪狂犬

病病毒、猪繁殖与呼吸综合征病毒、猪流行性腹泻病毒等）在加速变异，并引起新的临床症状，给疫病的预防、诊断及治疗增加了难度。此外，兽医学对肠道菌群的研究也日益丰富。肠道菌群作为第二基因组，极大程度地影响动物的生理变化以及健康发育。同时，日益增加的伴侣动物疾病和逐步受到关注的野生动物疫病也极大地丰富了兽医学的研究对象。

其次，兽医学的发展表现在研究层次、系统性和深度上的不断深入。该领域的研究已从个体发展到群体，从组织器官水平发展到细胞分子水平，从表型水平发展到基因蛋白质水平，继而发展到更深层次的表观遗传修饰水平；研究从病原体单方面的挖掘发展到病原与宿主互作，以及动物与环境的相互依存关系，试图从多方面、深层次阐明动物疫病的发生、发展、流行规律和致病机制。

2. 高新技术的广泛应用与研究手段的多样化

前沿生物学领域的最新研究技术，如高通量测序、CRISPR 技术、多种组学技术、生物信息学、高分辨质谱、核磁共振、分子影像技术、大数据/云计算和机器学习等最新研究手段，已经渗透到兽医学研究领域，正在加速新型疫苗、佐剂、疫苗投递系统和诊断试剂创制的变革与升级，推动动物疫病防控主导产品更新迭代。近年来兴起的信使 RNA（mRNA）技术是疫苗创制技术的重大突破，颠覆了传统免疫激活途径，开启了疫苗行业的新时代，引领动物疫苗创制技术进入全新阶段。同时，生物组学技术、CRISPR 技术，以及新一代高通量、低成本、高性价比的测序技术正在为动物疫病监测和检测的研究与应用带来革命性突破。研究手段的多样化和与时俱进，将促进兽医学的进一步发展与创新，有力保障动物和人类生命健康。

3. 多学科交叉融合

现代兽医学逐渐与多个学科相融合。医学、药学、生物学、生理学、化学、生态环境学、土壤学、食品科学、动物遗传育种、饲料营养、信息学、人工智能、机器人等学科的理论与技术在兽医学领域都得到了应用，同时兽医学在与这些学科的联合发展中具有鲜明的特色，引起越来越多的关注。这种学科交叉、联合攻关、重点突破的发展态势催生了新观念、新见解、新成果，极大地促进了兽医学的快速发展，并将是世界养殖业提质增效，走向集约化、智能化和可持续发展的重要推动力。

4. 以临床问题为导向，解决生产重大需求

兽医学研究坚持“四个面向”，日趋以重大临床需求为导向，解决产业实际问题，不断满足行业需求。兽医学研究越发注重开发更加特异、敏感、简便、快速的高通量鉴别诊断技术，尤其是开发适用于现场临床诊断的便携式设备和快速检测的试剂，以快速感知和识别新发传染病、微生物耐药等风险因素，制定有效的生物安全措施。在畜禽重大疫病防控过程中，注重借助高效的基因编辑、反向遗传学、生物信息学等技术，开发更加安全、高效、广谱、操作简便的标记疫苗等新型疫苗，这有利于动物疫病的防控、净化甚至根除。同时，加大力度研制抗生素替代制剂，减少抗生素的使用，遏制耐药病原菌的产生、传播与蔓延。

5. 动物源性食品安全关注程度不断加大

食品安全关乎民生。人畜共患病的高效防控直接关系着人类健康、公共卫生安全，同时也关系着肉蛋奶等动物源性食品的产量、质量和市场价格。随着人民生活水平的逐步提高，对动物源性食品中病原微生物、兽药残留及其他有害化合物的监控力度等都在不断加大，动物源性食品安全的相关标准也在不断完善。兽医学科的发展为保障动物源性食品质量与人类健康提供了有力的支撑。

三、兽医学发展现状与发展布局

（一）发展现状

1. 人才队伍培养和研究平台建设成效

人才是第一资源。全方位、多层次地培养适应现代兽医科学需求的高素质人才队伍，是促进兽医学持续发展的核心推动力。农业高校和兽医科研院所是培养兽医专业人才队伍的主要机构与摇篮。中国科教评价研究院（CASEE）发布的数据表明，全国农业高校中设置动物医学专业的学校数量有79所，其中有2所高校（中国农业大学和南京农业大学）拥有兽医学国家级

一级重点学科，5所高校拥有二级重点学科，3所高校拥有二级培育学科。教育部2017年的教学评估数据表明，全国具有博士学位授权点的高校共20所，其中兽医学博士点40余个、博士后流动站10多个（每年存在动态调整）。经过多年的本土培养和海外引进，我国兽医人才梯队建设取得了一定成效，形成了一支老、中、青结合，经验丰富且充满活力的兽医学研究队伍。截至2022年，有中国工程院院士6名、中国科学院院士1名、国家杰出青年科学基金获得者等近30人。近年来，一批国家自然科学基金优秀青年科学基金获得者等优秀的青年科研工作者，已开始在相关领域崭露头角，并逐渐成为行业内科研创新的引领者。

基于共享、协同、公用机制的科学研究支撑体系（科研平台）是科研创新体系建设中必不可少的公共支撑，对提高科研水平，凝聚科研人才，促进学科交叉、融合和协同创新，促进人才培养起着至关重要的作用。截至2022年，兽医领域拥有兽医生物技术国家重点实验室、家畜疫病病原生物学国家重点实验室、农业微生物学国家重点实验室-动物病原分室3个国家级重点实验室；同时设置有国家兽药残留基准实验室和非洲猪瘟、猪瘟、口蹄疫、禽流感等17个世界动物卫生组织（Office International des Épizooties，OIE）参考实验室和4个协作中心。此外，还拥有一批与兽医学相关的省部级重点实验室以及特定病原的专业实验室。这一系列平台为兽医学基础研究、科技创新和产业服务提供了重要的条件保障，是承担国家各类重要基础研究重点攻关项目或技术开发与集成项目的中坚力量。

“十三五”期间，我国兽医领域在人才队伍的培养和科研平台建设方面取得了重要进步，为兽医学学科可持续发展提供了重要的人才和物质保障。尽管如此，当前兽医学基础研究条件及人才队伍现状与国外先进国家相比仍有一定差距。例如，兽医领域的高等生物安全三级实验室等在布局方向和数量上存在明显不足，与我国的国际地位和发展水平不符。

2. 科研资助力度

根据科技部与国家自然科学基金委员会的数据统计，2015～2018年，兽医学科获国家重点研发计划资助的项目有40项，资助金额达14.5亿元；获国家自然科学基金委员会资助的面上项目有521项，总金额为3亿多元，青年科学基金项目有460项，资助金额过亿元，国家杰出青年科学基金项目有4项。2019年初，国家自然科学基金委员会围绕非洲猪瘟疫病防控中亟待解决的关键科学问题，启动了非洲猪瘟重大基础科学问题研究应急专项。从国家政府多方面科研项目资助的结构和组成来看，青年科学基金项目资助数量逐年增加，但科学技术部重点研发项目和国家自然科学基金重大项目、重点项目、国家杰出青年科学基金项目的资助数量仍然偏少，项目内子课题设置较多，单项支持资金额度有限。

3. 兽医学学科研究取得的成绩

在国家自然科学基金和科学技术部的资助下，我国在重要动物疫病与人畜共患病、药物和细菌耐药性研究，以及动物源食品安全等方面取得了显著成绩，具体如下。

1）重要动物病原学与分子流行病学研究持续推进

针对猪链球菌、副猪嗜血杆菌、布鲁氏菌、结核分枝杆菌、口蹄疫病毒、H5N1禽流感病毒、H7N9禽流感病毒、H9N2禽流感病毒、猪流行性腹泻病毒、猪伪狂犬病病毒、猪繁殖与呼吸综合征病毒、猪圆环病毒2型、猪圆环病毒3型、鸭坦布苏病毒、鸭肝炎病毒、鸭瘟病毒、禽白血病病毒、狂犬病毒、弓形虫、隐孢子虫、球虫、新孢子虫等所致的重要动物疫病和人畜共患病，科学家持续开展了病原分离与鉴定、病原生态学、分子流行病学等方面的研究。

在禽传染病流行病学与病原生物学领域，以禽流感的调查和监测工作最为系统与深入。研究人员针对H5N1、H7N9和H9N2病毒致病性、宿主特性、遗传演化和生物学进化的规律进行了系统研究，评估了多种基因型病毒感染和致死哺乳动物的能力，证明了H5N1病毒引起人流感大流行的可能性，并阐明了禽流感病毒通过呼吸道飞沫传播感染哺乳动物的分子基础（Zhang et al.，2013a，2013b）；研究还完成了我国人感染H7N9亚型禽流感病毒的溯源工作，发现优势基因型G57 H9N2病毒促进了新型H7N9重排病毒的产生（Pu et al.，2015；He et al.，2022）。在其他病原上，揭示了常用疫苗毒株与鸡群的优势流行株之间基因型不匹配是我国免疫鸡群中非典型性新城疫发生的根本原因；揭示了我国鸡群流行的禽白血病病毒主要以J亚群为主，并确定了我国禽白血病的发生与引种来源有一定关系；揭示了传染性支气管炎病毒（IBV）持续变异，QX基因型毒株为当前国内主要流行毒株，其他基因型毒株则呈区域性流行或零星发生。此外，我国兽医科研工作者针对严重影响我国养禽业健康发展的其他重要疫病，如鸡传染性法氏囊病、鸡马立克病、鸡传染性鼻炎、鸡白痢、鸡伤寒、鸭瘟、鸭病毒性肝炎、小鹅瘟及鸭坦布苏病毒病等，也开展了系统的流行病学和病原学研究，为我国禽类疫病防控和养禽业的健康发展提供了有力支撑。

在猪病研究上，过去几年鉴定了非洲猪瘟病毒、SADS冠状病毒、猪圆环病毒3型、猪德尔塔冠状病毒、猪塞内卡病毒等多种新发病原，证实了猪流行性腹泻病毒、轮状病毒、猪伪狂犬病病毒和猪繁殖与呼吸综合征病毒在我国猪群中持续流行（常帅等，2019）。其中，猪流行性腹泻和猪伪狂犬病病毒主要以变异毒株为主，而我国基因2型猪繁殖与呼吸综合征病毒存在毒株多样性和重组特征，发现猪繁殖与呼吸综合征病毒减毒疫苗株毒力返强和重组在临床上十分普遍，目前类NADC30毒株上升为优势毒株（Yu et al.，2020）。相反，猪瘟病毒总体处于相对稳定状态，2.1亚型毒株占据优势地位，但流行C-株疫苗能够对流行毒株产生有效保护。此外，值得一提的是，我国学者首次从人脑炎患者脑脊髓液中分离出了猪伪狂犬病病毒，从病原学的角度证实了该病毒对人的潜在威胁（Liu et al.，2021b）。

在牛羊传染病的研究上，以口蹄疫研究最为深入，研究阐明了疫病流行成因和发生、发展规律，掌握了我国口蹄疫的流行态势和规律，揭示了我国口蹄疫疫情呈散发但总体稳定的状态，其中A型趋于控制，O型散发，毒株复杂主要是境外毒株传入和变异所致（刘湘涛等，2015）。研究还揭示，牛病毒性腹泻仍是危害规模牛场牛群健康的主要病原，其分布广泛，平均阳性率在53%左右；小反刍兽疫流行形势日趋严峻，以谱系Ⅳ为主，呈全国性分布。

在一些人畜共患病病原上，狂犬病毒呈零星散发分布，但仍持续威胁公共卫生健康。在细菌学研究上，发现一些细菌性病原（如布氏杆菌、结核分枝杆菌、大肠杆菌等）不断发生新变异，不仅出现新的变异株与血清型，而且毒力因子变异也在加强，导致新的病毒流行；研究还揭示了一些细菌耐药性的形成机制与传播规律，为我国一些重要动物疫病（布鲁氏菌病、结核病、大肠杆菌病、链球菌和葡萄球菌感染）的防治提供了重要的科学依据。

2）分子致病与免疫机制研究更加系统深入

鉴定了猪链球菌2型、胸膜肺炎放线杆菌、副猪嗜血杆菌、牛分枝杆菌等一批病原菌的重要毒力基因和毒力调控基因，为深入理解其致病机制奠定了很好的基础。在病毒学研究上，研究揭示了一些重要病原变异导致毒力增强的分子基础。研究阐明了口蹄疫病毒O型毒株“从牛适应猪”的宿主嗜性变异的新机制，鉴定了猪流行性腹泻病毒变异株毒力基因，揭示了*S*基因变异与病毒毒力增强的相关性；发现HA、PB2、PA蛋白质是禽流感病感染家禽和哺乳动物的重要分子。研究还揭示了病毒与宿主相互作用促进病毒增殖的生物学基础，发现一些病毒（口蹄疫病毒、新城疫病毒、流行性感冒病毒、猪繁殖与呼吸综合征病毒等）通过调控细胞自噬、内质网应激、微RNA（miRNA）、蛋白质翻译、细胞周期、细胞凋亡等途径促进病毒复制和传播的分子基础机制（Gao et al.，2019）；研究鉴定了猪瘟病毒、禽白血病病毒、狂犬病毒的入侵受体，揭示了一些重要动物病原（口蹄疫病毒、猪繁殖与呼吸综合征病毒、猪瘟病毒、传染性法氏囊病病毒、猪流行性腹泻病毒、猪传染性胃肠炎病毒、猪伪狂犬病病毒、马传染性贫血病毒等）通过拮抗干扰素性信号通路、宿主限制性因子、抗原递呈等调控宿主天然免疫和获得性免疫的分子机制，研究还揭示了一些病毒促炎和抑炎的分子基础。这些研究成果为设计抗病毒策略、挖掘抗病育种靶标、快速和精准致弱病毒等防控理论的创新提供了科学依据，对动物疫苗和药物的设计具有重要的启示作用。

3）研制了一批新兽药和兽用新制剂

据中国兽医药品监察所网站统计，2016～2020年我国共获批355种新兽药（化药、中药、生物制品），其中一类24个、二类91个。兽药创制理论、制备工艺关键技术、安全性与有效性评价技术研究工作均有较大发展，形成了维他昔布（Wang et al.，2018d）、纳川珠利、太子参须、紫锥菊根等创新兽药，并进行了系统深入的药理学与毒理学研究，部分为国际首创品种。同时，在宠物新药研究方面取得了阶段丰硕的成果，在一定程度上改变了宠物药无专用药物的局面。中兽药现代化得到了长足进展，在健康养殖中发挥了重要的作用。

4）动物源性食品安全检测与控制研究不断进步

2014～2018年，对20余种兽用化学药物和饲料药物添加剂在猪、鸡、牛、羊体内的残留消除规律进行了研究，为休药期和最大残留限量的制定提供了科学依据（Li et al.，2021b；Dong et al.，2021）。构建了小分子化合物（兽药、霉菌毒素、非法添加物等）的生物识别材料库（抗体、受体、核酸适配体等），库容量超过600种，建立了酶联免疫吸附测定（ELISA）、侧流免疫层析和荧光免疫分析等上千种快速检测技术，研发出了ELISA试剂盒、胶体金试纸条、微流控/微阵列芯片和基于磁纳米材料的高效前处理试剂等300余种快速检测产品。研究建立了一批兽药残留的高通量筛查、高精度识别新方法，制定或修订了超过300种动物源性食品中兽药残留检测的国家/行业标准，为国家动物源性食品安全监管提供了技术手段和检测试剂。

5）动物源病原菌耐药性形成与传播机制取得重要进展

2008年至今，我国建立了动物源细菌耐药性监测技术平台和耐药性细菌资源库，创建了具有自主知识产权的动物源细菌耐药数据库，基本摸清了我国动物源细菌的耐药性状况。在耐药性形成机制方面，我国在黏菌素耐药肠杆菌和碳青霉烯类耐药肠杆菌耐药机制的研究上处于世界领先地位，率先发现了可转移性的多黏菌素耐药基因*mcr*及变异体，解析了其在人源、畜禽源、宠物源、食品源、水产源及其相关环境的流行传播特征与传播的风险因素，揭示了碳青霉烯耐药基因bla_{NDM}与多黏菌素耐药基因*mcr*携带菌在家禽生产链上的不同传播模式以及沿食物链与生态链传播的风险，潜在危害人类健康（Liu et al.，2016；Wang et al.，2020a）。研究成果进一步丰富了细菌耐药性理论基础，促进了我国动物源细菌耐药性风险评估与控制工作的开展，提升了我国细菌耐药性研究在国际上的地位与影响力，尤其是引领了世界上关于多黏菌素耐药性的研究，为世界卫生组织（World Health Organization，WHO）、世界动物卫生组织、联合国粮食及农业组织（Food and Agriculture Organization of the United Nations，FAO）、欧洲药品管理局（European Medicines Agency，EMA）等许多组织，以及中国、泰国、日本等许多国家对多黏菌素管控政策的转变提供了关键的科学数据。

6）疫苗、诊断试剂分子设计与产品创新

疫苗、诊断试剂等防控产品有效地控制了重大动物疫病的流行，在保障我国畜牧业可持续健康发展方面发挥了关键的支撑作用。在禽病防控上，我国在禽流感、新城疫、鸡传染性支气管炎等家禽疫病防控研究方面取得了重要成果，先后创制出 H5 禽流感疫苗和 H7 禽流感疫苗，为我国高致病性禽流感和人感染 H7N9 禽流感的有效防控发挥了重要作用（Shi et al.，2018）；还创制了免疫原性强、毒价高、毒力低、与当前优势流行株匹配性好的基因Ⅶ型新城疫疫苗，有效地控制了免疫鸡群和鹅的新城疫（刘秀梵，2020）。我国在其他禽传染病（如鸡传染性支气管炎、鸭瘟、鸭坦布苏病毒病）等禽病应用研究方面也取得了重要成果。在猪病防控上，截至 2018 年底，我国批准注册的猪用生物制品有 100 多个品种（吴华伟等，2019），先后研制出针对高致病性猪繁殖与呼吸综合征、猪流行性腹泻、猪轮状病毒（G5 型）、猪伪狂犬病的减毒或灭活疫苗与猪圆环病毒 2 型亚单位等，研制出国内外首创的猪气喘病弱毒疫苗。在马、牛、羊等动物疫病防控技术研发上，消灭了牛瘟和牛肺疫，全面控制了马传染性贫血。在口蹄疫防控上，成功创建了制苗种毒分子选育技术平台，创制了覆盖亚洲 I 型、O 型和 A 型的系列高效灭活疫苗，及时遏制了口蹄疫大流行。我国在布鲁氏菌病、结核病、狂犬病、炭疽病等重要的人畜共患病防控上也取得了进展，在布鲁氏菌病相关疫苗和诊断试剂研究中走在了世界前列，既有传统活疫苗 M5/M5-90、S2 和 A19，也有新型标记疫苗，给该病防控提供了多种选择，有利于针对不同流行地区布鲁氏菌病采取不同的防治策略和手段。此外，在我国炭疽病已基本得到控制，血吸虫病防控全面迈入消除进程。

近年来，新技术不断用于疫苗的设计创新。我国利用反向遗传学操作技术、人工染色体克隆技术、基因编辑技术、合成生物学技术等新兴研究手段，构建了一系列带有（毒力）基因缺失、外源基因插入标记或可表达细胞因子增强免疫力的重组细菌或病毒，获得了疫苗候选株。同时，利用合成生物学技术、蛋白质表达纯化技术、病毒载体表达系统等构建新型亚单位疫苗或活载体疫苗。此外，在新型佐剂的开发、口服疫苗创制和无针头注射器免疫方法摸索方面均有突出进展。其中，猪瘟 E2 蛋白亚单位疫苗、口蹄疫多肽疫苗以及猪圆环病毒 2 型病毒样颗粒（VLP）疫苗等一批兽用亚单位疫苗的成功研制和上市，以及配套开发出能够区分野毒感染和疫苗免疫动物的鉴别诊断方法，为提升兽用疫苗的安全性做出了重要贡献，为疫病的净化提供了重要的技术支持和产品支撑。

动物疫病的日趋复杂化，对检测的准确性、通量和便捷性提出了更高要求。尤其是非洲猪瘟疫情在我国的发生和流行，使得快速、准确、易用的现场诊断技术以及相关配套的仪器试剂开发成为近几年的焦点工作，相应技术开发驶入“快车道”，大量基于实时定量PCR、数字PCR、等温扩增技术、免疫层析技术、深度测序技术、微流控技术的新型检测方法开发成功并迅速或即将投入商用。

7）兽医学学科国际化程度和国际影响力获得提升

近年来，以中国农业大学、华中农业大学、南京农业大学及华南农业大学为代表的国内高校纷纷与欧美知名高校，如爱丁堡大学、爱荷华州立大学、堪萨斯州立大学、根特大学、匈牙利布达佩斯兽医大学等，签署了合作协议，在实现学生联合培养、学生访问实习、合作研究、学术交流、教师互访等多个方面进行了广泛而深入的国际合作。在国家留学基金管理委员会、堪萨斯州立大学、硕腾公司、中美动物卫生中心、中国兽医协会等多个单位和组织的共同支持下，通过中美联合执业兽医（DVM）奖学金项目，培养了多批达到美国执业兽医师认证水平的DVM毕业生。上述举措极大地促进了我国兽医教育与国际接轨及国际化程度。

我国兽医领域的国际学术话语权和学术影响力不断增强，一批兽医领域学者担任领域内国际期刊编辑或编委，多名学者多次入选科睿唯安（Clarivate）与爱思唯尔（Elsevier）年度高被引学者榜单，兽医药理学与毒理学进入基本科学指标（ESI）数据库全球1%学科等。同时，国际猪病大会、国际猪繁殖与呼吸综合征学术研讨会、国际奶牛乳房炎大会、环球食品安全及抗生素耐药性国际大会、国际家禽大会等会议在我国的召开，对我国兽医科研工作者在国际发声起到了重要的推动作用，彰显了我国兽医学学科的国际影响力。

（二）发展布局

兽医学发展要着眼学科前沿，立足自主创新，培植新兴学科领域，优先支持健康养殖与重大疫病防控、动物源性食品安全、兽医公共卫生安全三个方向上的基础与应用基础研究。充分利用多学科交叉手段、新兴生物技术、信息技术等，推动兽医科学发展。兽医学科从根本上要围绕重大产业需求和国家战略需求展开科学研究，解决健康养殖与疫病防治、食品安全、生态安全、生物产业发展中的深层次科学问题和“卡脖子”技术难题，从而使我国进入世界兽医学研究与技术创新的先进国家之列。

四、兽医学的发展目标及其实现途径

（一）发展目标

未来 5 年，兽医学科发展要立足于保障动物健康、食品安全、公共卫生安全、人类健康等国家战略需求。在动物疫病防控方面，要加强对病原流行病学、生物学特性和感染致病机制的研究，加强对新发病原的认知及再现病原的重新认知，建立重要动物疫病的特异、快速、早期诊断方法，优化原有疫苗，创制新型疫苗，以提高疫病防控效果，推动疫病净化和根除。在微生物耐药和动物源性食品安全方向上，加强重要病原菌耐药性的形成、传播机制和控制技术研究，加强动物源食品安全的应用基础研究，注重新方法、新技术的开发与利用。

未来 10 年内，我国需要解决几个影响兽医学未来发展的“卡脖子”问题，需要重点资助以下几个领域。①兽医基础免疫生物学研究。我国对与猪、鸡、牛、羊等动物免疫相关的基础研究和应用基础研究比较落后，用于动物疫病防控的产品较少，不能满足动物生产的需求。②重大动物疫病与人畜共患病的病原学与致病机制研究。③重要动物疫病和新发病的诊断、监测预警与风险识别。④重要动物病原菌耐药性流行传播机制、风险评估与防控。⑤新兽药创制及关键生产工艺技术。⑥重大动物疫病与人畜共患病的综合防控、净化与根除。对上述问题的研究将显著提升我国动物疫病综合防控理论和应用水平，进而保障畜牧业健康、可持续发展，保障人民健康和公共卫生安全。

（二）实现途径

坚持“科学布局、优化资源，创新机制”的总体思路，加大兽医学科建设力度，完善现有的科技创新支撑体系；坚持“四个面向”，以产业战略需求为导向，采取“学科融合、联合攻关、重点突破”的策略，提升自主创新能力；坚持科技规划顶层设计，加强原创性、引领性科技攻关，规划启动并实施一批动物疫病防控领域的重大工程科技专项。基础研究强化应用牵引，突破瓶颈，从经济社会发展和国家安全面临的实际问题出发，凝练科学问题；科技攻关坚持问题导向，奔着最紧急、最紧迫的问题，从国家急迫需要和长远需求出发；拓展兽医领域的国际交流与合作，增强兽医科技国际话语权和竞争力；引育并举，积极培育国家级创新群体，使我国早日进入世界兽医学基础研究与技术创新先进国家之列。

第二节　优先发展领域和重大交叉领域

一、优先发展领域

未来5～10年，建议兽医学基础研究优先发展以下领域。

（一）非洲猪瘟的流行病学、感染致病和免疫逃逸机制

非洲猪瘟疫情重创我国生猪产业，至今仍无有效的疫苗或抗病毒药物问世。非洲猪瘟病毒的粒子结构复杂，基因组庞大，编码超过150种蛋白质，大部分功能未知。目前，对非洲猪瘟病毒病原生物学与生态学、流行病学、遗传演化、病毒感染与致病机制、免疫逃逸机制、免疫保护机制等重大科学问题的认识不清，严重影响了非洲猪瘟新型疫苗的研制和疫病防控。急需通过多学科交叉技术手段解析非洲猪瘟病毒的病原生物学特性、感染与致病机制，为精准开发非洲猪瘟防控产品，进而有效防控非洲猪瘟的流行提供理论依据和技术支撑。

主要科学问题包括：①非洲猪瘟病毒编码蛋白质的结构与功能；②非洲猪瘟病毒复制的分子生物学；③非洲猪瘟病毒与宿主细胞互作调控病毒复制的分子机制；④我国非洲猪瘟的流行病学及病毒遗传演化机制；⑤非洲猪瘟的感染与致病机制；⑥非洲猪瘟病毒的免疫逃逸机制；⑦非洲猪瘟病毒感染的免疫保护机制。

（二）畜禽新发和再现重要疫病的病原生物学

畜禽新发和再现动物疫病仍是严重影响我国畜禽产业健康发展与食品安全的首要因素。我国对畜禽新发和再现重要疫病病原的基础研究薄弱，特别是对畜禽新发疫病病原的结构与功能、感染与致病机制、免疫机制等的认知欠缺，对畜禽再现重要疫病病原的演化、变异和重组机制等方面的研究不够。系统研究上述问题对畜禽新发和再现重要疫病的预防与控制具有重要的现实意义和紧迫性，可为畜禽新发和再现重要疫病的疫苗、诊断技术与药物设计以及防控策略的制定提供理论和技术支撑。

主要科学问题包括：①畜禽新发和再现重要动物疫病的传播机制、流行规律与预警；②畜禽新发和再现重要病原的结构与功能；③畜禽新发和再现重要疫病疫原的感染与致病机制；④畜禽新发重要疫病病原的免疫生物学；⑤畜禽再现重要疫病病原的遗传演化与变异机制；⑥畜禽抗新发和再现疫病病原的免疫机制。

（三）畜禽病原与宿主相互作用调控复制感染的分子机制

分析病原感染宿主的分子互作机制是阐明不同病原的致病机制、精准设计疾病诊断和防控技术及策略的关键。借助飞速发展的现代生物学新技术、各类组学分析等，从蛋白质、核酸、细胞代谢产物、非编码 RNA 等不同维度获得病原感染宿主的互作组大数据，筛选挖掘与病原入侵、感染、复制、装配、免疫等相关关键生物标记，解析在病原感染、复制、诱导病理效应中起关键作用的病原和宿主因子，揭示病原-宿主互作的生物表型，对动物疫病的精准诊断、预防及治疗策略等具有重要理论和现实意义。

主要科学问题包括：①病原入侵宿主细胞的分子机制；②病原复制与装配的分子机制；③病原的胞内转运及胞间传播机制；④病原与细胞分子或通路相互作用调控其复制的分子机制；⑤非编码 RNA 调控病原复制的分子机制；⑥病原与宿主互作状态下的转录组、蛋白质组、修饰组与功能表型；⑦病原对感染细胞的代谢影响及调控机制。

（四）畜禽重要病原感染传播与致病的分子基础

动物疫病严重制约我国养殖业发展。目前，我们对许多畜禽病原的病原学和病原生态学的认知取得了长足进步，但对病原在机体内的感染传播和致病机制仍知之甚少。病原如何与宿主免疫系统互作引起免疫抑制与免疫逃逸以及持续性感染是亟待解决的科学问题。此外，多病原共感染或继发感染在临床上十分普遍，对宿主免疫系统的影响也更加复杂，对其协同致病的分子机制认知极其欠缺。利用多学科手段对上述问题进行解析和阐释，可为进一步研制有效药物和疫苗奠定理论与物质基础，对疫病防控具有重要指导作用。

主要科学问题包括：①畜禽重要病原在机体内的感染和传播机制；②畜禽重要病原持续性感染的分子机制；③畜禽病原共感染和协同致病机制；④畜禽重要病原诱导机体组织损伤的分子机制；⑤畜禽重要病原免疫抑制与免疫逃逸的分子基础；⑥畜禽重要病原感染的炎症反应及其调节机制。

（五）人畜共患病病原的生物学特征、跨种感染与致病机制

细菌性、病毒性及寄生虫性人畜共患病病原不仅可以感染畜禽，造成巨大的经济损失，而且可以感染人类，对公共卫生安全造成巨大威胁。研究人畜共患病，揭示病原微生物跨宿主传播的机制，探讨病原微生物突破宿主屏障的感染机制，对保障畜禽健康和公共卫生安全均具有重要的战略意义。研究病原微生物的致病机制，揭示宿主和病原的相互作用方式，可以为新药物研发、疾病防控奠定基础。

主要科学问题包括：①人畜共患病病原的时空分布、传播规律与遗传演化；②人畜共患病病原高毒力和高传播力的遗传决定因素；③人畜共患病病原跨种感染的分子机制；④人畜共患病病原的感染和致病机制；⑤人畜共患病病原的免疫逃逸与免疫抑制机制；⑥人畜共患病病原在不同宿主诱导免疫应答的特征和机制；⑦不同种属动物抗人畜共患病病原感染的关键宿主因子发掘。

（六）主要畜禽抗病的免疫学基础

疫苗免疫是预防与控制畜禽疫病、保障畜牧业发展的重要手段和策略。我国畜禽种类多，免疫系统与人和小鼠有显著区别，我们对畜禽免疫系统的认知仍相当匮乏。畜禽免疫学基础研究的滞后已成为制约畜禽疫苗设计研发及合理免疫防控措施制定的关键因素。因此，系统深入解析主要畜禽的免疫

系统组成生物学，揭示重要功能性免疫细胞发育、成熟、分化的过程和机制，发现和明确畜禽参与抗病免疫应答的细胞、分子的种类与生物学功能，挖掘和利用畜禽特有的免疫细胞与免疫分子，从而揭示主要畜禽抗病免疫的基础，对我国畜禽疫病防控、新型抗病药物分子设计及抗病育种精准设计具有重要的理论价值和意义。

主要科学问题包括：①主要畜禽免疫系统的生物学基础及比较免疫学；②主要畜禽抗病获得性免疫应答的细胞与分子机制；③主要畜禽抗病天然免疫应答的细胞与分子基础；④病原感染对畜禽免疫系统影响的机制；⑤主要畜禽特有免疫细胞、免疫分子的挖掘和利用及其免疫调节；⑥畜禽免疫记忆、免疫系统稳态及调控机制。

（七）疫苗设计创新与理论基础

疫苗免疫是保障畜禽健康养殖的核心技术手段。目前急需推进疫苗免疫学的系统性研究，急需挖掘宿主的抗感染基因和病原免疫保护性新基因，急需深入解析抗原结构特征和宿主应答特征与机制，从疫苗免疫调控角度解析影响宿主疫苗效力的免疫调控机制，创新提升安全、免疫效力、速效和长效等疫苗设计的理论体系，以形成提升安全、免疫效力、速效和长效的疫苗抗原设计的理论体系，为加快我国畜禽疫病控制和净化进程奠定基础。

主要科学问题包括：①宿主抗感染基因和病原免疫基因的系统性挖掘及其作用机制；②细胞免疫和体液免疫评价模型的建立，以及有效保护性抗原的高通量筛选；③疫苗候选抗原的结构特征；④疫苗种毒或抗原的设计和新型高效疫苗的创制与评价；⑤新型佐剂和免疫增强剂的筛选及作用机制；⑥疫苗的保护性免疫应答机制。

（八）动物黏膜免疫机制研究

黏膜是机体抵抗病原入侵的第一道防线。黏膜疫苗不仅能诱导产生黏膜免疫应答，还能诱导全身免疫应答，在抗感染免疫中发挥着重要作用。目前病原感染诱导畜禽黏膜免疫应答的分子机制尚不清楚，如何利用黏膜免疫应答机制提升黏膜疫苗的免疫保护效率一直是黏膜免疫的前沿课题。综合运用现代分子生物学、分子免疫学及细胞生物学等多个领域的前沿技术，针对如何增强黏膜免疫应答、提高黏膜免疫保护展开深入系统的研究，揭示不同策略的作用机制，可为高效激活黏膜免疫应答及黏膜疫苗的设计奠定理论基础，进而为有效防控动物疫病提供技术支撑。

主要科学问题包括：①畜禽不同黏膜屏障抗病的细胞和分子基础；②神经内分泌系统对黏膜屏障功能的调节；③黏膜免疫主要参与细胞及其功能鉴定；④肠道和呼吸道黏膜免疫调节及疫苗设计；⑤诱导黏膜免疫产生的主要佐剂研发及机制研究；⑥靶向策略增强黏膜免疫应答的机制；⑦益生菌作为抗原递呈系统诱导黏膜免疫应答的机制。

（九）重要动物病原耐药性的形成、传播与控制

目前，世界上对畜禽病原感染性疾病的防治主要依赖抗菌药物。我国养殖业广泛使用甚至滥用抗菌药，造成畜禽病原耐药率快速上升、耐药水平越来越高、耐药谱越来越广。畜禽耐药病原的大量出现与广泛传播，不仅影响我国养殖业的持续健康发展，而且威胁动物源食品安全和公众健康。因此，目前急需整合资源，针对畜禽病原菌耐药性机制与控制等方面的关键科学问题开展系统的基础研究工作，为新药研发、耐药性风险评估与控制政策的制定提供理论基础，并提升畜禽重要病原耐药性防控的技术水平，保障我国动物性食品安全。

主要科学问题包括：①畜禽病原菌重要耐药表型的遗传基础及新机制发现；② 新型耐药蛋白的结构功能解析；③耐药病原与耐药基因的环境定植与持留机制；④耐药菌、耐药基因跨宿主、介质传播机制和驱动因素；⑤重要畜禽病原耐药性适应性机制及耐药性逆转机制；⑥重要畜禽病原耐药基因和基因组演化规律；⑦重要畜禽耐药病原的识别、监测和预警；⑧畜禽耐药菌、耐药基因传播的控制技术研究。

（十）动物源食品中危害因子的识别与理论基础

抗菌药物、非法添加物、毒素等危害因子是动物源食品中重点监控的危害物。生物识别材料（如抗体、酶、核酸适配体、多肽分子等）是生物分析的关键识别元件，影响检测技术的灵敏度、特异性和稳定性。传统的基于杂交瘤筛选、噬菌体展示和指数富集的配体系统进化（SELEX）存在融合效率

低、抗体轻重链非天然配对、非特异富集等问题，导致获得的核心识别元件在复杂样本基质中适应性低，不能用于高灵敏快速检测。同时，由于识别元件与危害因子之间的分子识别机制不够明确，对其难以开展可操控的理性设计，从而提高其在极端检测条件下的识别性能。因此，需采用抗体组、单细胞测序、蛋白质测序、高通量测序、液滴微流控、基因编辑等技术，进一步开展危害因子的识别材料的精准制备、分子识别机制和理性设计，创制高亲和力、高稳定性的识别元件，促进动物源食品安全快速检测技术和产品的迭代升级。

主要科学问题包括：①小分子化合物的结构与其诱导抗体能力的内在相关性；②小分子化合物特异性抗体体内亲和力成熟机制；③基于液滴微流控的单个 B 细胞分选与测序；④基于高通量测序和蛋白质测序的抗体发现策略；⑤高稳定性生物识别元件的分子识别和进化机制；⑥基于基因编辑技术的抗体分泌细胞的改造与进化；⑦高性能生物识别元件的理性设计策略。

（十一）中兽医药传承与发展创新的基础研究

中兽医学是祖国传统医学的瑰宝，是我国兽医学中不可或缺的一部分。随着现代畜牧养殖业的快速发展，现代中兽医药是有效控制动物疫病、确保食品安全、减少耐药性发生的重要选择。然而，目前对中兽医学病证基础理论和中药防病治病的物质基础、作用机制及中药药性理论的认知极其匮乏。此外，动物针灸技术是祖国医学中又一璀璨的“明珠”，在动物麻醉与止痛、运动疲劳康复、动物运动神经障碍等方面得到广泛应用，但其作用机制仍不清楚。加强中兽医药的基础研究对积极推动中兽医药的现代化发展、传播和弘扬祖国传统医学具有重要的实践和现实意义。

主要科学问题包括：①畜禽疾病的中兽医病证证候基础理论研究；②中兽医传统治疗手段（针灸等）防治临床疾病作用机制研究；③中兽药研究；④中兽药生物活性物质基础与作用机制研究；⑤中兽药（复方）组方配伍规律及配伍增效、解毒、降低耐药的物质基础和作用机制研究；⑥非传统中药及药用部位药理学基础研究；⑦现代技术手段对传统中药药学成分功能表达影响的基础研究。

（十二）重要伴侣动物疾病的发病机制与治疗基础

随着物质的极大丰富，伴侣动物在人们的精神生活中占据越来越重要的位置。疫苗和驱虫药的推广与使用使得伴侣动物传染病及寄生虫病大幅度减少，随之而来的代谢性疾病（如肥胖症、脂肪肝等）、肿瘤疾病、细菌耐药等正成为宠物门诊最常见的问题和难题。我国伴侣动物诊疗起步较晚，研究基础薄弱，且缺乏系统性和前瞻性，严重影响治疗药物的研发和诊疗水平的提高。基于细胞、分子、组织器官及个体水平深入研究伴侣动物肥胖症、冠心病、肾病、糖尿病、肿瘤等疾病的发病机制，有助于开发新型有效的治疗制剂和制定有效的诊疗策略，有助于比较医学的发展。

主要科学问题包括：①伴侣动物重要代谢疾病的发病机制及治疗措施研究；②伴侣动物重要肿瘤疾病的发病机制及诊疗新技术研究；③伴侣动物源细菌耐药机制研究及数据库；④抗病新靶标的发现与治疗性生物制剂开发的基础研究；⑤伴侣动物重要遗传性疾病关键诊断技术及筛查；⑥伴侣动物行为学基础及诊疗流程的建立。

（十三）消化道微生态结构影响畜禽健康的分子基础

动物胃肠道系统含有大量常见有益微生物，其构成主要为细菌、古细菌、真菌、病毒等。以老鼠为模式动物的研究揭示，肠道微生态系统在机体消化与代谢、抗感染免疫、炎症反应、自身免疫、细胞与组织发育等过程中发挥着重要作用。目前，畜禽微生物组研究严重滞后，基础薄弱，肠道微生态系统在畜禽疾病发生、疾病诊疗与防控中的作用与机制研究亟待开展，有益菌群资源亟待挖掘。

主要科学问题包括：①畜禽肠道微生物组的宏基因组、转录组、蛋白质组和代谢组等资源挖掘；②畜禽肠道菌群的结构和功能及其与动物疾病的关联机制；③畜禽肠道菌群调控宿主抗感染免疫的分子机制；④畜禽肠道菌群结构变化与细菌耐药性的关系；⑤动物疾病相关肠道菌群（基因）标志物的筛选；⑥肠道益生菌（元）的规模化发掘和生物学评价体系的建立。

（十四）野生动物病原谱与野生动物免疫应答机制

野生动物不仅是宝贵的自然资源，而且是天然的“病原库”。野生动物携带多种病原，威胁家养动物甚至人类的生命健康，特别是禽流感等疫病随候鸟迁徙的全球传播对公共卫生威胁极大。我国在野生动物病原生态学方面缺乏连续和系统的流行病学调查，野生动物病原谱不清晰，急需借助现代生物技术明确野生动物重要病毒感染谱，揭示野生动物携带病原体的生态分布特征与遗传演化规律；发现和鉴定新病毒，阐明它们在重要疫病发生发展过程中的作用，为重要和新发疫病的防控提供科学依据。另外，目前我国野生动物（如大熊猫等）疫苗缺乏，主要依赖家养动物或其他种属动物疫苗，由于种属间及个体间差异大，免疫效果常不确实，急需开展野生动物特有免疫应答机制相关研究，为野生动物新型疫苗的设计和评价奠定基础。

主要科学问题包括：①野生动物源性病原背景特征；②野生动物重要病原感染谱及其经迁徙动物全球传播机制；③野生动物新发与未知病原的预警、发现与鉴定；④野生动物病原和宿主的协同进化分子机制；⑤野生动物免疫系统及免疫应答机制；⑥野生动物病原感染的模式动物构建与评价体系。

（十五）畜禽应激适应与重要营养代谢病发病机制研究

在现代化的畜禽养殖生产过程中，环境、免疫压力、过度集约化饲养和超高水平的营养供应等众多应激源因素使得畜禽代谢与免疫稳态失衡，群发性营养代谢病频频发生。目前关于畜禽在生理和病理条件下应激反应的生理、生化和分子生物学研究还非常薄弱，这一领域的空白已成为保障畜禽健康、有效防病治病的瓶颈。因此，在进行系统流行病学的基础上，深入研究重要疾病的发病机制，明确疾病发生的关键环节、调控分子或信号通路，有利于建立早期诊断及预测预报的关键技术体系，有利于探索精准的干预（调控）策略和方法。

主要科学问题包括：①应激条件下畜禽细胞内应激反应机制；②应激对畜禽神经-内分泌-免疫网络的影响及其机制；③畜禽亚临床微量元素营养缺乏与免疫功能；④畜禽重要营养代谢病发病的新机制及调控；⑤畜禽营养代谢病的代谢物质筛选和特异分子标记；⑥畜禽营养代谢病发生、发展及群发的机制；⑦畜禽代谢应激适应机制；⑧机体微生物（菌群）与畜禽营养代谢病。

二、重大交叉领域

（一）基于人工智能的畜禽动物健康评估和疫病远程诊断技术

随着我国养殖业的规模化和集约化程度增加，传统手段效率低下，无法实现提质增效。养殖业对机械化、信息化和智能化的要求越来越高，通过整合兽医学、机器人、人工智能、边缘计算等技术，对畜禽生理指标、环境、微生物等进行自动化和智能化监测；通过人工智能、云计算等找到影响畜禽健康的关键因素，建立畜禽健康评估模型；整合现场快速检测、人工智能和5G互联网，实现动物疫病的远程智能化诊断，进而为畜禽健康监测和疫病监测预警提供重要支持。

主要科学问题包括：①探索影响畜禽健康的关键因素，筛选评价畜禽健康的关键指标，建立畜禽健康的评价模型；②畜禽健康指标的智能化现场采集设备和装置，以及重要信息的边缘计算分析平台；③畜禽疫病的远程诊断数据库和云平台建设，实验室诊断和人工智能的有机结合，基于诊断结果的人工智能决策。

（二）基于“同一健康”理念的病原生物耐药性机制与控制研究

病原生物耐药已成为全世界亟待解决的公共卫生问题，其耐药性与传播涉及动物、食品、环境、人群等多个层面，需要兽医学、环境科学、食品科学、基础及临床医学等多学科共同参与。动物养殖业被认为是病原生物耐药性产生的重要源头之一，可导致耐药生物及其耐药基因在“动物—食品/环境—人群”全链条流通，威胁人类健康。因此，基于“同一健康”理念，开展病原生物耐药性的全链条传播与控制研究迫在眉睫。

主要科学问题包括：①耐药病原生物、耐药基因在全链条不同环节传播的暴露和驱动因素；②耐药病原生物、耐药基因在动物、食品、环境和人中的分子传播机制与关联性；③耐药病原生物、耐药基因在全链条的时空流行规律；④养殖环境和生态环境中耐药病原生物的宏基因组结构和功能研究；⑤动物、食品与环境源耐药病原生物、耐药基因对人类健康的潜在风险评估；⑥抗生素残留和细菌耐药性对农业发展、生态环境及人类健康影响的经济负担；⑦全链条耐药性防控网络体系的构建。

（三）基于纳米等新材料的动物源食品安全和动物疫病检测诊断技术及治疗

动物源食品安全和动物疫病是事关经济发展、社会和谐和民众切身利益的重大战略问题。“十三五”期间，在动物源食品快速检测和动物疫病快速诊断领域，一批核心技术取得重大突破，部分快速检测试剂实现了国产化，打破了国外技术和市场垄断的局面。当前发达国家在快速检测 / 诊断领域正与纳米材料快速融合，开发出了高灵敏、多靶标、自动化和数字化的下一代快速检测技术及产品。我国在纳米材料与快速检测 / 诊断研究领域还较为薄弱，急需通过兽医学、化学、生物学、食品科学、材料学等多学科交叉，系统研究各类新材料靶标物吸附机制、增敏传导机制及生物兼容性机制，为纳米等新材料在复杂样本前处理及高效生物耦联中提供支撑性理论和技术手段。

主要科学问题包括：①新型纳米材料的靶标物特异性吸附机制；②纳米探针等在食品基质中的增敏机制；③新型材料的设计及其与生物识别分子的高效定向耦联；④新型材料在微阵列、微流控等新检测模式下的兼容性。

（四）新型畜禽专用药物的创制及作用机制研究

兽药在畜牧业中具有不可或缺的重要地位。传统兽药存在资源消耗大、畜产品残留高、环境污染重，以及长期不规范使用产生严重的细菌耐药等问题，极大地影响畜产品质量安全、生态安全、公共卫生安全，以及畜产品国际竞争力，因此创制绿色兽药是未来发展趋势。我国兽药研发水平与发达国家相比还存在较大差距，存在兽药品种少、同质化严重、竞争力差、市场占有率低等问题，难以满足我国多模式绿色健康养殖需求，迫切需要加强新型畜禽专用兽药创制的基础理论和前沿技术研究。

主要科学问题包括：①抗病原微生物新靶标的发掘；②新型抗病原微生物先导化合物创制与作用机制；③现有兽用药物未知分子作用及毒性机制；④新型兽用药物高通量挖掘与新药分子设计；⑤抗微生物天然产物的筛选与发掘；⑥新型复方和组方筛选及与增效剂协同作用机制研究；⑦兽用新剂型与药物高效递送系统；⑧新型替抗产品的筛选与发掘。

第三节　国际合作优先领域

经济贸易全球一体化使得重要动物疫病与人畜共患病、耐药生物跨境传播日趋频繁。随着“人类卫生健康共同体”的提出和“一带一路”倡议的不断深入，急需跨地区和跨国界地积极参与生物安全和动物疫病防控全球治理，共同携手应对日益严峻的新发突发动物传染病和微生物耐药等严峻公共卫生威胁。急需加强科学研究联合攻关，深入研究重要动物病原的宿主亲嗜性、致病机制与传播机制，提高我国动物疫病的监测、预警和防控水平，更好地遏制重大动物疫病与人畜共患病、耐药性病原菌的进一步蔓延，提升我国的国际影响力和国际话语权。

主要科学问题包括：① 重要动物源人畜共患病的流行、传播机制与溯源；②虫媒病的媒介生物遗传多样性、虫媒病的传播和溯源；③草食动物外来病的流行、监测预警与溯源；④细菌耐药性的形成、传播途径与控制。

第十章

水 产 学

水产品为我国人民提供了约 1/3 的优质动物蛋白，中国的水产养殖产量占世界总产量的 2/3 左右（联合国粮食及农业组织，2022）。水产不仅是中国重要的民生产业，是粮食安全和国民营养的重要保障，而且国际影响巨大。水产业绿色发展的国家战略迫切需要水产学学科的科技支撑与引领。

第一节　水产学发展战略

一、水产学的战略地位

水产学是一门研究水域环境中经济动植物增养殖与捕捞的理论与工程技术的综合性学科。内陆和海洋水域经济水生生物（鱼、虾、贝、藻类等）的资源结构与数量变动规律、资源养护、增殖放流、全人工养殖、捕捞收获等都属于它的研究范畴。水产学是一门传统的学科，同时又具有鲜明的学科交叉特征，与湖沼学、海洋学、淡水生物学、海洋生物学、遗传学、基因组学、生物技术学、资源保护学、生态学、种群动力学、经济学、管理学等交叉渗透。

水产学学科具有重要的战略地位，为促进水产产业绿色高效发展、保障优质动物蛋白高效供给、拓展粮食安全战略空间、建设国家生态文明和实施乡村振兴战略提供科技支撑。水产学学科以理论与实践相结合为基础，以满足国家经济社会发展重大需求为牵引，以保障人民对优质水产品和优美水域生态环境需求为目标，以解决产业发展的瓶颈技术及其蕴藏的核心科学问题为导向，聚焦于水产生物的基础生物学特征及其调控机制、重大优良水产新品种创制与培育、水产养殖绿色高效发展模式以及水产资源保护和利用，强调养殖生物的良种化、养殖技术的精准化、养殖工程装备的智能化、环境保护与资源养护的生态化。

水产养殖是饲料效率最高的动物蛋白食物生产方式，具有节地节粮节水的特点，其对世界食品生产和粮食安全的作用已得到国际社会的广泛认同（Golden et al.，2021）。早在1995年，海洋生物技术与水产养殖就被美国列入21世纪四个优先发展的重点领域之一。2015年在联合国大会通过的《2030年可持续发展议程》预计，2050年全球人口将达到97亿人，粮食安全将面临挑战。联合国粮食及农业组织等机构发表了《2030年渔业展望：渔业及水产养殖业前景》，根据预测，到2030年，水产养殖提供全世界的水产品量将达到食用水产品总量的60%。联合国粮食及农业组织在《世界渔业和水产养殖状况2022》中指出，从全球来看，水产养殖对渔业和水产养殖总量（不包括藻类）的贡献已高达49.2%。因此，水产养殖作为一种增长最快的食品生产方式，以及其在保障全球食品安全和经济增长中发挥的重要作用，被联合国粮食及农业组织总干事所认可。这些国际权威机构和组织对水产业战略地位的广泛认同，为水产科学的发展提供了坚实的背景基础。

我国是世界水产养殖大国，自1991年起，中国的养殖产量连续30多年位居世界首位（联合国粮食及农业组织，2022），这是中国农业对世界的重大贡献之一。几十年来，我国的水产业在拉动农村经济发展、促进农业产业结构调整、增加农民收入和农村就业、保障农产品市场供给、提高农产品出口竞争力、优化国民膳食结构以及保障国家食物安全等方面做出了举世瞩目的重要贡献（Gui et al.，2018）。根据《2021中国渔业统计年鉴》，2020年，我国水产品总量共6549.02万吨，占世界总产量的约1/3；其中水产养殖产量为5224.2万吨，占世界水产养殖总产量的约2/3；渔业从业人口约1720.77万人，全社会渔业经济总产值为27 543.47亿元。目前，我们摄入的动物蛋白中，有1/3来自水产品。水产品具有高蛋白、低脂肪、不饱和脂肪酸含量高的优点，在满足食物安全和营养需求方面发挥了重要作用。人们对优质安全水产品的需求随着经济社会的不断发展及人民生活水平的提高进一步增大，进一步凸显了水产业日益提高的战略地位。鱼类被《中国居民膳食指南（2022）》推荐为优先选择的动物性食物，该指南建议我国人民每周食用2次水产品，推荐鱼、虾、蟹和贝类等水产品的每天摄入量为40～75克。但目前的实际每日人均摄入量约为30克，仅为全球人均水平的56%，从另一个方面说明水产养殖在保障水产品供给、满足我国人民健康需求和提高生活质量方面存在巨大的发展空间。

当前，我国水产养殖业正处于转变发展方式、调整产业结构的转型升级关键期。2013年，国家确定了促进海洋渔业持续健康发展的政策，制定了相应的措施，通过了《国务院关于促进海洋渔业持续健康发展的若干意见》。2019年2月，农业农村部等十部委联合印发《关于加快推进水产养殖业绿色发展的若干意见》，这是新中国成立以来针对水产养殖业发展制定的第一个国家级纲领性指导文件，标志着转型升级与绿色发展不仅成为水产养殖业的重大战略需求，而且将在国家生态文明建设和乡村振兴战略中发挥重要作用。因此，在水产业发展已经成为重要国家战略的时代背景下，作为水产行业的支撑学科，水产学迎来了前所未有的战略地位、新的发展机遇与广阔的发展空间。

我国水产业的发展，得益于包括国家自然科学基金委员会在内的国家各部门对水产学研究的支持。当前国家自然科学基金委员会强调坚持“鼓励探索，突出原创；独辟蹊径，聚焦前沿；需求牵引，突破瓶颈；共性导向，交叉融通”的资助原则，要求聚焦重大前沿科学问题和国家重大战略需求，在关键领域、“卡脖子”问题下功夫，为水产学在加快推进水产养殖业绿色发展和促进产业转型升级的国家发展战略中发挥重要的科技支撑与引领作用。

国家自然科学基金对水产学的资助范围包括：水产学基础（C1901）、水产生物遗传育种学（C1902）、水产生物繁殖与发育（C1903）、渔业资源与保护生物学（C1904）、水产动物营养与饲料学（C1905）、水产养殖学（C1906）、水产生物免疫学（C1907）、水产生物病原学与病害控制（C1908）、养殖与渔业工程学（C1909）。

二、水产学的发展规律与发展态势

作为一门应用科学，水产学的重要作用在于为满足人民对优质水产品和优美水域生态环境的需求提供科技支撑。当前，水产绿色发展的国家战略需求赋予了水产学的发展原动力，水产学与迅猛发展的其他学科的交叉融合则为突破水产学发展的难题与瓶颈提供了更强大的理论与技术支撑。因此，以绿色发展为目标导向，以学科综合交融为实现路径，是目前水产学最明显的发展规律和态势，这充分体现了水产学学科的自身发展需求、国家重大需求牵引与不同学科的交叉融合特征。

（一）水产业绿色发展的国家战略需求牵引水产学学科发展

渔业的绿色、优质、低碳和环境友好的可持续发展新理念已经成为国际共识。保障优质水产品供给并满足优美水域生态环境的战略需求，已经成为当今水产科技发展最重要的驱动力。

以生物技术为核心的水产遗传育种是水产业健康可持续发展的基础（Houston et al.，2020）。系统解析水产动物重要经济性状形成的分子基础，深度挖掘性状调控的关键基因，开发利用基因编辑、干细胞和合成生物学等颠覆性生物技术，高效聚合甚至创造多种优良性状，培育高产优质、抗病抗逆、高效饲料利用和生殖可控、品质优良、利于加工等优良品种是水产遗传育种的发展趋势和国际竞争的焦点。

与国外单一养殖品种相比，我国水产养殖动物品种繁多，各种常发和新发疾病给水产养殖业造成了重大的经济损失。传统的以药物治疗为主的被动防控方式会带来药物残留、环境污染及病原耐药性增加等严重问题。研究病原-宿主-环境的互作关系与作用机制及其与疾病发生的相关性，在此基础上利用大数据分析平台构建重要疾病的预警预报系统，建立和完善水产养殖动物重要疾病的免疫防控和生态防控体系，将是服务水产业绿色发展的重要保证。

我国是世界第一水产饲料生产国，但我国的重要水产饲料原料严重依赖国外进口，极易因为国际贸易摩擦而严重影响我国水产业的发展。开发新型饲料资源，研究不同营养源与主要水产养殖动物健康和肉质的关系及机制，在揭示精准营养需求及其调控机制与排放的动力学基础上，结合我国水产养殖的不同模式，研发精准高效配合饲料配方、加工和投喂的理论与技术，为水产业可持续发展提供科技支撑。

我国的水产养殖产量主要来自池塘养殖模式，这一模式普遍采用高密度放养、大量投饲精养方式，面临养殖水环境劣化、生产效率低下、病害频发、产品安全隐患多、养殖尾水达标排放困难等诸多“卡脖子”问题，传统、粗放的池塘养殖生产活动将无法继续进行。研究池塘水-鱼-主要微生态要素之间的关系等生态有机化养殖亟待解决的重要科学问题，构建基于养殖生态系统稳定健康和营养素高效利用的池塘集约化养殖清洁模式的理论与技术体系迫在眉睫。

海洋渔业是我国水产业的一个重要组成部分，但是由于海洋渔业的过度捕捞、粗放式养殖、环境污染、栖息地破坏和气候变化等，渔业资源严重衰退，极大地影响了海洋渔业的可持续发展。现代海洋牧场是海洋渔业的一种新的可持续生产方式，集环境保护、资源养护和渔业持续产出于一体，研究海洋牧场的生产力演变、生物与生态环境互作机制及海洋牧场生态系统多样性与稳定性之间的耦合机制等生态过程与资源环境效应理论和技术，不仅对支撑海洋渔业转型升级具有重要意义，而且是实施国家海洋强国战略的需要。

（二）多学科交叉融合是突破水产学发展难题与瓶颈的必由之路

我国水产业经过多年发展，尽管已经成为世界规模第一、产量第一的水产大国，但是，一直困扰水产养殖业的“三靠”（靠经验、靠体力、靠天气）问题仍然没有得到彻底解决。其本质在于我国水产学研究尚不能为生产实际各环节提供精准高效的解决方案。突破这些制约水产业可持续发展的瓶颈，亟待多学科的交叉融合。

近年来，水产养殖模式向多元化发展，设施化和智能化的集约养殖模式，以及生态化和有机化的绿色综合养殖模式已成为主流，“智慧”“绿色”是水产养殖模式革新中最重要的两个关键词，而“高效、优质、生态、健康、安全”是未来的可持续发展目标。养殖模式的变革需要培育与之相适应的水产养殖对象，构建以养殖环境可控、养殖尾水达标排放、土地水电人力等资源节约、养殖生产高效、产品品质优异、物联物通等为主要特征的“工业化”养殖方式或大水面净水渔业、稻渔综合种养等“生态化”养殖方式。不仅如此，在国家大力推进现代生物技术和信息化技术整合的大背景下，互联网、大数据、云计算、人工智能和物联网等信息技术为水产养殖研究中的水环境质量判定、养殖对象识别、精准养殖投喂决策、智慧疾病诊断、养殖产量与产品安全等方面的科学管理奠定基础，推动智慧渔业的建立与发展。

正是因为多学科交叉融合成为突破水产学发展瓶颈的必由之路，近年来，诸多发达国家布局了一系列相关的科技规划，以推动水产学与其他学科的交融发展。

2018 年 11 月，英国自然环境研究理事会与英国生物技术与生物科学研究理事会共同发起英国水产养殖计划，旨在研发鱼类疫苗、遗传育种新技术、近海养殖环境容量、疾病预报系统、再循环水产养殖系统、智能化监测系统等，以期实现英国水产养殖业的健康可持续发展。

美国也启动了多项计划支持水产学与其他学科的交叉研究，包括 2014 年启动的在水产养殖方面的国家计划（ARS National Programs in Aquaculture，NP106），美国农业部（USDA）水产养殖的特别研究资助计划（Special Research Grants Program Aquaculture Research）以及美国国家海洋和大气管理局（NOAA）部署的赠海学院计划（National Sea Grant College Program）等。这些计划全面涵盖水产品种的培育、营养需求、疾病防控、养殖模式、装备设施等水产养殖产业应用基础研究的各个关键环节，旨在支持在美国发展环境和经济上可持续的水产养殖业，并发展具有全球竞争力的美国水产养殖业。

2017 年 5 月，国际农业研究磋商组织发布 2017 ～ 2022 年研究计划总体布局，其中渔业研发计划重点关注可持续水产养殖，包括鱼类育种与遗传学研究，饲料、鱼类营养与健康，水产养殖系统开发，海洋渔业与气候变化适应等。此外，2017 ～ 2022 年研究计划还大力支持 3 个支撑性研究平台的建设与发展，包括农业大数据平台、卓越育种平台和基因库平台。

三、水产学的发展现状与发展布局

（一）基于 SCI 论文统计的我国水产学国际地位

基于 Web of Science 核心数据库，2018 年 12 月检索到水产科学领域 2009 ～ 2018 年发表的 SCI 学术论文 139 261 篇。2009 ～ 2018 年，水产科学领域发表 SCI 论文最多的为美国，其次为中国，其后依次为日本、澳大利亚、加拿大和西班牙等。2009 ～ 2018 年，中国发表的 SCI 论文数量呈明显增长趋势，2018 年发表论文数量首次超过美国，其他主要国家表现基本稳定。从发表 SCI 论文的机构来看，中国科学院居第 1 位，其后依次为中国水产科学研究院和美国国家海洋局等。2009 ～ 2018 年，水产领域发表 SCI 论文的机构主要集中在中国科学院、中国水产科学研究院和中国海洋大学等国内机构，以及美国国家海洋和大气管理局、加拿大海洋渔业局和美国华盛顿大学等少数国外机构。

（二）水产学优势方向的发展现状与发展布局

1. 水产生物遗传育种学

我国在水产动物基因组学、鱼类基因工程育种等领域处于国际前沿，完成了太平洋牡蛎、半滑舌鳎、草鱼等重要养殖水产动物的全基因组测序和精细图谱绘制（Zhang et al.，2012；Chen et al.，2014b；Wang et al.，2015b），获得大量的候选功能基因，但这些物种的生长、抗病抗逆、性别调控、生殖等重要性状的关键调控基因及遗传机制仍不清晰，识别出的具有重要育种价值的功能基因仍然缺乏。全基因组选择育种、基因编辑育种等前沿高新技术开始应用于水产种质创制。扇贝、草鱼等基于全基因组信息的遗传选育取得重要进展：完成了斑马鱼 1 号染色体全基因的系统性敲除，建成了我国首个大规模斑马鱼定向突变体库，也首次实现了脊椎动物单条染色体的系统性基因敲除（Sun et al.，2019）。通过鱼类染色体组操作和雌核发育等技术，培育出鱼类优良新品种，干细胞移植和“借腹怀胎”等细胞工程育种技术也取得重要突破。然而，重要养殖鱼类等育种仍然面临繁殖周期长、育种效率低、精细机制解析不够等结构性问题，成为制约水产动物分子精准设计育种的瓶颈因素。

2. 水产动物免疫学和病害防控

我国在水产免疫与病害领域的研究处于国际“并跑”地位，主要体现在病原的分离鉴定、病原感染致病机制及绿色生态的免疫防控制品研制等方面。相继分离鉴定了多种水产动物致病性病原，完成了多种水产病原微生物的全基因组序列测定，明确了部分病原微生物的致病机制及流行传播途径。系统全面解析了代表性水产动物的免疫系统组成，发现与鉴定了一批新的免疫分子和免疫细胞，揭示了水产脊椎动物和无脊椎动物应对细菌、病毒和寄生虫感染的免疫反应与调节机制（Xu et al.，2020b）。在水产动物免疫防治技术领域开发出中草药、有益微生物、免疫增强剂等制品，取得了较好的病害防控效果。近年来鱼类疫苗的研制工作进展迅速，9个疫苗（截至2021年）已获得一类新兽药证书（王启要，2022），一大批针对多种病原的鱼类候选疫苗正在临床前或新兽药证书申报阶段，包括减毒疫苗、弱毒疫苗、灭活疫苗、亚单位疫苗，以及对多种病原具有交叉免疫效应的多价疫苗等，对减少和避免抗生素及化学消毒剂的使用、提高水产品质量安全和保护环境具有重要意义。然而，目前人们对大多数新发和常发病原的致病机制仍不清楚，水产动物抗病原感染免疫的分子与细胞基础仍有待阐明，病原-宿主-环境的三者互作及其在水产养殖动物病害发生中的作用以及三者之间互作调控机制仍需要深入研究。

3. 水产动物营养与饲料学

我国水产动物营养基础研究的学术质量已经基本达到欧美等传统水产强国的水平，尤其在主要营养素的代谢与分子调控以及肠道菌群的营养调控领域已取得了多项前沿性的突破，我国水产动物营养与饲料研究已初步建成主要养殖品种基本营养需求数据库，阐明了主要养殖品种对蛋白质、脂肪和糖类的主要细胞代谢方式和主要代谢路径，鉴定和解析了一系列关键的营养素感知信号和调控元件及其基本作用机制（Ji et al.，2021），基本构建起肠道菌群与水产动物的营养互作研究体系，初步明确了盐度、养殖密度、环境污染物等环境胁迫因子对主要水产生物营养过程和饲料利用的影响与相关机制，构建了饲料营养与养殖动物品质相互关系评价模型，初步开发了包括养殖鱼类蛋白质高效利用综合调控技术、植物性饲料源开发应用技术等一系列基于基础研究、面向产业发展的重要技术平台。但是，从产业角度看，我国的水产营养基础研究仍存在精准营养配给与调控研究不足、新饲料资源开发不够、加工工艺研究不深和替代抗生素等添加剂研究不强等问题。

4. 养殖模式与渔业工程学

不同于西方的单养模式，我国的水产养殖多采用混养模式，可循环利用营养素和能量，形成了以池塘养殖为主、多种养殖方式共同发展的特色。在可控、精准、绿色、低碳发展新理念的引领下，探索发展生态系统水平的水产养殖新模式。建立了池塘生态工程化循环水养殖模式、节能环保型工厂化循环水高效养殖模式、稻渔综合种养模式等一系列绿色养殖模式。大水面渔业正在逐步转型为以渔业资源利用与生物多样性保护和生态服务相协调发展为目标的生态渔业。海洋牧场建设在人工鱼礁投放、群落构建等关键技术方面也取得了重要进展。

在养殖与渔业工程学方面，池塘养殖设施装备、工厂化养殖设施装备、网箱与筏架养殖设施装备和深远海养殖设施装备的应用与推广，为我国发展环境友好型养殖业提供了重要保障。此外，信息技术在水产养殖领域也得到初步应用，包括多元、多因子养殖数字化管理技术，远程多路自动投饲装备技术系统，水产养殖专家决策系统等。在国家推进现代生物技术和信息化技术整合的大背景下，我国水产养殖业装备将进入机械化、自动化、数字化和智能化研发与生产密集期。

在我国水产业处于从“传统养殖”向“健康养殖”过渡尚未完成，却又面临向“无公害养殖”转型压力这个特殊阶段，水产学学科有两方面的任务需要完成：一方面，健康养殖的各种要素在基础理论和应用技术上还有待进一步完善；另一方面，健康养殖的理论基础和技术体系亟待构建。其中，设施渔业的设备研发、主要养殖品种针对养殖方式改变的性状优化、养殖废水的减排和处理等，均缺少基础性和前瞻性的研究。

四、水产学的发展目标及其实现途径

以支撑国家水产业绿色发展的战略需求为牵引，以满足人民对优质水产品和优美水域生态环境的需求为导向，以形成现代水产学理论体系为发展目标。

优先发展水产生物生理学、水产生物繁殖与发育生物学、水产生物遗传学、水产生物营养与饲料学、水产生物内分泌和代谢生物学、水产生物免疫学、水产微生物学、水产养殖系统生态学、水产养殖水化学等基础研究，为水产学各方向的发展提供基础理论支持。

加强渔业资源评价与保护、水产生物功能基因的发掘与优良品种培育、水产生物新型饲料资源开发与高效饲料研制、水产病原-宿主-环境的相互关系及其与疾病发生的相关性、病原检测、疾病监测平台建设、水产绿色养殖模式的理论与技术等应用基础研究，为水产业可持续发展提供种质资源、优良品种、高效饲料、病害防控和生态健康养殖模式等技术支撑。

扶持养殖生态工程原理与设施装备、水产生物新型生物饵料资源开发、水产动物应激生理学和遗传学基础、水产动物内分泌免疫学、水产动物生理生态学与行为学等基础和应用基础研究。

鼓励研究水产生物生长、繁殖和死亡物候特征对全球变化等的响应机制，海洋牧场群落构建与生境适应的理论与技术，水产养殖微生态环境的规律和精细调控，水产养殖绿色发展过程中的生物-生态联合净水机制，水产养殖生态系统恢复，渔业生态经济量化评估等交叉领域。

促进水产学与信息学、组学、合成生物学、大数据及自动化等的交叉融合，发展水产生物精准设计育种与智造的前沿变革性理论和技术，构建水生动物表型信息与调控模型，发展水产精准养殖智能决策与控制模式，建立水产品安全智能保障前沿理论与技术体系。

第二节　优先发展领域和重大交叉领域

一、优先发展领域

（一）水产生物重要经济性状的遗传解析和遗传参数评价

水产生物重要经济性状的遗传基础解析是培育优良养殖新品种的重要保证。生长、抗病、抗逆、性别决定、体色、品质和高效营养利用等既是水产生物重要的经济性状，也是水产生物最基本的生物学性状。这些性状的形成正是多基因在 DNA、RNA、蛋白质多层面复杂调控和表观修饰调控等耦合的结果。水产生物属于变温动物，其性状形成的遗传基础和调控机制与陆地生物存在明显差异，但是目前水产生物重要经济性状遗传解析的理论与方法大多借鉴或参考人类或陆地生物进行，这些理论与方法不一定完全适合水产生物，须鼓励探索、建立鉴定水产生物重要性状关键因子及其调控网络的新技术、新方法、新分析策略和集成数据库等。水产生物可以通过雌核发育、雄核发育和远缘杂交等操作获得优良性状（Ren et al.，2019），但这些优良性状的形成机制仍不清晰。研究水产生物重要经济性状形成的遗传基础和调控机制，对发展具有水产生物特色的种质创新理论和技术具有重大意义。

1. 主要科学问题

（1）主要水产生物重要经济性状的遗传参数评价、遗传基础解析和数据库构建。

（2）主要水产生物遗传变异和表观变异协同控制复杂性状形成规律。

（3）主要水产生物单性优良品系重要性状产生的遗传基础与调控机制。

（4）主要水产生物杂交优良品系重要性状产生的遗传基础与调控机制。

（5）主要水产生物多倍体优良品系重要性状产生的遗传基础与调控机制。

2. 阶段性发展路径

2021 ～ 2025 年：构建重要水产生物的基因组、转录组、蛋白质组等数据库资源平台，建立水产生物重要经济性状整合分析的新方法和新策略，开发适合水产生物特色的经济性状遗传解析算法。

2026 ～ 2030 年：深度解析重要水产生物的基因组，挖掘与验证关键变异位点和调控信号，构建 DNA-表观遗传 RNA-蛋白质的多层次组学动态图谱及性状相关的调控网络，揭示水产生物优良性状产生的遗传基础与调控机制。

2031 ～ 2035 年：建立适合水产生物特征的重要经济性状遗传基础解析的理论与分析方法。

（二）水产生物优良种质保藏利用和创制的关键理论与技术途径

水产生物种质资源是水产遗传育种和渔业绿色发展的基石。开展重要水域水生生物种质资源的调研、收集、鉴定与保藏，进行优良种质资源的开发与利用研究，对全面认识和保护我国水生生物种质资源、开发具有经济价值的水产生物资源、推动水产养殖业健康可持续发展具有重要意义。我国的水产业正处于转变发展方式、调整产业结构的转型升级关键期，迫切需要培育出适应集约化、生态化等养殖新模式和社会需求的优良品种，其中为适应未来集约化设施养殖，需要养殖动物具有适应高密度、低应激的驯化特征。但是，我国的水产生物种质创新的理论与技术仍处于探索阶段。斑马鱼等模式鱼类知识体系的爆发式增长与基因编辑技术的高效应用，为水产遗传育种提供了前所未有的大规模育种模型和候选基因。集成杂交育种、群体选育、家系选育、多性状复合选育、细胞工程育种及分子育种等育种技术，开发利用基因编辑、合成生物学等颠覆性现代生物技术，高效聚合甚至创造多种优良性状，开展这些优良种质创制技术体系的基础研究，对探索建立水产生物优良种质创制的关键理论和技术途径、加快培育精准设计的养殖新品种的进程具有重要意义。

1. 主要科学问题

（1）重要水域水产生物种质资源的收集、保藏、开发与利用研究。

（2）模式鱼类规模化突变体库和重要经济性状的表型组建设。

（3）主要水产生物高效种质创制体系构建的理论与技术。

（4）主要水产生物基于整合组学信息的分子育种理论与技术。

（5）主要水产生物优良基因型高效、快速、定向创制和聚合的理论与方法。

（6）水产养殖动物合成生物学技术的开发和建立。

（7）重要水产生物细胞工程育种的理论与技术。

2. 阶段性发展路径

2021～2025年：通过多种形式，收集保藏水生生物种质和遗传资源；构建重要水产生物的组学数据库，开发基于组学的遗传分析算法，大规模解析重要性状决定的基因组、表观组元件和分子模块，研究水产动物体内合成人体必需营养素的机制。

2026～2030年：结合大数据、人工智能等技术，建设水生生物种质的生态特征、遗传信息和表型特征数据库；规模化创建模式鱼类突变体资源库，构建重要经济性状形成的表型组；建立重要营养素在水产养殖动物体内合成的新途径。

2031 ～ 2035 年：建成水生生物种质和遗传资源永生库与重大基因库；建立水产养殖动物优良基因型高效、快速、定向创制和聚合的理论与方法；取得水产动物基于合成生物学等前沿技术创制种质的基础理论与核心技术突破。

（三）水产养殖动物的生殖调控机制及高效精准育种

我国水产养殖的转型升级与绿色发展，迫切需要精准设计培育出适应高效集约化和环境友好型等养殖模式的新品种。水产生物的高效繁育是进行品种遗传改良和养殖新对象开发的前提，也是维持养殖产量的基础。基于水产动物生殖策略的多样性与特殊性，国内外学者采用细胞工程育种、多倍体育种、远源杂交育种等技术，一方面成功培育出水产养殖新品种，另一方面开展了“借腹怀胎”与生殖干细胞等前沿育种技术探索。但是，由于水产养殖动物生殖机制仍不清晰，而且大多数水产动物因生殖周期长导致育种效率低下，这些已成为制约水产生物分子精准设计育种的瓶颈。近期，一批水产养殖动物的全基因组获得解析，为高效精准育种提供了潜在靶点。一些在水生动物生殖调控中发挥重要功能的因子被发掘（Mitchell et al.，2020）。深入研究水产养殖动物生殖的调控机制，不仅具有重要的理论意义，在此基础上创建全新的生殖操作技术，并进一步与基因编辑、分子设计、干细胞和“借腹怀胎”等技术相结合，将根本性提高水产生物的育种效率，是未来水产精准育种的核心变革性技术。生殖控制还是水产遗传改良新品种知识产权保护与应用的关键。

1. 主要科学问题

（1）水产养殖动物繁育的内分泌调控机制。

（2）水产养殖动物生殖细胞发生和分化的内外部微环境与免疫调控。

（3）水产养殖动物配子成熟和配子质量控制的关键功能基因与作用机制。

（4）水产养殖动物干细胞发育与操作原理。

（5）水产养殖动物生殖开关和生殖控制技术。

（6）水产养殖动物细胞靶向的基因编辑与分子设计基础。

2. 阶段性发展路径

2021 ～ 2025 年：揭示水产养殖动物配子体内发育和分化微环境的作用机制，筛选鉴定干细胞的分子标记和命运决定因子，规模化筛选鉴定水产养殖动物生殖细胞发育和分化的关键功能基因。

2026 ～ 2030 年：揭示建立异体移植受体与免疫耐受的新理论和新技术；创新生殖干细胞诱导分化、有效移植等细胞工程育种的理论与前沿技术；揭示水产养殖动物干细胞发育和干细胞操作的关键理论和技术；揭示调控水产养殖动物多样生殖方式和配子发生模式的关键因子。

2031 ～ 2035 年：建立水产养殖动物生殖开关的关键技术，建立水产养殖动物生殖干细胞高效移植和定向分化技术，建立干细胞和配子靶向操作的高效基因编辑与分子设计育种技术。

（四）水产生物重要性状关键功能基因的发掘及其作用机制

当前及未来世界水产养殖业发展的主要推动力是优良水产养殖新品种的培育。我国水产养殖的转型升级与绿色发展，迫切需要精准设计培育出适应高效集约化和环境友好型等养殖模式的新品种。目前已相继完成牡蛎、半滑舌鳎、草鱼、对虾等物种的全基因组测序，获得大量的候选功能基因，并发现了红耳龟温度依赖型性别决定的分子机制（Ge et al.，2018）。然而这些物种的生长、繁殖、抗病、抗逆、性别决定、品质和高效营养利用等重要性状的关键调控基因及作用机制仍不清晰，具有完全自主知识产权和重要育种价值的功能基因仍然缺乏，水产养殖品种的遗传改良和种业发展仍然难以满足水产绿色发展的战略需求。因此，在继续解析鱼、虾、蟹、贝等水产养殖动物基因组结构的基础上（Wang et al.，2020b），建立水产动物高通量的功能基因发掘与精准设计育种的理论和技术体系，发掘高产、优质、抗病、抗逆、性别决定、外形、体色、营养高效利用等关键功能基因，解析其遗传规律及调控机制，对创制精准设计的高产、优质、抗病、抗逆、性别可控和环境友好等突破性优良新品种具有重要意义。

1. 主要科学问题

（1）水产养殖动物高产关键功能基因及作用机制。

（2）水产养殖动物优质关键功能基因及作用机制。

（3）水产养殖动物抗病关键功能基因及作用机制。

（4）水产养殖动物耐低氧等抗逆关键功能基因及作用机制。

（5）水产养殖动物性别决定与分化关键功能基因及作用机制。

（6）水产养殖动物高效营养利用机制解析。

（7）水产养殖动物应激钝化的高效驯化机制解析及多基因耦联效应。

（8）水产养殖动物外形体色决定的分子机制解析及多基因耦联效应。

2. 阶段性发展路径

2021～2025年：构建重要水产动物的基因组、表观组、转录组和蛋白质组等组学数据库；建立水产动物性状的基因型-表型精准、高通量测定技术，构建水生动物重要性状的表型信息库；解析重要性状决定的基因组和表观组元件。

2026～2030年：规模化筛选鉴定水产养殖动物高产、优质、抗病、抗逆、性别决定、营养利用、外形体色等相关的关键功能基因。

2031～2035年：揭示水产养殖动物高产、优质、抗病、抗逆性状的遗传耦合机制；建立水产养殖动物多基因精细平行编辑技术，创制育种新种质；创建多优良性状高效聚合与定向设计育种技术体系，育成多性状聚合的优良品系。

（五）水产养殖动物重要疾病的预警预报与综合防控

我国是世界第一水产养殖大国，然而近年来其病害问题日益突出，各种常发和新发疾病给水产养殖业造成了重大经济损失，严重影响了产业的可持续发展。传统的以药物治疗为主的防控方式带来食品安全、环境污染和病原耐药性等诸多问题，难以适应水产业提质增效与转型升级的绿色发展需求。病害的发生是病原、宿主与环境三者之间相互作用的结果，研究水生动物重要新发或再发致病性病原种类、流行规律、致病特征和分布特征，可为水产养殖重要疾病的诊断、预警预报与生态防控打下坚实基础。在系统研究如何提高水产养殖动物免疫系统与免疫力的基础上，全面分析主要水产养殖动物致病性病原的病原生物学特性，同时探讨病原-宿主-环境的协同调控在水产养殖动物病害发生中的作用及互作调控机制，对揭示病害发生的机制、研究水产养殖动物病害的免疫干预新策略具有重要意义。此外，研发基于大数据的水产重大病害监测智能预警系统，构建集成免疫防控、环境防控及生态防控的新型安全高效综合防控体系，实现防控端口前移，变被动防控为主动防控，是现代渔业绿色转型升级的发展目标和主要研究方向。

1. 主要科学问题

（1）常发和新发疾病的重要病原、流行规律及重大疾病监测预警系统模型。

（2）水产养殖动物多病原共感染及协同致病机制。

（3）水产养殖动物病害发生过程中的病原-宿主-环境协同调控作用及机制。

（4）改善水环境和宿主健康益生菌的筛选与作用机制。

（5）抗病效应分子的发掘与作用机制。

（6）水产养殖动物重大病害的安全高效疫苗及设计机制。

2. 阶段性发展路径

2021～2025年：调查水产动物重要新发或再发致病性病原的种类、发病特征及分布特征，揭示主要水产养殖动物新发、再发致病性病原的病原学特性、致病机制、基因组结构及遗传变异机制；感染新发、再发性病原的不同水产养殖动物的抗感染比较免疫学研究；通过大数据挖掘不同水产养殖动物疾病发生与养殖水体环境之间的互作关系。

2026～2030年：阐明多病原共感染以及病原感染与水生微生物互作在水产养殖动物病害发生中的作用机制；建立标准化的水产动物病原感染模型，进行养殖病害的生物制品、药物及疫苗的筛选、使用效果评价；研究水产养殖动物病害的免疫干预新策略。

2031～2035年：解析病原-宿主-环境协同调控在水产养殖动物病害发生中的作用，建立基于关键指示因子或养殖动物健康阈值的疫病防控模型；建立集成免疫防控、环境防控及生态防控的综合防控体系。

（六）重要水产生物病害发生与免疫防御的细胞和分子机制

水产动物疫病频发，严重制约水产业的可持续发展。目前我国水产养殖动物疫病防控的研究已经达到国际“并跑”的水平，主要体现在病原的分离鉴定和病原感染致病机制等方面。但水产动物免疫系统的发生和功能研究，尤其是适应性免疫系统发生、功能及激活机制等研究仍处于起步阶段，还不能满足水产动物疫病免疫防治的现实需求。因此，系统深入研究宿主应对重要病原侵染的免疫反应和调控网络，揭示水产动物识别重要病原侵染的细胞和分子机制，阐明其免疫和代谢调控机制，将为未来实现水产生物病害的免疫防控提供理论依据，对促进我国水产养殖业健康可持续发展具有重要意义。

1. 主要科学问题

（1）水产生物免疫系统和免疫器官的发生、发育和功能。

（2）水产生物重要病原与宿主互作机制及病害发生机制。

（3）水产生物抗感染的先天性免疫和适应性免疫防御机制。

（4）水产生物不同免疫信号转导途径在防御病原侵染过程中的作用机制及调节网络。

（5）水产生物参与病原感染的代谢信号途径和免疫调控网络。

（6）新型免疫分子的鉴定及其功能与机制。

（7）水产养殖生物无特定病原（SPF）苗种培育原理与技术。

2. 阶段性发展路径

2021 ～ 2025 年：阐明水产动物免疫细胞的分型及其相互作用和功能，揭示水产生物重要病原感染与致病的分子基础。

2026 ～ 2030 年：阐明水产动物免疫系统激活和发生的分子机制，解析水产生物抗感染适应性免疫的细胞与分子基础及机制。

2031 ～ 2035 年：阐明水产动物免疫激活、免疫抑制、免疫耐受及免疫逃逸机制，揭示病原与宿主互作机制及病害发生机制。

（七）水产动物精准营养、代谢及其调控网络

我国重要水产饲料资源严重依赖于国外进口，如对大豆和鱼粉的进口依存度分别为 86% 和 75%，极易受国际贸易摩擦影响。开发非传统饲料源和新型水产生物饵料，发展环境友好型饲料、精准营养和精准配方已成为产业的重大需求与水产营养学的发展方向。然而，目前水产动物营养研究尚不能支撑对精准饲料配方和功能性生物饵料的定向开发。水产动物细胞精确感知不同营养素和饲料源并进行精准代谢调控的信号网络与机制不清晰，很难从生

物学机制上理解在不同种类、不同环境、不同饲料原料条件下水产动物对营养素利用存在的差异，这是发展精准营养和精准饲料配方的最大障碍。因此，当前的水产动物营养基础研究，必须要优先开展水产动物对主要营养素的细胞感知、消化、吸收、代谢及其精准调控机制的研究。尤其要探讨在利用非鱼粉蛋白质源、非鱼油脂肪源和廉价糖源情况下，水产动物对关键营养素的消化、吸收、转运、代谢等过程的生物学基础及其调控机制和调控网络，推动精准营养理论建设、精准饲料配方设计，挖掘或合成新型功能强化生物饵料。

1. 主要科学问题

（1）水产动物组织细胞对主要营养素和饲料成分的感知机制。

（2）水产动物主要营养素利用、代谢及精准调控机制。

（3）水产动物主要营养素代谢的调控网络解析。

（4）水产动物营养、代谢与肠道微生物的互作。

（5）水产品品质特性形成与营养代谢的关联机制。

（6）水产动物健康和品质的精准营养调控机制。

（7）新型饲料原料加工特性及营养性能过程变化机制。

2. 阶段性发展路径

2021～2025年：阐明水产动物组织细胞对主要营养素的感知元件、代谢关键步骤和关键内源调控因子；解析水产动物主要营养素摄取、吸收、代谢及差异化利用机制；揭示水产品品质特性形成与营养代谢的关联机制。

2026～2030年：阐明水产动物主要组织对主要营养素感知、利用和代谢过程与调控因子的关联机制；明确主要营养素在水产动物体内代谢的调控靶标、信号与系统；解析水产动物营养、代谢与肠道微生物的互作。

2031～2035年：解析水产动物主要营养素代谢的调控网络；明确外源调控因子或饲料源成分对水产动物营养代谢的调控靶点、原理与结果，构建水产动物精准营养理论体系；揭示水产动物健康和品质的精准营养调控机制。

（八）水产动物营养供给、代谢与养殖环境的互作

水产动物活动于水环境中，其营养和代谢过程与水环境密切相关。目前已知环境会改变水产动物的营养供给与代谢，显著影响饲料效率、生产性能

和品质安全。反之，水产动物营养供给与代谢又能通过物质循环与氮磷排放影响水环境。当前绿色优先的环境友好型养殖模式是水产业的发展趋势。然而，水产动物营养供给、代谢与环境之间的互作至今缺少深入研究，相关理论基础几乎空白。需要优先研究水产动物营养供给、饲料加工、饲料投喂与养殖环境的互作，尤其需要关注环境因子对水产动物营养供给和能量代谢的影响，关注营养调控在水产动物适应环境中的作用，关注水产动物的营养供给与饲料利用对水环境的影响，完整地阐明水产动物营养-环境互作机制，构建精准投喂理论体系，为绿色环保的可持续水产养殖提供重要的理论支撑。

1. 主要科学问题

（1）养殖环境与水产动物能量学模型的关联。

（2）主要水产养殖动物精准投喂理论。

（3）水产饲料加工的理论基础。

（4）养殖环境影响水产动物营养代谢和供给的生物学原理。

（5）水产动物适应养殖环境变化的代谢调控。

（6）通过营养调控提高水产动物对环境适应的机制。

（7）养殖环境与水产动物营养代谢的互作机制。

2. 阶段性发展路径

2021 ～ 2025 年：建立水产动物能量学与环境多重因子的关联模型，阐明水环境因子调节水产动物营养代谢的生物学基础，构建主要饲料原料加工特性数据库，揭示水产动物适应养殖环境变化的代谢调控机制。

2026 ～ 2030 年：构建主要水产动物精准投喂理论和技术，鉴定明确水产动物适应环境应激的营养代谢调控节点，建立不同特性饲料加工工艺，阐明营养与饲料影响水产动物环境适应能力的分子机制。

2031 ～ 2035 年：建立以饲料精准投喂技术为核心的智能投喂系统，构建水产动物营养代谢与环境排放的关联动力学模型，全面阐述水产动物营养代谢与养殖环境的互作机制。

（九）养殖生态学原理与清洁水产养殖模式研究

我国水产养殖处于从传统养殖向现代养殖转型升级的阶段，池塘养殖等传统养殖模式集约化和机械化程度低；过度追求高密度养殖的方式导致养殖水体易富营养化，养殖水微生态环境恶化，并由此带来病害频发和水产品质量安全问题；饲料原料利用效率低和特定养殖阶段的营养需求、供给与代谢特征不明，加大了对养殖尾水排放的持续压力。设施化和智能化的集约养殖模式、生态化和有机化的综合养殖模式已成为水产业的迫切需求。采用多种类搭配混养方式，建立多营养层次综合养殖模式，可循环利用营养素和能量。但是，混养系统内的物质循环和能量传递过程呈现多元化与复杂化的特点。实际生产中，在高密度养殖条件下，不同养殖对象之间、养殖对象与投入品之间及与环境之间的物质循环和能量转换机制不清，从而影响饵料的利用效率，增加养殖成本。揭示养殖生态学原理是支撑水产业绿色发展的重要保证。

1. 主要科学问题

（1）不同养殖模式下养殖系统的结构与功能。

（2）不同养殖模式下的物质循环和能量转换机制。

（3）不同养殖模式下微生态环境变化的基本规律和精细调控机制。

（4）养殖尾水中营养再利用与净水的再平衡机制。

（5）基于养殖生态系统管理的营养学理论。

（6）多生物功能类群耦合对水产养殖微生态环境修复的机制。

2. 阶段性发展路径

2021～2025年：揭示不同养殖模式下水体理化环境因子及微生态环境变化的基本规律，解析主要养殖对象的生理和生态学特征、营养代谢调控及差异化利用机制，量化水产养殖系统中营养物质的再利用效率、归趋及迁移转化规律。

2026～2030年：辨析水产养殖生态系统中典型生物功能类群在物质循环和能量流动中的作用；揭示水产养殖生物与水体的氮磷等营养收支特征、关键生物功能类群对营养要素资源化利用及调控机制。

2031～2035年：揭示在不同养殖模式下关键生物功能类群之间的关系，研发关键生物功能类群及其耦合生态修复的配套和衔接技术，形成生物-生态耦合下养殖水体净零排放清洁养殖模式。

（十）水产动物应激的生理学、行为学和遗传学基础

应激是生命的一部分，并非总是有害。生物的进化和发展，正是各种应激原作用的结果。但恶性应激会导致伤害，使生物产生疾病甚至死亡。在不同的养殖模式下，养殖的水产生物会面临各种环境胁迫，引发的水产生物亚健康使其产生恶性应激的可能性增加，并且表现出病理和行为变化，严重的刺激将使鱼类不育或生长受阻甚至发病死亡。很多增殖对象在自然海区仍无法形成有效的自然种群，很重要的原因在于对放流对象的行为特征及其适应性不了解，从而导致放流的某种行为类型个体适应性差、死亡率高。因此，解析环境因子引发水产生物恶性应激的发生机制、行为学特征和评价技术，通过研究并在养殖过程中避免水产生物恶性应激的发生至关重要，这也是现代养殖管理的关键技术和方法，可为未来水产养殖健康监测和疾病防控的智能化铺平道路。

1. 主要科学问题

（1）重要水产生物应激应对方式的遗传基础与调节机制。

（2）重要水产生物对环境适应性的生理学调节机制。

（3）重要水产生物适应特定环境的分子遗传基础。

（4）重要水产生物的环境适应性演化与发育机制。

（5）重要水产生物的应激、行为与健康养殖关系。

（6）重要水产生物的应激、行为与近海和内陆水域牧场构建。

2. 阶段性发展路径

2021～2025年：研究环境应激反应的基本形式、环境变化导致良性应激与恶性应激的界限、恶性应激的形成机制，确定水产动物群体中个性和应对方式的差别，解析水产动物福利的应激生理学基础。

2026～2030年：研究应激反应的调控方式及行为生态学特征，开发水产动物抗应激药物并对其进行应用基础研究，确立水产动物环境抗逆性评价。

2031～2035年：完善水产动物环境抗逆性评价体系，确立水产动物主产品种良性应激与恶性应激的界限，建立应激管理和动物福利认证标准，揭示水产动物应激及其行为与健康养殖和放流的机制。

（十一）水产养殖动物工业化循环水养殖绿色发展的基础理论研究

鱼虾类的陆基工业化循环水养殖是现代工业化生产理念与渔业设施装备、高新生物技术和生产资源高度集中的科技型渔业生产模式，可以摆脱自然环境条件对水生生物生产的季节性限制，并显著增强水产养殖业的抗灾、减灾生产能力，健康环保、稳定高效，是支撑水产养殖业升级和可持续发展的重要保障。虽然国内外学者围绕健康养殖模式构建、设施安全稳定运行机制等开展了相关研究工作，但工厂化生态养殖新模式的理论基础非常薄弱，养殖动物与设施环境相互作用的机制、养殖动物生理生态特征及生长发育环境调控的理论、基于动物福利的高密度循环水养殖的关键参数、尾水绿色处理和资源化利用技术的基础理论等均不清晰。

1. 主要科学问题

（1）养殖生物生长发育与环境因素的相互关系及其调控机制。

（2）环境因子胁迫对养殖生物生长发育的影响。

（3）养殖生物-环境-设施系统综合调控机制。

（4）工业化养殖的精准营养调控与饲料管理理论与技术。

（5）基于动物福利的工厂化养殖模式中水产动物的行为生态和生理特征及其对环境变化的响应机制。

2. 阶段性发展路径

2021～2025年：揭示主要养殖生物的生长发育特性、行为生态学特征、产量与品质性状的关键生态环境制约因素及其调控机制；解析主要病害发生、流行与危害的环境诱发机制及其调控机制；阐明水产药物残留物降解与有害代谢产物生成和富集过程的环境调控机制。

2026～2030年：研究养殖生物对环境系统胁迫效应的生理反应与适应机制以及环境胁迫所致生理障碍的克服途径；揭示养殖生物对不良环境生态条件和极端生产环境的适应机制与途径；阐明养殖生物的生理生态适应性与生产潜力。

2031～2035年：构建环境系统对主要养殖生物生长发育过程、产量与品质的系统模型；养殖生物关键生育信息的无损测量与诊断机制；基于养殖生物语言与养殖生物模型的生物环境系统动态优化控制途径和机制。

（十二）水产资源养护原理与调控途径研究

过度捕捞、水体污染和栖息地破坏是全球水生生物多样性和渔业资源的主要威胁（Su et al.，2021）。我国内陆和近海渔业资源显著衰退，保护和恢复水生生物多样性与渔业资源已成为我国生态文明建设的重要目标，也是我国渔业可持续发展的基础。随着我国生态环境保护力度的加大，大型流域正在开始实施全面禁渔，大型湖泊和水库大力推行禁养，捕捞和污染对渔业资源的影响将逐步减弱，生境破坏将成为影响水产资源的最重要因素，生境的可获得性也是决定水生生物多样性和渔业资源恢复潜力的关键。北美和欧洲一直将生境保护作为水生生物多样性和渔业资源保护的最重要手段。1996 年美国国会修订的《马格努森-史蒂文斯渔业养护和管理法案》（The Magnuson-Stevens Fishery Conservation and Management Act）更是以立法的形式要求识别并保护水产资源物种的基本生境。我国对水产资源物种的生物学和生态学研究大部分以物种驯化与捕捞利用为目的，以资源养护为目的的相关研究很少开展。水产资源物种在生活史的不同阶段利用的生境不同，掌握水产资源物种生命周期中的生境利用动态，甄别基本生境和关键生境因子，评估生境可获得性状况等，是确定优先保护生境和物种、实施生境修复和资源恢复的基础。

1. 主要科学问题

（1）水产资源物种全生活史生境利用过程。

（2）典型水域水产资源生境状况和生境可获性评价。

（3）水产资源物种种群增殖限制性生境类型和关键生境因子。

（4）增养殖群体对野生群体遗传与种群结构的影响。

（5）多学科综合的生境保护与修复技术。

（6）水产养殖生物种质资源的生境利用、保护与恢复原理。

2. 阶段性发展路径

2021～2025 年：重点针对重要水产资源物种（如保护物种、特有物种、重要渔业物种）开展生境利用过程研究，开展典型水域生境状况和生境可获得性评价研究。

2026～2030 年：甄别重要水产资源物种种群增殖的限制性生境和关键生

境因子，评估增养殖群体对野生群体遗传与种群、群落和生态系统结构和功能的影响。

2031～2035年：以主要水产生物的繁殖发育学、生理生态学和水域生态学为基础，揭示养殖生物种质资源的保存原理和扩增途径，阐明水产资源的养护原理与调控途径。

二、重大交叉领域

（一）智慧渔业、养殖品种性状优化与环境安全

当前，在我国水产业处于从“传统养殖”向“健康养殖”过渡的阶段，但该过渡尚未完成，却又面临向“无公害养殖”转型的特殊阶段。水产学学科有两方面的任务需要完成：一方面，健康养殖的各种要素在基础理论和应用技术上还有待进一步完善；另一方面，无公害养殖的理论基础和技术体系亟待构建。其中，智慧渔业精准养殖理论与设施装备的研发、主要养殖品种针对养殖模式改变的性状优化、养殖尾水的减排和再利用等，均缺少基础性和前瞻性的研究。通过水产学科与信息科学、工程与材料科学等相关学科的交叉，可以系统地研究水产业转型升级的国家战略需求中亟待解决的技术瓶颈及其背后的核心科学问题。

主要科学问题包括：①“全参数”智能控制养殖设施制造的理论依据与技术原理；②水产养殖动物健康与代谢状态实时监测的原理及技术途径；③设施渔业主要养殖对象性状优化的生理生态与分子遗传基础；④养殖尾水减排与资源化利用的理论与技术途径；⑤“全参数”养殖营养及物质循环过程解析与模型构建；⑥设施渔业智能化管理体系与数据库建设。

（二）基于生态系统的现代海洋牧场关键基础理论研究

海洋渔业是我国粮食安全保障体系的一个重要组成部分，但是近些年来渔业资源因为过度捕捞、环境污染、栖息地破坏、气候变化等发生了衰退。海洋牧场是一种新的渔业系统或者渔业生产系统，现代化海洋牧场是基于海洋生产系统，利用现代科学技术支撑和运用现代管理理念方法进行管理，最终实现生产健康、资源丰富、产品安全的一种新型的海洋渔业生产方式，对

我国海洋渔业的转型升级发挥着重要作用。但是，我国海洋牧场建设的产业化水平总体较低，海洋牧场评估、生态环境营造、基于生态系统平衡的资源动态增殖管理、基于大数据平台的海洋牧场实时监测与预报的理论与技术体系及可持续产出的模式等尚未建立。生命科学与地球科学和信息科学相关学科的交叉研究，将为我国海洋牧场产业的发展提供重要的科技支撑，对海洋生态文明建设和海洋强国战略具有重要意义。

主要科学问题包括：①海洋牧场与毗连海域的互作机制；②海洋牧场环境承载力评估理论与方法；③海洋牧场人工生境的工程技术促进机制；④海洋牧场经济生物对环境变化的响应和适应机制；⑤海洋牧场生态过程及其资源养护和增殖效应；⑥海洋牧场在线组网监测与灾害预警；⑦海洋牧场风险防控与综合管理。

第三节　国际合作优先领域

一、全球气候变化对水产生物资源与水产养殖的影响

气候变化对生物多样性的影响已经成为全球变化研究的焦点问题，并成为国际政治关注的新热点。大时间尺度上的气候变化对水产生物资源所产生的持续而缓慢的影响常常被人们所忽视，已成为科学和合理地开展水产生物资源养护工作的短板。气候变化引起的海洋表层温度变化、降水量变化和海洋水文结构变化是对近岸高密度水产养殖最为重要的生态影响因子变化。水产养殖系统已成为氮和磷的重要富集场所。但我国在水产养殖系统中氮和磷循环途径的耦联机制与环境效应多聚焦于单一元素，难以全面完整地揭示氮和磷循环的耦联机制。开展全球气候变化对水产生物资源与水产养殖的影响研究，对我国水产养殖业的绿色发展战略具有重要意义。

主要科学问题包括：①水产生物的生长、繁殖及死亡等物候特征对全球气候变化的响应机制；②全球气候变化对近岸海域重要水产养殖动物的影响；

③全球气候变化条件下水产致病微生物的演变规律和致病机制；④全球气候变化条件下水产养殖系统的富营养化机制。

优先合作的国家包括：法国、美国、瑞典、荷兰、马来西亚、保加利亚、意大利、墨西哥、葡萄牙、新西兰。

二、“一带一路”中水产动物营养与饲料发展的理论及技术

“一带一路”的很多国家系发展中国家，对优质水产品及水产产业经济发展需求很大。这些国家有良好的水资源和气候条件，水产养殖不够发达，对技术的需求量大。水产饲料系水产养殖中成本最高的部分，不同区域水产养殖的发展因养殖条件和养殖对象的差异对饲料的需求也不同。只有结合当地的资源条件及养殖过程，开展精准的营养需求和饲料技术研究，才能降低饲料成本，提高养殖效益，减少废物排放，实现水产的绿色可持续发展。我国推动“一带一路”国家的水产绿色发展，体现了构建人类命运共同体的理念和负责任大国的担当精神。因此，必须根据“一带一路”水产养殖区域的饲料资源、养殖对象和养殖条件，研究其养殖动物的精准营养需求，结合养殖条件，构建精准饲料营养理论与技术，为促进相关区域的水产养殖发展提供理论和技术支撑。

主要科学问题包括：①“一带一路”不同区域主要养殖动物的营养生理学特征；②“一带一路”不同区域主要养殖动物的营养需求；③“一带一路”不同区域主要养殖动物对主要饲料原料利用效率的评价；④“一带一路”不同区域主要养殖动物的饲料配方技术；⑤“一带一路”不同区域主要养殖动物的摄食调控机制及精准投喂技术。

优先合作的国家包括：越南、柬埔寨、泰国、斯里兰卡等。

第十一章

食 品 科 学

食品科学是支撑食品产业快速发展、满足人民日益增长的美好生活需要的基础和主要推动力。在国际竞争加剧、食品产业转型、食品消费需求升级的关键阶段，食品科学面临新的机遇和挑战，需要充分研究新时期食品科学的战略地位、发展规律和发展态势，提出食品科学的发展目标及其实现途径。

第一节　食品科学发展战略

一、食品科学的战略地位

（一）食品科学的定义

食品科学是一门融合了物理学、化学、生物学、农学、医学、工程学等相关学科的理论、技术与方法，以大农业产品中动物、植物和微生物等可食用原料及其制品为对象，研究食品的性质、食品的腐败、食品加工原理以及食品营养功能的学科，主要内容涉及食品原料学、食品生物化学、食品微生物学、食品营养学、食品加工制造生物学基础、食品贮藏与保鲜、食品安全卫生与质量控制、食品风味化学与感官评价等具体细分领域。食品科学的研究不仅满足于对食品性质、食品加工和储藏过程规律，以及食品营养与安全机制的认识，还更加注重服务于社会经济发展和提高国家竞争力的需求。在经济科技全球化、国际竞争日益激烈的背景下，“方便、美味、营养、安全、健康、个性化”的产品新需求，以及“智能、绿色、可持续”的产业新要求已成为食品产业发展的新常态，也对食品科学发展提出了新的挑战，其学科内涵与外延不断向新的广度和深度拓展。

（二）食品科学的学科特点

1. 食品科学是交叉型学科，多学科交叉融合不断拓展食品学科的新内涵

食品科学是一门综合运用自然科学、社会科学、工程学等方法研究食品组分、食品物性、食品加工原理、食品营养的交叉学科。早期食品科学主要是在农学、化学等其他学科领域开展研究工作。随着社会经济的快速发展，面临环境污染、资源紧缺、能源危机及营养健康等挑战，新的科学问题不断产生，食品科学在继续保持与化学、生物学、医学等相关传统基础学科交叉发展的基础上，进一步与先进材料科学、信息学、电子学等新兴学科与领域交叉，与纳米技术、生物技术等更多领域交叉，催生发展了食品合成生物学、特殊医学用途配方食品、功能性食品等新兴学科及产品类别的出现。

2. 食品科学基础与应用研究并举，学科创新支撑食品工业的快速可持续发展

食品科学注重基础与应用研究并举，在理论研究的基础上进行前沿技术创新，突破技术和工艺瓶颈是原始创新的基本模式。2002 年，研究人员揭示了油炸薯条中丙烯酰胺的存在及产生的可能途径，随后经过深入的研究，发现天冬氨酸途径，在此基础上建立了以预浸泡为核心，结合反应通路阻断剂应用的综合控制工艺，使丙烯酰胺产生量减少了 50% 以上（Tareke et al.,

2002）。2020 年，Reyniers 等在《自然-食品》（*Nature Food*）上发表了关于直链淀粉分子的精细结构影响薯片油炸过程中的水-油动力学研究（Reyniers et al.，2020），为薯片降油技术的研发奠定了理论基础。此外，辐照、冷等离子体、超声波、脉冲电场和高压加工等新型非热加工技术在提高油炸食品品质方面展现出了巨大潜力（Dourado et al.，2019）。快速检测技术、精准检测技术与快速检测智能化设备的综合运用，有效提高了食品安全风险因子的发现、品质保障、高效溯源等能力，食品安全保障能力不断提高。

3. 食品科学是民生和民心科学，学科发展不断服务人民对美好生活的需求

民以食为天，食品问题是最大的民生问题。党的十九大报告指出，中国特色社会主义进入新时代，我国社会主要矛盾已转化为人民日益增长的美好生活需要和不平衡不充分的发展之间的矛盾。食品科学关系民生福祉与社会安定，是满足人民日益增长的美好生活需要的民生基石。随着未来我国人均可支配收入的不断增长，消费结构不断升级成为必然趋势，居民对美味多元、安全优质、营养健康的美好饮食需求日益增加，食品将成为人民美好生活质量的重要体现。食品科学的发展将成为切实增强人民群众的获得感、幸福感、安全感的重要途径。

（三）资助范围

国家自然科学基金对食品科学学科的主要资助为以食品及食品相关原料为主要研究对象的食品生物学主题领域的基础科学研究和应用基础研究，主要涉及以下九大领域：食品原料学、食品生物化学、食品微生物学、食品营养学、食品加工的生物学基础、食品储藏与保鲜、食品安全与质量控制、食品风味化学与感官评价、食品科学的新技术与新方法。

食品科学学科鼓励从食品生产实际中凝练科学问题，特别是制约我国食品产业的关键技术问题；鼓励紧密围绕食品生产实际，重视中国传统食品、特色食品以及食品质量与安全方面的研究；鼓励聚焦以食品科学为主体的交叉学科研究，融合其他相关学科的新理论、新方法和新技术，解析食品科学的关键科学问题。

二、食品科学的发展规律与发展态势

（一）需求分析

1. 生鲜食品采后损耗严重，迫切需要加强食品储藏保鲜，实现减损增值

我国是农业大国，果蔬资源丰富，水果和蔬菜年总产量分别为1.3亿吨和6.8亿吨（中国农业年鉴编辑委员会，2021），均居世界之首。果蔬产业在农业和人民生活中占有十分重要的地位，然而我国果蔬采后损耗十分严重，直接经济损失巨大。因此，如何有效减少果蔬采后损耗已成为我国亟待解决的重大问题。目前常用的冷藏保鲜法、气调保鲜法、辐射保鲜法和膜保鲜法都是通过改变环境或对果实本身做出防护措施来提高果蔬耐贮性的（马修钰等，2016）。当前果蔬储运保鲜所面临的主要问题是对与果蔬品质相关的成熟、衰老的关键基础理论仍缺乏深层次的认识，限制了保鲜和减损的关键新技术研发。加强果蔬采后成熟衰老与品质劣化的生物学基础研究、生鲜食品品质劣变和内外因素导致腐烂发生的变化规律及机制研究，以及对外源理化与生物因子的生理应答机制研究，果蔬对病原微生物响应的生物学基础及调控机制研究，可为食品储藏保鲜技术的研发提供理论指导。

2. 食品生产面临诸多挑战，迫切需要食品科学新技术支撑产业可持续发展

人口增加、能源危机、环境恶化、全球化及城市化等在很大程度上改变并将持续改变食品体系，给全球食品及密切相关产业链的未来发展提出了新问题和新挑战。近年来，我国食品工业整体发展态势良好，但在食品制造与加工关键技术方面仍然存在一些突出问题。食品精深加工技术水平整体偏低，资源加工转化效率低，副产物综合利用率不高，中高端产品偏少，难以适应社会消费变化。此外，食品产业是高耗能产业，目前我国食品清洁生产发展滞后，能耗、物耗和水耗相对较高，与发达国家相比整体差距较大。例如，我国每吨干制食品生产耗电量是发达国家的2～3倍，每吨罐头食品生产耗水量为日本的3倍（孙宝国等，2016）；果蔬副产物在发达国家中已经作为提高烘焙食品营养品质的新型配料（Manuel et al.，2018）。因此，急需围绕绿色、智能加工新技术开展研究。

3. 营养不足与营养过剩并存，迫切需要食品营养健康助推“健康中国”战略的实施

由食品加工粗放、缺乏人群针对性和科学设计而造成的营养摄入结构不平衡，进而引发的婴幼儿发育不良与生长问题，以及由人群消费膳食结构不合理引起的心脑血管类疾病、糖尿病、代谢性疾病、肥胖症等“文明病”并存且以较快的速度增长（Dhatariya et al.，2020；Moradi et al.，2021）。《中国居民营养与慢性病状况报告（2015 年）》显示：我国 6 ～ 17 岁青少年儿童的超重率为 9.6%，肥胖率为 6.4%；全国 18 岁及以上成年人的高血压、糖尿病患病率分别达到了 25.2% 和 9.7%。我国正处于膳食结构与疾病发展的转型阶段，经济高速发展为解决营养缺乏问题提供了经济保障，但同时也使我国人群膳食模式及疾病谱发生了明显转变，迫切需要实施营养健康食品科技创新，提升国民营养健康素质。

4. 食品供应链正经历深刻变革，迫切需要食品安全确保“舌尖上的安全”

随着我国经济发展进入新时代，全球化与城镇化发展、产业融合、消费升级、新技术应用等使我国食物供应链正在经历深刻变革，食品安全治理仍面临严峻的形势和新的挑战。环境治理的长期性、综合性和反复性特点使环境污染成为长期影响食品安全的重要问题（Duchenne-Moutien and Neetoo，2021），而食源性病原微生物引起的食源性疾病逐步成为全球食品安全的核心问题。随着互联网技术的不断发展，电商食品假冒伪劣等欺诈行为层出不穷，经济利益驱动型食品欺诈已成为当今食品安全保障的新痛点，保障“舌尖上的安全”是关注民生和维护社会稳定的重要内容。

（二）发展规律与态势

1. 食品生物制造及综合利用成为现代食品加工的新特征

先进制造业是欧美等发达国家关注的焦点，也是世界各国提升国家整体实力和国际竞争力的核心。生物制造是先进制造的重要组成部分，2016 年美国国家科学技术委员会先进制造技术委员会发布的“先进制造业：美国联邦政府优先技术领域一览”中，5 个领域就有 4 个涉及生物制造，其中食品绿色生物制造也是非常重要的一环。欧盟“地平线 2020”（Horizon 2020）重点资

助的3个领域中的尖端制造业也包括食品生物制造的相关内容。此外，欧美等发达国家均非常重视资源的循环利用和副产物的综合利用，尤其是日本在副产物综合利用领域成绩突出，如在国际上率先将食品加工副产物中的多糖转变为具有功能活性的低聚糖，并实现了大规模的工业化生产。

2. 食品安全从被动防御向主动控制全面转变

在食品安全被动防御阶段，科技发展的重点是关注食品安全检测技术，借助高精度、高灵敏度的检测技术不断发现食品中的安全风险，防止风险食品进入消费环节而造成健康危害（Meijer et al.，2021）。经过二十多年的发展，目前以检测技术为核心的被动防控技术体系已经比较完善，为消费者提供了切实有效的产品安全保障。随着广大消费者对食品安全性能和营养健康品质要求的不断强化，被动防御策略已经不能满足消费者和产业发展的需求，主动控制食品安全技术与策略以及整合全产业链的食品安全控制技术成为目前食品安全技术的重点发展领域。

3. 食品营养与健康研究向分子营养学方向转变

食品营养学是以食品科学和生命科学为基础，研究评价食物营养价值与健康关系、食物保障相关政策的学科。随着科技的进步和社会的发展，广大消费者对食品营养和健康品质的需求不断增加与强化。近年来营养与食品产业的发展模式呈现出新的特点。食品营养学研究已从传统的表观营养学研究转向基于系统生物学的分子与系统营养学研究。以宏基因组学、转录组学、蛋白质组学和营养代谢组学等理论与技术为基础的分子营养组学技术及其应用研究，以及基于人类基因组学、肠道菌群微生态组学与健康、食材分子营养组学特性与人类营养代谢组学等新认识下的生物信息与大数据分析技术的系统研究，成为国际食品营养学领域的新热点（O'Sullivan et al.，2018；Arenas-Jal et al.，2020）。

三、食品科学的发展现状与发展布局

（一）发展现状

1. 产出规模与影响力

据统计，截至2021年，中国食品科学与工程学科（以下简称食品学科）

拥有一级学科博士点单位35个，拥有一级学科硕士点单位105个，食品学科相关专业年招收研究生人数超过1万人［中华人民共和国教育部学位管理与研究生教育司（国务院学位委员会办公室）发布］。我国食品学科已建设了高水平、多学科交叉的创新人才资源高地，在高端与领军人才方面拥有中国工程院院士近10位，还拥有一大批国家杰出青年科学基金获得者、优秀青年科学基金获得者等高水平创新人才，为我国食品行业输送了各类科技人才，支撑了食品产业创新发展的人才资源需求。

食品科学领域在基础研究、技术创新和产品装备开发创制方面取得了显著的进展。近年来，食品相关领域科技论文的发表量已位居世界第一，相关专利知识产权的申请和授权量已达到世界第一（李春丽等，2022）。2000～2018年，在食品科学领域累计获国家级奖励87项，其中国家技术发明奖一等奖1项、二等奖20项；国家科学技术进步奖一等奖1项、二等奖65项。我国食品高新技术领域的研发能力与世界先进水平的整体差距明显缩小，食品生物工程技术、食品绿色制造、食品安全保障等领域的科技水平开始步入世界前列，实现了由单一的“跟跑”向“三跑”（“跟跑”“并跑”“领跑”）并存格局的历史性转变，在局部研发领域已形成领先优势。

2. 国际地位

食品科学学科通过举办系列高水平国际学术会议、共建国际合作实验室等方式积极融入国际化建设，学科发展水平逐渐达到世界一流，国际地位明显提高。2019年软科世界一流学科排名显示，在食品科学领域排名前十的高校中，来自中国的高校就占据五席，其中江南大学的食品学科排名全球第一。由江南大学与美国加州大学戴维斯分校联合创办的国际食品科学与技术交流会（ICFST），经过30年、13届会议的努力，已经发展成为国际上有较大影响力的食品科学盛会。通过共建国际联合实验室，提升领域原始创新能力和国际学术声誉。南京农业大学、江南大学等高校与美国加州大学戴维斯分校、荷兰瓦赫宁根大学等国际知名高校共建动物健康与食品安全国际合作联合实验室、食品安全国际合作联合实验室等高水平国际合作联合实验室。通过积极参与食品领域国际事务，提升话语权。江南大学的江波教授在2017年当选为美国食品科技学会会士，南京农业大学的周光宏教授等13位食品科学领域的中国科学家在2018年先后被遴选为国际食品科学院院士，大大提升了我国食品科技界在国际舞台上的话语权。

3. 存在问题

1）缺乏果蔬采后品质精准调控技术

我国果蔬采摘、储藏等环节的损失率高达25%～30%，每年约2亿吨果蔬腐烂（中国农业年鉴编辑委员会，2021），这既是对资源的巨大浪费，也造成了重大的经济损失。对果蔬采后的成熟和衰老进行精准调控，有助于减少资源的浪费并提高农民收入。目前，国际上发达国家在果蔬精准调控方面的基础研究较为深入，并据此开发了系列的调控剂或调控技术。国内也在开展系列相关研究工作，但尚未实现果蔬精准调控。

2）缺乏自主知识产权的食品工业用微生物菌种

微生物资源是自然界数量最为庞大的生物资源，微生物资源种类丰富，但目前被利用的不足1%。食品工业总产值已占国民经济的15%左右，其中微生物发酵等食品微生物制造约占食品制造业生产总值的12%（夏小乐等，2021）。我国发酵产业生产总量世界最大，但技术力量薄弱，主要原因在于缺乏系统的发酵微生物菌种资源，对发酵食品中关键菌群的知识储备不足，核心菌种的知识产权落后于国外，绝大部分发酵工业生产菌种需要从国外购进。

3）缺乏食源性致病微生物的基础数据库

致病微生物病原体是人类健康的重大威胁。根据WHO的统计，在儿童食物中毒死亡病例中，有70%是由食源性致病微生物感染引起的（Ju et al., 2019）。致病微生物的社会危害大，容易引发公共卫生安全问题，严重时还会影响社会稳定。食源性致病微生物种类多、繁殖快、易变异，且在污染后易产生毒素，难以从源头上有效控制，因此防控起来非常困难。目前，我国食源性致病微生物污染水平、致病能力和遗传信息等基础数据不完善，难以满足快速检测与防控的需求，而国外致病微生物信息是不对外公开的，且不能完全覆盖我国的食源性致病微生物。

4）食品加工过程中组分变化规律与互作机制不清

近年来，随着我国居民生活水平的提高及膳食结构的变化，营养失衡人群数量急剧增加，导致肥胖症、高血糖、高血压等慢性疾病高发。据统计，目前我国45%的人群处于亚健康状态，特别是中老年人群高达70%～80%

（“健康中国 2020”战略研究报告编委会，2012）。大量科学研究证实，膳食因素对健康的作用要大于医疗因素。美国及欧洲等发达国家和地区都非常重视食品营养学方面的研究，围绕食品（成分）功能的评价建立了一套完整的循证评价体系。目前，我国还缺少完善的食品营养组分及功能因子评价体系，食品营养组分在加工过程中的变化规律及互作机制不清晰，限制了后续食品营养的群体及个性化设计。

（二）发展布局

1. 食品储藏与保鲜

食品储藏与保鲜主题的研究是降低食品原料资源消耗、改善和提升终端产品质量的重要前提与有效途径，也是国内外食品科学的重要研究领域。应重点研究果蔬采后成熟衰老、品质形成与维持的生物学基础及调控机制，粮食储运过程中的物质代谢规律、保质减损和调控机制，宰后肉品品质形成的生物学基础与调控机制，以及水产品自溶的机制与调控机制，水产品腐败菌群之间的群体感应交流机制及其对水产品的致腐机制等科学问题。

2. 食品加工基础

食品加工基础以食品加工与制备过程中发生的物质组分结构与功能变化、生物化学变化与调控、生物合成与转化等过程为主要研究对象和内容，是食品科学学科重要的分支研究领域，在整个食品科学学科分支门类中具有十分重要的学术地位和影响力。应重点研究食品及食品原料的生物化学变化规律与相应的分子机制、食品微生物多样性资源的发掘与高效利用、酶学与酶工程理论与技术、食品风味化学与感官品质形成、食品糖类与碳水化合物、食品源蛋白质与肽、食用脂质、食品生物制造与加工、食品加工的生物学基础等一系列科学基础问题。

3. 食品营养健康

食品营养健康是食品科学的新兴研究方向，正引领膳食营养研究的新趋势。应重点研究食品复杂基质对营养组分消化吸收的影响及机制、食品营养组分与肠道菌群的相互作用、我国传统特色食品营养功能因子挖掘、新型个性化营养健康食品的设计理论及其加工关键技术等科学问题。

4. 食品质量安全

食品安全保障是食品科学研究的重要目标之一，已经成为世界各国食品科学研究与产业发展领域的战略指引方向。应重点研究食源性化学危害的表征与控制，食源性致病微生物危害的形成与防控机制，食源性致病微生物在环境—食品（水）—人全链条中的种群结构、传播规律与进化机制，高毒力食源性致病微生物的遗传决定因子与危害形成机制，食品内源危害物在食品供应链中的迁移转化规律与危害机制，热加工过程对食物组分的化学修饰作用及危害产物形成等科学问题。

四、食品科学的发展目标及其实现途径

（一）发展目标

在食品加工基础、营养与健康、食品质量安全等领域取得一批具有重大影响的创新成果，解决一批我国食品产业发展的“卡脖子”关键科学问题和居民日益增长的高质量食品需求问题，在食品科学研究领域培养一批具有国际影响力的科学家、创新团队并建设高水平基地，为食品产业的持续快速发展、国民经济和社会发展提供充足的知识与人才储备。

（二）实现途径

1. 加大对食品科学传统优势方向的支持力度

食品科学的优势研究方向是整个食品科学的重要基础，是食品科学与行业联系的纽带，需要在整体上给予高度重视和长期、稳定的支持。在食品科学研究领域，应继续重点支持食品生物化学、食品微生物、食品加工学基础以及食品储藏与保鲜等优势研究方向，形成国际竞争优势。

2. 扶持食品科学的薄弱研究方向

食品科学领域还存在一些意义深远、短期未被认识的薄弱研究方向。对薄弱研究方向的认识和研究进展需要新研究方法、技术或理论的突破。在食品科学研究领域，应扶持食品原料学、食品营养学、食品材料学、新资源食

品等薄弱研究方向，形成学科新的生长点。

3. 鼓励食品科学学科的交叉研究

食品科学的研究对象具有很高的复杂性，其所面临的社会发展和人类健康挑战也十分艰巨。随着社会的发展和环境的改变，一些新的与食品相关的科学问题会不断形成。在食品科学研究领域，应大力鼓励食品与化学、食品与生物、食品与医学、食品与信息学、食品与材料学、食品与化学工程等基础与应用学科的交叉研究，渗透融合不同学科的研究技术与方法，实现食品科学研究技术和方法的新突破。

4. 促进食品科学的前沿研究

食品科学的前沿研究有助于带动食品产业的可持续与快速发展，有助于服务国民经济和社会发展。另外，我国食品产业生产水平较低、资源与能源消耗较大、非传染性慢性疾病发病率逐年上升，迫切需要在前沿研究方向进行理论和技术创新。在食品科学研究领域，应促进食品生物技术、合成生物学、食品绿色制造、智能制造、增材制造、食品营养设计等前沿方向的研究，实现食品科学高新技术的储备。

第二节　优先发展领域和重大交叉领域

一、优先发展领域

（一）食品原料特性评价、活性组分结构与作用机制研究

我国拥有丰富的农产品资源，为食品加工制作提供了充足的原料。果蔬、粮油、乳肉和水产品等原料的产量在全世界占较高比例。我国在食品原料的生化特性、物理特性、功能特性、品质特性、加工特性等方面开展的研究较为粗浅，缺乏聚焦点和延伸性，特别是在上述特性的原料物质基础和分子机制上缺乏深入研究，阻碍了对这些原料资源的进一步开发与利用。因此，针

对各类农产品原料资源开展原料特性对食品色、香、味、形、营养与安全的影响机制，在特征成分组成及结构分析、稳定性及影响因素、物性特征与加工适应性、活性与功能机制等方面开展系统性基础研究，为食品的品质与营养提供依据。此外，食品原料特性研究尤其应与营养健康紧密结合，利用人体体外模拟、分子营养组学与代谢组学等技术，从构效关系、生物利用度及代谢效应等角度开展食品原料及其活性组分在肥胖症、糖尿病、心血管疾病及癌症等干预中的作用机制研究。

主要科学问题包括：①食品原料中特征组分资源挖掘与营养学评估；②食品原料变化对食品色泽、风味、滋味、质构的影响机制；③食品原料中活性组分在人体内的生物利用度及代谢效应；④膳食原料对人体慢性代谢疾病的干预作用及机制；⑤食品原料的物性特征及其与加工适应性的关系；⑥食品原料典型特征大数据构建。

（二）食品生物化学的理论基础和分子调控机制

食物是人类生存必不可少的物质基础，也是维持人类营养与机体健康至关重要的因素。食品生物化学是食品科学的重要基础，是从生物化学的角度研究食品及其原料的物质组成、成分结构、理化性质、功能特性，以及在加工和储藏中的变化、机制与质量控制的科学。食品生物化学的根本任务是阐明构成食品的生物化学成分在食品加工、制造、储藏和消费全过程中发生的化学变化规律及其对成品品质的影响，为食品加工和制造提供理论指导，为生产营养、安全和稳定的食品提供保障。食品生物化学理论在促进食品加工业绿色生产、节能减排、降低能耗、提高生产效率、提升产品质量等方面发挥着重要的作用。随着世界食品科技的快速发展，食品生物化学领域出现了一系列新技术和关键性科学问题，采用现代食品生物化学理论和技术研究食品中的组分及其相互作用机制，以及食品组分交互作用机制对食品营养、安全和风味的影响将成为该领域的研究热点和重点。

主要科学问题包括：①食品生物化学变化对食品加工和储藏及食品品质的影响机制；②食品组分的化学结构、生物活性、作用机制和构效关系及其在食品加工和储藏过程中的变化规律；③食品生物大分子的交互作用与调控机制及其对食品品质的影响；④食品功能因子的作用机制及其在食品制造加工和储藏过程中的变化规律与调控机制；⑤食品活性组分的新型生化分离方法与结构分析；⑥食品酶代谢分泌调控作用机制；⑦食品活性物质的酶法转化机制；⑧食品新酶的挖掘、设计与应用基础。

（三）食品微生物资源发掘与利用的基础研究

食品微生物是一类通过微生物菌体细胞或其代谢产物能够赋予食品特定的功能性质，或者显著改进和优化食品制造工艺，又或者可以直接用作食品的特定微生物。食品微生物菌种是支撑食品微生物学研究和食品生物技术产业发展的最重要的物质基础。自然界中存在极其丰富的食品微生物资源，传统的分离和表征技术在菌种新资源开发方面存在效率低和周期长等问题。基于组学的微生物技术为食品微生物资源深度挖掘、菌种创新发现和改造、技术产品创制提供了革命性的发展机遇。采用基因组学、代谢工程、系统生物学技术及环境宏基因组手段，构建高通量新型食品微生物育种及筛选技术，深度挖掘功能性益生菌、食用酵母、发酵剂菌种和食品生物制造菌种等食品微生物菌种资源是国际食品微生物领域的研究热点与发展趋势，对推动我国食品生物制造产业和整个食品产业发展具有重要的战略意义。

主要科学问题包括：①食品微生物的生境分布和演化规律；②食品微生物生物学特性的系统表征与功能品质形成的科学关联；③优良益生菌的菌种发现、生物特性表征和功能发掘；④食品工业重要菌株的高效选育及其代谢控制；⑤食用酵母和酿造霉菌资源的生物多样性及生境分布；⑥传统酿造食品微生物群落代谢模型的构建与调控；⑦食药用真菌资源的挖掘、高效种植与高效利用；⑧传统发酵食品合成微生物组学的基本原则解析与验证；⑨食品微生物相关安全风险因素的鉴定鉴别、形成机制和控制策略。

（四）食品风味形成机制及调控机制

中国食品种类繁多，风味各具特色。风味是食品的灵魂，是影响食品品质和消费者接受度的重要指标。食品的风味物质主要由数量繁多的前体物质经过一系列复杂的物理化学变化形成，其数量繁多，性质迥异，含量范围变化较大，且部分物质结构不稳定，难以分离鉴定。目前，国内在食品风味化学与感官品质方面进行了部分研究，但在食品风味物质鉴定及其在食品加工、保藏过程中的变化规律及机制，食品风味物质间及其与食品基质间的交互作用，食品原料中风味前体物质的释放机制，以及人工智能感官评价等研究领域尚缺乏系统深入的研究，急需建立系统科学的食品风味化学研究方法及感官评价体系。一方面，要加大食品风味化学基础理论研究，在食品风味成分的提取、分析等方面，加强多学科交叉，在基础理论与风味调控方面有所突破；另一方面，加大食品感官指标确定与系统的食品感官品质评价方法建立方面的基础理论研究。

主要科学问题包括：①食品中关键风味物质的鉴定及其形成机制与调控方法；②食品中关键风味物质与基质的作用机制及释放机制；③加工过程中食品风味物质的形成机制、交互作用机制及调控机制；④口腔加工对食品风味的影响及其味觉、嗅觉的产生机制；⑤传统食品加工及储存过程中的风味变化规律及变化机制；⑥食品中异味物质的产生、迁移及调控机制；⑦食品原料中风味前体物质的改性及释放机制；⑧食品风味模拟、修饰、强化及其机制。

（五）食品营养功能与强化的作用机制

食品是人体获得所需能量和营养素的最主要来源，食品营养组分含量与结构及其量效关系、食品营养组分的代谢吸收及其生物学效应、食品营养组分对机体健康的影响，均是食品科学界及大众关注的核心问题。当前全球正面临营养失衡所导致的营养相关慢性疾病的多重挑战，食品营养功能与强化已成为国内外关注的热点，也是实施“健康中国”国家战略的必然选择。然而，在食品加工储运过程中，食品营养组分的变化规律、食品营养组分之间的相互协同与拮抗作用、食品营养组分的代谢情况，以及食品营养品质的变化机制尚不明确。食品营养组分进入机体后，在消化、吸收、转运、利用过程中的变化情况和规律尚未阐明，其与肠道菌群的相互作用也不清晰。此外，我国传统发酵食品、食药同源和新食品原料等资源极其丰富，在全球高度重视食品营养产业发展的背景下，我国特色食品营养功能因子的优势有待进一步深入挖掘。不同人群对食品营养组分的消化吸收及代谢反应不同，所以未来的核心方向是在上述食品营养研究的基础上，加强食品营养的个性化设计，结合大数据、现代生物技术与智能制造等新型科技手段，实现个性化“精准营养”的食物供给，为实现社会主义现代化强国进程中的中国居民健康做出突出贡献。

主要科学问题包括：①食品加工储运过程中营养组分的变化及相互作用机制；②食品复杂基质对营养组分消化吸收的影响及机制；③食品营养组分与肠道菌群的相互作用；④我国传统特色食品营养功能因子挖掘；⑤新型个性化营养健康食品的设计理论及其加工关键技术。

（六）食源性化学危害物的表征与控制

化学危害物是我国食品安全的主要风险因子，我国曾经发生一些重大食品安全问题。食品中的化学危害物包括外源化学危害物和内源化学危害物，外源化学危害物主要来源于原料生产和加工过程中的投入品带入与环境污染物迁移，内源化学危害物主要是原料自身含有的和在加工过程中产生的。目前在食源性化学危害物基础研究方面还存在一些急需解决的问题，主要体现在以下四个方面：一是对外源化学危害物在食品供应链中的迁移转化规律缺乏系统研究；二是对内源化学危害物的产生机制需要进一步深入研究；三是对化学危害物的代谢转化及结构解析的基础研究空白较多；四是对化学危害物的体内危害表征与防护技术研究缺乏。由于这些重要的基础理论问题未能解决从而未能形成系统的研究成果，因而化学危害物防控体系的建立缺乏足够的理论支撑，从而制约了我国食品全供应链的安全保障技术发展。化学危害物基础研究应重点开展外源化学危害物的污染与迁移转化、食品加工过程中食品原料组分变化及化学危害物的形成机制与迁移变化规律、化学危害物多组分协同控制技术等研究，以满足人民身体健康保障需求。

主要科学问题包括：①农业投入品、环境污染物在食品供应链中的迁移转化规律与危害机制；②食品内源危害物在食品供应链中的迁移转化规律与危害机制；③热加工过程对食物组分的化学修饰作用及危害产物解析；④食品热加工危害物生物学效应的分子基础；⑤食品热加工危害物生物学危害的饮食防护及机制；⑥食品化学危害物的多组分协同控制与生物学危害的防护；⑦食品化学危害物的非靶向结构解析；⑧食品化学危害物生物学效应的非靶向代谢组学分析。

（七）食源性致病微生物危害的形成与防控机制

食源性致病微生物导致的食品安全问题是食品安全的首要问题，亦是我国食品产业亟待解决的问题，有效解决食品微生物安全问题的根本出口是要实现及时发现、危害明确、有效控制。通过组学技术联用，挖掘获得食源性致病菌新型危害因子及特异性检测新靶标（属、种、血清型等）与捕获分子等，开展其功能研究，可及时发现食源性致病微生物的危害产生和传播。研究食源性致病微生物逆境耐受与持留力形成的分子机制，揭示环境—食品（水）—人全链条的致病微生物分布特征、群体遗传结构与进化规律，探究环境—食品（水）—人全链条中耐药菌的污染特征、耐药机制及传播规律，阐明食源性致病微生物与肠道微生物群落间的相互作用机制，将极大推动对致病微生物危害决定因子的认识，深入理解食源性致病微生物危害的形成与致病机制。基于食源性致病微生物的遗传特征及其危害形成机制，创制基于人工设计噬菌体和开发设计新型天然抗菌物质等高效防控新技术，对解决食源性致病微生物污染与危害问题意义重大。

主要科学问题包括：①食源性致病微生物（细菌、病毒）在环境—食品（水）—人全链条中的种群结构、传播规律与进化机制；②高毒力食源性致病微生物的遗传决定因子与危害形成机制；③覆盖环境—食品（水）—人全链条的食源性致病菌全基因组溯源体系研究；④环境—食品（水）—人全链条中耐药菌的污染特征、耐药机制及传播规律；⑤食源性致病微生物与肠道微生物的互作机制及危害形成；⑥食源性致病微生物耐受逆性环境与持留的分子机制与遗传基础；⑦食源性致病微生物新型危害因子和特异性检测新靶标的挖掘与功能解析；⑧针对食源性致病微生物的新型噬菌体控制体系的人工设计研究。

（八）食品碳水化合物结构基础和营养健康作用机制

碳水化合物来源极为丰富、广泛。我国民众素来喜好食用各种来源的碳水化合物，但目前对相关基础结构理论以及基于结构基础的健康作用机制研究仍明显落后于国际同行，特别是国际上许多高水平机构早已纷纷组建团队集中研究相关领域，试图抢占该领域的制高点。诸多功能性碳水化合物具有免疫调节、肠道菌群调节、抗肿瘤、抗氧化和降血糖等功能，2019 年华盛顿大学的戈登（Gordon）等科学家发现，多糖可通过肠道微生态发挥特定的生物活性（Patnode et al.，2019）。但是由于碳水化合物（尤其是多糖）结构的复杂性、结构理论的局限性以及对其生物活性机制认识不到位，目前多糖研究明显落后于蛋白质。功能性碳水化合物结构、构象、功能及细胞壁结构重构等基础研究，仍存在诸多问题，急需突破符合碳水化合物结构和构象特征的表征理论与方法体系，同时建立多组学研究策略，清晰阐明基于物质结构和生物学作用途径的功能性碳水化合物生物活性作用机制，为开发营养健康食品/药品、老年人群营养健康支持产品等提供有力支撑。此外，应当大力发展基于复杂碳水化合物、木质素、多酚和蛋白质等多组分相互作用的生物细胞壁结构重构理论，为碳水化合物的制备和功能研究、细胞壁结构功能学、生物能源开发与利用提供理论依据。

主要科学问题包括：①去“蛋白质化”的碳水化合物结构和构象理论与表征体系构建；②基于多组学理论的功能性碳水化合物营养健康作用机制；③肠道微生态演替规律下的功能性碳水化合物代谢途径及其机制；④化学结构和咀嚼力等多重因素介导的碳水化合物消化规律；⑤功能性碳水化合物长期干预与机体营养健康调节的可持续性相互作用规律；⑥基于生物结构和多维显微成像技术的碳水化合物“原位”学；⑦基于复杂碳水化合物、木质素、多酚和蛋白质等多组分相互作用的细胞壁复杂结构重构理论；⑧基于结构基础变化的食品加工与修饰改性技术对碳水化合物安全性和生理功能的影响机制；⑨功能性碳水化合物定向从头合成与设计的生物学、计算科学理论基础。

（九）食品蛋白质与多肽健康功能的分子机制及新功能挖掘

当今现代慢性疾病的高发及低龄化是全世界共同面临的一项挑战。现已公认，膳食补充能起到降低诸多现代慢性疾病的风险及促进人类健康的作用，这已成为应对该挑战的一种最有效的策略及手段。越来越多的证据显示，蛋白质作为食品中的重要成分之一，不仅能为人类提供营养成分、在食品加工中提供重要的功能特性，还能对人类健康起到一定的生理调节作用。目前，我国在蛋白质功能改性及酶解技术方面已有一定的研究基础，但是在以功能特性及活性为导向的蛋白质结构定向改性和可控酶解技术方面的基础理论研究还不够。此外，许多食物蛋白酶解物已被证实具有生理调节作用，但是食物蛋白酶解物中多肽组成的复杂性以及多肽的易降解性，导致关键功能性肽不明确、构效关系不明晰和生物利用度偏低，阻碍了后续的利用和应用。因此，通过现代纳米技术、生物信息学技术及肽组学技术，实现蛋白质的定向改性和新型结构的构建、关键功能性肽的高通量筛选和可控释放以及功能性因子生物利用度的提升，从而创制新型功能性食品，对“健康中国”和“创新驱动发展”两大战略的顺利实施具有重要的战略意义。

主要科学问题包括：①功能导向的改性蛋白质的实现途径及修饰分子机制；②食物蛋白质新型功能性质的挖掘及新型制品的创制；③食物蛋白质新型健康功能的挖掘及强化途径；④以功能活性为导向的蛋白质可控酶解技术实现途径；⑤关键功能性肽的高通量挖掘、构效关系及靶向释放；⑥稳态化功能性肽的设计及生物利用度的提升策略。

（十）食品脂质分子设计与结构修饰

脂质是生命体细胞构成的基础性物质，食品脂质是人类赖以生存的核心营养物质，涵盖了以甘油三酯为代表的食用油脂，以类胡萝卜素、叶黄素等为代表的功能性色素，以磷脂酰胆碱、维生素E等为代表的复杂食品脂质。我国是世界上最大的食用油消费国，也是最大的食用油料进口国，食用油产业属于过万亿元产业；食品脂质也是人们对食品营养健康关注的焦点之一，以脂肪酸为基础的油脂摄入与人体营养关系，以及以磷脂类脂质为代表的复杂脂质对人体器官健康调控、人体代谢调控等的研究一直是全球关注的热点。组学研究日益成为解决上述问题的重要基础，美国加州大学的爱德华·丹尼斯（Edward A. Dennis）教授团队在脂质组学领域做了大量研究，引领脂质营养与健康研究的发展方向。以分子、物性、营养为核心构件的食品脂质组学成为食品脂质与健康、食品脂质与产业之间的核心基础保障，以功能性脂质为代表的脂类食品成为人类健康保障和慢性疾病预防调控的重要基础。基于此，以食品脂质组学研究为基础，以脂类分子发现和修饰重组为途径，靶向人体健康保障和慢性疾病防控，为我国健康食品脂质发展提供坚实的基础保障，服务于“健康中国”“创新驱动发展”等国家重大战略。

主要科学问题包括：①食品脂质分子、物性、营养组学系统构建；②食品脂质加工制造过程衍变机制与调控；③功能性脂质分子设计与修饰重组；

④新型食品脂质资源挖掘与评价；⑤食品脂质的高效载运和靶向释放机制。

（十一）食品加工的生物学基础与调控机制

我国是农业大国，同时也是粮油、畜禽、水产和果蔬生产、加工和消费大国。食品加工的科学技术问题核心在于储运、加工、食用、营养和安全品质的保障与提升以及过程调控。加工过程是影响食品品质的关键环节，也是涉及食品品质变化与调控的复杂生化过程。目前，对食品品质变化的研究比较零散，缺乏对加工过程品质变化机制以及营养品质调控基础的系统研究，例如组分-组分之间、组分-加工条件之间、组分-功能之间的联系等。通过应用光谱、质谱、核磁共振等现代分析技术，系统剖析加工过程中粮油、畜禽、水产和果蔬组分分子水平上的变化（如蛋白质团聚、淀粉颗粒熔融和油脂氧化等），揭示主要组分的构效关系，阐明食品生物加工与制造过程对食品营养组分消化、吸收及代谢的影响机制；明确食品主要成分营养功能及其生物活性物质的作用机制，从而阐明加工过程中产品质量和营养价值的形成规律。

主要科学问题包括：①大宗食品（粮油、畜禽、水产和果蔬）加工过程中品质形成的生物学基础及调控机制；②大宗传统发酵食品的清洁生产与品质控制；③食品添加剂与配料绿色生物制造；④功能性营养化学品的合成生物学设计；⑤粮油加工过程营养素转化途径、调控机制及品质互作机制；⑥畜禽肉品质特性变化的生物学基础；⑦果蔬制品健康功能的分子与生物学机制；⑧水产品加工中内源酶的作用机制及生物学基础；⑨传统酿造食品生产废弃物中活性成分的分离、提取方法研究。

（十二）食品储藏与保鲜过程中品质劣变的生物学基础

我国是世界水果、蔬菜、粮食等生鲜农产品生产大国，各产量均居世界之首。但我国果蔬和粮食等农产品产后损失巨大，果蔬高达 20% ～ 30%、粮食为 10% ～ 15%，而发达国家仅为 1.5% ～ 5.0%（中国农业年鉴编辑委员会，2021）。因此，如何有效减少果蔬和粮食产后损失已成为我国亟待解决的重大问题，该问题的解决对保障我国食品安全具有重要的战略意义。生鲜农产品储藏物流期间的衰老和品质劣变是一个不可逆的程序化生物过程，涉及外源环境与内在调控因子的复杂调控网络，对其进行生物学基础问题的解析是贮藏与保鲜的基础。当前，国际果蔬储藏与保鲜领域的基础研究以成熟衰老、劣变、品质形成与维持为核心，利用多组学以及分子生物学、生物化学等手段解析其成熟衰老、品质形成与劣变的调控网络，揭示关键因子并阐明调控机制。在粮食收获后储藏基础研究方面，国际上在储粮害虫防控机制及粮食储藏品质保鲜技术等方面的研究较为深入。我国畜禽、水产等动物源食品在储运和销售过程中，易于色泽褐变、保水性丧失、氧化酸败、质构劣变，同时，由于动物源食品的高水分活度，腐败微生物易于繁殖，从而产生腐臭气味和有害物质。探明动物源食品品质劣变的生化、化学和微生物基础，阐明物理、纯天然化学提取物、无毒害制剂或者包装材料等处理对品质劣变的干预机制，有利于畜禽、水产产业升级，提高行业竞争力和促进可持续发展。

主要科学问题包括：①果蔬采后成熟/衰老、品质形成/维持/劣变的代谢基础和调控机制；②果蔬采后对外部环境和病原微生物响应的生物学基础及调控机制；③生物源绿色保鲜技术的物质基础和作用机制；④粮食储运过程中物质代谢、劣变机制和腐败损耗的发生规律；⑤多物理场耦合基本理论与粮情智能预测预警、智能调控；⑥食品腐败及病原微生物对应激环境的耐受响应机制；⑦畜禽及水产品储运、销售过程中颜色在货架期下降的生物学与化学基础；⑧畜禽及水产品储运、销售过程中不当处理导致的微观结构改变对保水性、乳化性、质构劣变及营养损失的作用机制；⑨畜禽及水产品储藏过程中脂质酸败、风味丧失的作用机制及其控制机制；⑩畜禽、水产品保鲜和储藏过程中相关腐败微生物导致食用品质劣变与安全问题的细胞与分子机制。

二、重大交叉领域

（一）基于特殊人群和大数据的膳食营养干预

近年来，膳食结构不合理导致肥胖症、糖尿病等慢性疾病的发病率逐年增加，非传染性慢性疾病已成为居民的主要死亡原因和疾病负担。世界卫生组织对影响人类健康系列不同因素的评估调查结果表明：膳食营养因素（13%）对人体健康的作用仅次于遗传因素（15%），且大于医疗因素（8%）（Patwardhan et al.，2015）。随着基因组学、蛋白质组学、代谢组学、生物信号分析、大数据、云计算等技术的快速发展和深度应用，整合信息学、医学的相关理论与技术，有利于实现膳食营养的靶向调控。人群中个体间基因型的差异，导致不同个体对营养干预的反应性不一致，研究基于特殊人群基因型和大数据基础上的膳食干预措施，在营养治疗中有着重要意义（O'Sullivan et al.，2018）。但我国不同人群膳食定向调控的基础理论研究还相对缺乏。通过食品科学与生物学、医学、信息学等多学科交叉，从体外模型、细胞模型、动物模型及人体等层面，研究不同人群膳食因子和生理指标，研究营养组分、膳食模式对基因表达的影响及作用机制；采用神经网络等算法建立膳食与健康模型，明确膳食与营养健康的相互作用机制，设计衰老、代谢综合征等基于特殊人群基因与膳食特征的个性化营养干预。

主要科学问题包括：①膳食干预后个性化响应与肠道菌群及其代谢产物的内在关联；②不同膳食模式下的肠道菌群构成及节律性响应机制；③不同膳食模式干预下肠道微生态、肝脏代谢与摄食神经调控的肠-肝-脑连接分子机制；④特殊人群的膳食干预和调控作用。

（二）绿色高效和健康导向的食品合成生物学技术

随着人类整体发展水平的不断提升，人们对食品供应的质和量都提出了更高的要求，揭示了一系列社会与环境问题。近年来，随着全球贸易环境的重大改变，食品供应链发生了重大变化，给国家的食品安全战略带来了新的挑战，迫切需要科学技术层面的颠覆性创新技术破解当前面临的困局。欧美等发达国家高度重视现代生物技术对食品工业的促进作用，并在提升食品经济性、营养性、安全性等方面取得了一系列进展。近年来，以合成生物学为代表的新一代生物技术在食品领域的应用得到了广泛的关注。合成生物学技术的不断发展，使得人们可以利用食品微生物细胞工厂生产种类更为多样的食品组分，提升传统发酵与酿造过程的经济性与安全性，扩大食品原料的来源和利用率等，降低因依赖农业生产而带来的价格、供应和质量的剧烈波动，实现现代食品的绿色、高效生物加工制造。发展合成生物学技术在我国食品加工领域的应用，对提升当前我国食品学科的跨越式发展将起到重要的支撑性作用。结合当前合成生物学的发展阶段和食品科学领域的实际需求，食品加工过程涉及的未来食品生产、特定功能组分强化、传统发酵食品现代化提升等是当前急需开展的研究方向。

主要科学问题包括：①利用合成生物学技术生产新一代全合成食品；②利用合成生物学技术拓展食品加工原料利用率；③利用合成生物学技术提升食品生物保鲜与防腐；④基于合成生物学技术的食品质量监控与快速检测；⑤合成生物学在食品应用中的安全评价与风险评估。

第三节　国际合作优先领域

一、食源性致病微生物全球传播与分子溯源网络建立及应用评价

随着国际食品贸易的不断增加，食源性致病微生物已呈现全球传播与流行趋势。以食源性诺如病毒为例，其出现的新型流行变异株往往在短时间内就会形成全球范围的污染传播。因此，食源性致病微生物的传播监测与防控研究已成为全球性问题，而构建食源性致病微生物全球传播监测网络与分子溯源体系是保障食品安全和及时应对食源性致病微生物暴发事件的重要举措。通过与食源性致病微生物监测、防控体系较成熟的国家（地区）和优势机构开展合作研究，建立基于全基因组及新型分子识别系统（如 CRISPR/Cas 分子）的食源性致病微生物监测与分析溯源网络，既有利于跨国别食源性疾病暴发时的污染追踪和回溯毒株进化的时空动态变化，也有利于快速精准定位病原微生物的物理来源，及时有效切断与控制传播途径，对保障食品安全、减少经济损失和国际纠纷具有积极作用。

主要科学问题包括：①食源性致病微生物的全球传播流行分子规律；②食源性致病微生物（不同国家、食品来源、产业链环节和临床患者中）的遗传特征及新型分子识别系统的分布规律和特征分析；③不同国家食源性致病微生物中新型分子识别系统的变异机制及其对菌株遗传进化的影响及作用机制；④食源性致病微生物全球新型分子监测与溯源网络的建立及应用评价。

优先合作的国家或组织包括：美国（加州大学伯克利分校等）、法国（巴斯

德研究所）、新西兰（食品安全科学研究中心）、日本、荷兰、俄罗斯、新加坡。

二、重要肠道菌群资源在不同种族和人群中的分布规律、影响因素及系统发掘

肠道菌群是重要的益生菌来源。肠道菌群受种族、人群、地理环境、膳食模式、生活方式等诸多因素的影响而呈现复杂性和多样性，其中蕴藏着丰富的食用益生菌和微生物资源。如长期摄入西方饮食人群粪便菌群的多样性低于植物性饮食人群，地中海饮食人群肠道菌群组成则显著区别于高脂饮食人群。我国已经开展了一些针对肠道微生物中双歧杆菌和乳杆菌分布规律与影响因素的研究，但是单从一个国家和地区来源的研究对象开展研究不足以获得重要肠道功能食品微生物分布规律和功能特性的整体科学认识。因此，有必要开展国际范围的肠道来源益生菌资源分布规律和影响因素的研究，以中国及西方国家不同特征的人群为研究对象，利用高精度宏基因组分析技术阐明传统益生菌种群结构的多样性差异，利用比较基因组技术阐明不同膳食模式下益生性微生物遗传信息的多样性，进一步通过体外微生物生理特性评价和动物模型功能评价，解析益生性微生物在生理表型和益生功能方面的多样性差异。利用无菌鼠模型和代谢组学技术及临床评价技术，解析种族、人群、地理环境、膳食模式、生活方式等因素影响益生性微生物多样性的作用机制。

主要科学问题包括：①肠道菌群在世界不同人群中的分布规律与影响因素；②新一代潜在益生菌在世界不同人群中的分布规律与影响因素。

优先合作的国家或组织包括：爱尔兰（科克大学）、英国（英国四方研究所）、加拿大、美国、非洲国家、新加坡。

三、全球特色食品不同加工模式下的组分变化规律与品质调控机制

随着社会的进步和人们生活水平的提高，消费者不仅要求保障食品的安全性，更是对食品的高品质、高营养、高技术含量提出了更高的要求。但是

由于地理分布、环境气候、人文风俗、宗教习惯等诸多因素的影响，不同国家和地区的食品生产与消费在原料选择、口味偏好、加工工艺、饮食习惯等方面会体现出高度的差异性，导致不同国家饮食文化的差异和食品加工模式的差异。在全球化发展不断深入的背景下，通过与美国、欧盟等食品加工技术较先进的国家（组织）和优势机构开展合作研究，研究全球特色食品不同加工模式下的食品生物学基础、物性学基础、数字化基础及组分相互作用对食品品质的变化与调控机制，系统阐释不同加工方式与食品组分、结构、功能和微生物变化之间的关系，解决不同特色食品加工过程中的风味改变、营养损失和安全问题等，实现基于不同国家加工模式下食品品质的精准控制，高效维持食品的品质和营养组分，全面推进食品贸易国际化的快速发展。

主要科学问题包括：①不同加工模式对食品物化性质、感官品质及营养功效的作用规律；②食品组分、结构、功能、微生物等对不同国家特色食品加工模式的响应机制；③不同国家特色食品加工品质的变化规律与精准控制。

优先合作的国家包括：美国、荷兰、英国、日本、加拿大。

参考文献

常帅，刘嘉，叶静，等. 2019. 新发展理念视阈下的我国畜禽疫病防控. 中国科学院院刊, 34(2): 145-151.

陈代文. 2019. 陈代文：饲料科技创新提高生猪生产潜力报告. http://www.nmfirst.cn/3190.html[2022-11-23].

陈冬冬，高旺盛，陈源泉，2007. 中国农作物秸秆资源化利用的生态效应和技术选择分析. 中国农学通报, 23(10): 143-149.

邓秀新，王力荣，李绍华，等. 2019. 果树育种 40 年回顾与展望. 果树学报, 36(4): 514-520.

方精云，景海春，张文浩，等. 2018. 论草牧业的理论体系及其实践. 科学通报, 63(17): 1619-1631.

方智远. 2018. 中国蔬菜育种科学技术的发展与展望. 农学学报, 8(1): 21-27.

郭庆华，刘瑾，陶胜利，等. 2014. 激光雷达在森林生态系统监测模拟中的应用现状与展望. 科学通报, 6: 459-478.

国家林业和草原局. 2019. 中国森林资源报告（2014—2018）. 北京：中国林业出版社.

国家统计局. 2019. 国际地位显著提高 国际影响力持续增强——新中国成立 70 周年经济社会发展成就系列报告之二十三. http://www.stats.gov.cn/ztjc/zthd/sjtjr/d10j/70cj/201909/t20190906_1696332.html[2022-11-23].

贺金生，卜海燕，胡小文，等. 2020. 退化高寒草地的近自然恢复：理论基础与技术途径. 科学通报, 65(34): 3898-3908.

辉朝茂，杨宇明. 2002. 中国竹子培育和利用技术手册. 北京：中国林业出版社.

“健康中国 2020”战略研究报告编委会. 2012. “健康中国 2020”战略研究报告. 北京：人民

卫生出版社 .
景海春 , 田志喜 , 种康 , 等 . 2021. 分子设计育种的科技问题及其展望概论 . 中国科学（生命科学）, 51(10): 1356-1365.
李春丽 , 郭超凡 , 朱明 . 2022. 食品类 SCI 期刊近十年发展历程研究及其启示 . 传播与版权 , (7): 40-43, 54.
李天来 , 齐明芳 , 孟思达 . 2022. 中国设施园艺发展 60 年成就与展望 . 园艺学报 , 49(10): 2119-2130.
联合国粮食及农业组织 . 2022. 世界渔业和水产养殖状况 2022. https://www.fao.org/3/cc0461zh/online/cc0461zh.html[2022-11-22].
刘爱民 , 贾盼娜 , 王立新 , 等 . 2018. 我国饲 (草) 料供求及未来需求预测和对策研究 . 中国工程科学 , 20(5): 39-44.
刘慧 , 乔金亮 , 吴浩 . 2022. 大豆问题调查 . http://www.moa.gov.cn/ztzl/ddymdzfhjs/mtbd_29066/wenzi/202208/t20220811_6406740.htm[2022-11-23].
刘湘涛 , 张强 , 郭建宏 . 2015. 口蹄疫 . 北京 : 中国农业出版社 .
刘秀梵 . 2020. 基因Ⅶ型新型疫苗的创制与我国新城疫的防控进展 . 兽医导刊 , 10(10): 4-5.
马修钰 , 王建清 , 王玉峰 , 等 . 2016. 果蔬保鲜方法概述 . 中国果菜 , 36(6): 4-9.
南志标 , 王彦荣 , 贺金生 , 等 . 2022. 我国草种业的成就、挑战与展望 . 草业学报 , 31(6): 1-10.
农业农村部 . 2021. “十四五” 全国农业农村科技发展规划 . http://www.moa.gov.cn/govpublic/KJJYS/202112/P020220106615353271383.pdf[2022-10-07].
任继周 , 胥刚 , 李向林 , 等 . 2016. 中国草业科学的发展轨迹与展望 . 科学通报 , 61(2): 178-192.
孙宝国 , 王静 , 谭斌 . 2016. 我国农产品加工战略研究 . 中国工程科学 , 18(1): 48-55.
万方浩 , 侯有明 , 蒋明星 . 2015. 入侵生物学 . 北京 : 科学出版社 .
王启要 . 2022. 中国鱼类疫苗技术研发及应用研究进展 . 大连海洋大学学报，37(1):1-9.
吴华伟 , 陈晓春 , 秦义娴 , 等 . 2019. 我国猪用病毒类生物制品质量情况分析及建议 . 中国兽药杂志 , 53(1): 19-26.
习近平 . 2017. 决胜全面建成小康社会 夺取新时代中国特色社会主义伟大胜利——在中国共产党第十九次全国代表大会上的讲话 . 北京 : 人民出版社 .
习近平 .2018a. 习近平出席全国生态环境保护大会并发表重要讲话 . http://www.gov.cn/xinwen/2018-05/19/content_5292116.htm[2022-10-01].
习近平 . 2018b. 携手共命运 同心促发展——在 2018 年中非合作论坛北京峰会开幕式上的

主旨讲话 . http://www.gov.cn/xinwen/2018-09/03/content_5318979.htm[2022-01-07].

习近平 .2020. 继往开来，开启全球应对气候变化新征程——在气候雄心峰会上的讲话 .http://www.gov.cn/xinwen/2020-12/13/content_5569138.htm[2022-10-01].

夏小乐 , 吴剑荣， 陈坚 . 2021. 传统发酵食品产业技术转型升级战略研究 . 中国工程科学 , 23(2): 129-137.

新华社 . 2016. 习近平：把人民健康放在优先发展战略地位 . http://www.xinhuanet.com/politics/2016-08/20/c_1119425802.htm[2022-07-01].

叶兴庆 , 程郁 . 2021. 新发展阶段农业农村现代化的内涵特征和评价体系 . 改革 , (9):1-15.

袁力行 , 申建波 , 崔振岭 , 等 . 2018. 植物营养学科发展报告 . 农学学报 , 8: 48-52.

张福锁 , 申建波 , 危常州 . 2022. 绿色智能肥料：从原理创新到产业化实现 . 土壤学报 , 59(4): 873-887.

张杰 , 董莎萌 , 王伟 , 等 . 2019. 植物免疫研究与抗病虫绿色防控：进展、机遇与挑战 . 中国科学（生命科学）, 49(11): 1479-1507.

张礼生 , 刘文德 , 李方方 , 等 . 2019. 农作物有害生物防控：成就与展望 . 中国科学（生命科学）, 49(12): 1664-1678.

中国科学院文献情报中心 . 2018. 农业科学十年：中国与世界 .

中国农业年鉴编辑委员会 . 2021. 中国农业年鉴 2020. 北京 : 中国农业出版社 .

中国饲料工业协会 . 2022. 2021 年全国饲料工业发展概况 . http://www.nahs.org.cn/dt/xwlb/202202/t20220211_397140.htm[2022-11-23].

中华人民共和国农业部畜牧兽医司 , 全国畜牧兽医总站 . 1996. 中国草地资源 . 北京 : 中国科学技术出版社 .

Anonymous. 2017. A Chinese renaissance. Nature Plants, 3: 17006.

Arenas-Jal M, Suñé-Negre J M, Pérez-Lozano P, et al. 2020. Trends in the food and sports nutrition industry: a review. Critical Reviews in Food Science and Nutrition, 60(14): 2405-2421.

Asner G P, Elmore A J, Olander L P, et al. 2004. Grazing systems, ecosystem responses, and global change. Annual Review of Environment and Resources, 29(1): 261-299.

Beland M, Parker G, Sparrow B, et al. 2019. On promoting the use of LiDAR systems in forest ecosystem research. Forest Ecology and Management, 450: 117484.

Chalhoub B, Denoeud F, Liu S, et al. 2014. Early allopolyploid evolution in the post-Neolithic Brassica napus oilseed genome. Science, 345：950 -953.

Chang J S, Wang R L, Yu K, et al. 2020. Genome-wide CRISPR screening reveals genes essential for cell viability and resistance to abiotic and biotic stresses in *Bombyx mori*. Genome Research, 30(5): 757-767.

Chen C Y, Fang S M, Wei H, et al. 2021. *Prevotella copri* increases fat accumulation in pigs fed with formula diets. Microbiome, 9(1): 175.

Chen S L, Zhang G J, Shao C W, et al. 2014b. Whole-genome sequence of a flatfish provides insights into ZW sex chromosome evolution and adaptation to a benthic lifestyle. Nature Genetics, 46(3): 253-260.

Chen X P, Cui Z L, Fan M S, et al. 2014a. Producing more grain with lower environmental costs. Nature, 514(7523): 486-489.

Cheng C X, Yu Q, Wang Y R, et al. 2021. Ethylene-regulated asymmetric growth of the petal base promotes flower opening in rose (*Rosa hybrida*). Plant Cell, 33(4): 1229-1251.

Cui Z L, Zhang H Y, Chen X P, et al. 2018. Pursuing sustainable productivity with millions of smallholder farmers. Nature, 555(7696): 363-366.

Dhatariya K K, Glaser N S, Codner E, et al. 2020. Diabetic ketoacidosis. Nature Reviews Disease Primers, 6(1): 40.

Dong B L, Li H F, Sun J F, et al. 2021. Magnetic assisted fluorescence immunoassay for sensitive chloramphenicol detection using carbon dots@$CaCO_3$ nanocomposites. Journal of Hazardous Materials, 402: 123942.

Dourado C, Pinto C, Barba F J, et al. 2019. Innovative non-thermal technologies affecting potato tuber and fried potato quality. Trends in Food Science & Technology, 88: 274-289.

Du X, Huang G, He S, et al. 2018. Resequencing of 243 diploid cotton accessions based on an updated A genome identifies the genetic basis of key agronomic traits. Nature Genetics, 50: 796 -802.

Duan N B, Bai Y, Sun H H, et al. 2017. Genome re-sequencing reveals the history of apple and supports a two-stage model for fruit enlargement. Nature Communications, 8(1): 249.

Duchenne-Moutien R A, Neetoo H. 2021. Climate change and emerging food safety issues: a review. Journal of Food Protection, 84(11): 1884-1897.

Gao M J, He Y, Yin X, et al. 2021. Ca^{2+} sensor-mediated ROS scavenging suppresses rice immunity and is exploited by a fungal effector. Cell, 184(21): 5391-5404.

Gao P, Chai Y, Song J W, et al. 2019. Reprogramming the unfolded protein response for replication by porcine reproductive and respiratory syndrome virus. PLoS Pathogens, 15(11): e1008169.

Gao Y, Wu H, Wang Y, et al. 2017. Single Cas9 nickase induced generation of NRAMP1 knockin cattle with reduced off-target effects. Genome Biology, 18(1): 13.

Ge C T, Ye J, Weber C, et al. 2018. The histone demethylase KDM6B regulates temperature-dependent sex determination in a turtle species. Science, 360: 645-648.

Golden C D, Koehn J Z, Shepon A, et al. 2021. Aquatic foods to nourish nations. Nature, 598(7880): 315-320.

Guan H, Cheng Z Y, Wang X Q. 2018. Highly compressible wood sponges with a spring-like lamellar structure as effective and reusable oil absorbents. ACS Nano, 12(10): 10365-10373.

Gui J F, Tang Q S, Li Z J, et al. 2018. Aquaculture in China: Success Stories and Modern Trends. Hoboken: Wiley-Blackwell: 1-92.

Guo X J, Yu Q Q, Chen D F, et al. 2020. 4-vinylanisole is an aggregation pheromone in locusts. Nature, 584(7822): 584-588.

Han M G, Sun L J, Gan D Y, et al. 2020. Root functional traits are key determinants of the rhizosphere effect on soil organic matter decomposition across 14 temperate hardwood species. Soil Biology Biochemistry, 151: 108019.

He W T, Hou X, Zhao J, et al. 2022. Virome characterization of game animals in China reveals a spectrum of emerging pathogens. Cell, 185(7): 1117-1129.

Henchion M, Hayes M, Mullen A M, et al. 2017. Future protein supply and demand: strategies and factors influencing a sustainable equilibrium. Foods, 6(7):53.

Houston R D, Bean T P, Macqueen D J, et al. 2020. Harnessing genomics to fast-track genetic improvement in aquaculture. Nature Reviews Genetics, 21(7): 389-409.

Hu B, Wang W, Ou S J, et al. 2015. Variation in *NRT1.1B* contributes to nitrate-use divergence between rice subspecies. Nature Genetics, 47(7): 834-838.

Hu J, Ma L B, Nie Y F, et al. 2018. A microbiota-derived bacteriocin targets the host to confer diarrhea resistance in early-weaned piglets. Cell Host & Microbe, 24(6): 817-832.

Hu Y, Chen J D, Fang L, et al. 2019. *Gossypium barbadense* and *Gossypium hirsutum* genomes provide insights into the origin and evolution of allotetraploid cotton. Nature Genetics, 51(4): 739-748.

Huang G, Wu Z G, Percy R G, et al. 2020. Genome sequence of *Gossypium herbaceum* and genome updates of *Gossypium arboreum* and *Gossypium hirsutum* provide insights into cotton A-genome evolution. Nature Genetics, 52(5): 516-524.

Huang X H, Yang S H, Gong J Y, et al. 2016. Genomic architecture of heterosis for yield traits in rice. Nature, 537(7622): 629-633.

Ji R L, Xu X, Turchini G M, et al. 2021. Adiponectin's roles in lipid and glucose metabolism modulation in fish: mechanisms and perspectives. Reviews in Aquaculture, 13(4): 2305-2321.

Jia J Z, Zhao S C, Kong X Y, et al. 2013. *Aegilops tauschii* draft genome sequence reveals a gene repertoire for wheat adaptation. Nature, 496(7443): 91-95.

Jing X, Sanders N J, Shi Y, et al. 2015. The links between ecosystem multifunctionality and above- and belowground biodiversity are mediated by climate. Nature Communications, 6: 8159.

Ju J, Xie Y F, Guo Y H, et al. 2019. The inhibitory effect of plant essential oils on foodborne pathogenic bacteria in food. Critical Reviews in Food Science & Nutrition, 59(20): 3281-3292.

Le Goff G, Noblet J. 2001. Comparative total tract digestibility of dietary energy and nutrients in growing pigs and adult sows. Journal of Animal Science, 79(9): 2418-2427.

Li C L, Yang H J, Yu W B, et al. 2021b. Engineering of organic solvent-tolerant antibody to sulfonamides by CDR grafting for analytical purposes. Analytical Chemistry, 93: 6008-6012.

Li F F, Wang D Y, Song R G, et al. 2020. The asynchronous establishment of chromatin 3D architecture between *in vitro* fertilized and uniparental preimplantation pig embryos. Genome Biology, 21(1): 203.

Li F G, Fan G Y, Wang K B, et al. 2014. Genome sequence of the cultivated cotton *Gossypium arboretum*. Nature Genetics, 46(6): 567-572.

Li S, Tian Y H, Wu K, et al. 2018. Modulating plant growth–metabolism coordination for sustainable agriculture. Nature, 560(7720): 595-600.

Li X M, Chao D Y, Wu Y, et al. 2015. Natural alleles of a proteasome α2 subunit gene contribute to thermotolerance and adaptation of African rice. Nature Genetics, 47(7): 827-833.

Li Y, Cao K, Li N, et al. 2021a. Genomic analyses provide insights into peach local adaptation and responses to climate change. Genome Research, 31(4): 592-606.

Lin Z S, Chen L, Chen X Q, et al. 2019. Biological adaptations in the Arctic cervid, the reindeer (*Rangifer tarandus*). Science, 364(6446): eaav6312.

Ling H Q, Ma B, Shi X L, et al. 2018. Genome sequence of the progenitor of wheat a subgenome

Triticum Urartu. Nature, 557(7705): 424-428.

Liu C X, Li X, Meng D X, et al. 2017. A 4-bp insertion at *ZmPLA1* encoding a putative phospholipase a generates haploid induction in maize. Molecular Plant, 10(3): 520-522.

Liu H Y, Mi Z R, Lin L, et al. 2018. Shifting plant species composition in response to climate change stabilizes grassland primary production. Proceedings of the National Academy of Sciences of the United States of America, 115(16): 4051-4056.

Liu Q Y, Wang X J, Xie C H, et al. 2021b. A novel human acute encephalitis caused by pseudorabies virus variant strain. Clinical Infectious Diseases, 73(11): e3690-e3700.

Liu Y Q, Wang H R, Jiang Z M, et al. 2021a. Genomic basis of geographical adaptation to soil nitrogen in rice. Nature, 590(7847): 600-605.

Liu Y Q, Wu H, Chen H, et al. 2015. A gene cluster encoding lectin receptor kinases confers broad-spectrum and durable insect resistance in rice. Nature Biotechnology, 33(3): 301-305.

Liu Y Y, Wang Y, Walsh T R, et al. 2016. Emergence of plasmid-mediated colistin resistance mechanism MCR-1 in animals and human beings in China: a microbiological and molecular biological study. The Lancet Infectious Diseases, 16(2): 161-168.

Lu C W, Wang C P, Yu J, et al. 2019. Metal-free ATRP "grafting from" technique for renewable cellulose graft copolymers. Green Chemistry, 21(10): 2759-2770.

Lu Y H, Wyckhuys K A, Yang L, et al. 2022. Bt cotton area contraction drives regional pest resurgence, crop loss, and pesticide use. Plant Biotechnology Journal, 20(2): 390-398.

Ma T, Wang J Y, Zhou G K, et al. 2013. Genomic insights into salt adaptation in a desert poplar. Nature Communications, 4: 2797.

Ma Y, Dai X Y, Xu Y Y, et al. 2015. *COLD1* confers chilling tolerance in rice. Cell, 160(6): 1209-1221.

Ma Z C, Zhu L, Song T Q, et al. 2017. A paralogous decoy protects *Phytophthora sojae* apoplastic effector PsXEG1 from a host inhibitor. Science, 355(6326): 710-714.

Ma Z Y, He S P, Wang X F, et al. 2018. Resequencing a core collection of upland cotton identifies genomic variation and loci influencing fiber quality and yield. Nature Genetics, 50(6): 803-813.

Manuel G, Mario M M. 2018. Fruit and vegetable by-products as novel ingredients to improve the nutritional quality of baked goods. Critical Reviews in Food Science and Nutrition, 58(13): 2119-2135.

Meijer G W, Detzel P, Grunert K G, et al. 2021. Towards effective labelling of foods. An international perspective on safety and nutrition. Trends in Food Science & Technology, 118:

45-56.

Mitchell K, Zhang W S, Lu C Y, et al. 2020. Targeted mutation of secretogranin-2 disrupts sexual behavior and reproduction in zebrafish. Proceedings of the National Academy of Sciences of the United States of America, 117(23): 12772-12783.

Moradi S, Entezari M H, Mohammadi H, et al. 2021. Ultra-processed food consumption and adult obesity risk: A systematic review and dose-response meta-analysis. Critical Reviews in Food Science and Nutrition,

O'Sullivan A, Henrick B, Dixon B, et al. 2018. 21st century toolkit for optimizing population health through precision nutrition. Critical Reviews in Food Science and Nutrition, 58(17): 3004-3015.

Patnode M L, Beller Z W, Han N D, et al. 2019. Interspecies competition impacts targeted manipulation of human gut bacteria by fiber-derived glycans. Cell, 179(1): 59-73.

Patwardhan B, Mutalik G, Tillu G. 2015. Chapter 3—Concepts of health and disease. Integrative Approaches for Health: 53-78.

Pu J, Wang S G, Yin Y B, et al. 2015. Evolution of the H9N2 influenza genotype that facilitated the genesis of the novel H7N9 virus. Proceedings of the National Academy of Sciences of the United States of America, 112(2): 548-553.

Qin P, Lu H W, Du H L, et al. 2021. Pan-genome analysis of 33 genetically diverse rice accessions reveals hidden genomic variations. Cell, 184(13): 3542-3558.

Ren L L, Liu Y J, Liu H J, et al. 2014. Subcellular relocalization and positive selection play key roles in the retention of duplicate genes of *Populus* class Ⅲ peroxidase family. The Plant Cell, 26(6): 2404-2419.

Ren L, Li W H, Qin Q B, et al. 2019. The subgenomes show asymmetric expression of alleles in hybrid lineages of *Megalobrama amblycephala* × *Culter alburnus*. Genome Research, 29(11): 1805-1815.

Reyniers S, Brier N D, Ooms N, et al. 2020. Amylose molecular fine structure dictates water-oil dynamics during deep-frying and the caloric density of potato crisps. Nature Food, 1: 736-745.

Shi J Z, Deng G H, Ma S J, et al. 2018. Rapid evolution of H7N9 highly pathogenic viruses that emerged in China in 2017. Cell Host & Microbe, 24: 558-568.

Shi Y N, Vrebalov J, Zheng H, et al. 2021. A tomato LATERAL ORGAN BOUNDARIES transcription factor, *SlLOB1,* predominantly regulates cell wall and softening components of ripening. Proceedings of the National Academy of Sciences of the United States of America, 118(33): e2102486118.

Soltis D E, Albert V A, Leebens-Mack J, et al. 2009. Polyploidy and angiosperm diversification. American Journal of Botany, 96(1): 336-348.

Song L N, Zhu J J, Zheng X, et al. 2020. Transpiration and canopy conductance dynamics of *Pinus sylvestris* var. *mongolica* in its natural range and in an introduced region in the sandy plains of Northern China. Agricultural And Forest Meteorology, 281: 107830.

Song T X, Yang Y, Wei H K, et al. 2019. Zfp217 mediates m6A mRNA methylation to orchestrate transcriptional and post-transcriptional regulation to promote adipogenic differentiation. Nucleic Acids Research, 47(12): 6130-6144.

Su G H, Logez M, Xu J, et al. 2021. Human impacts on global freshwater fish biodiversity. Science, 371(6531): 835-838.

Sun S L, Zhou Y S, Chen J, et al. 2018. Extensive intraspecific gene order and gene structural variations between Mo17 and other maize genomes. Nature Genetics, 50(9): 1289-1295.

Sun Y H, Zhang B, Luo L F, et al. 2019. Systematic genome editing of the genes on zebrafish Chromosome 1 by CRISPR/Cas9. Genome Research, 30(1): 118-126.

Tang X L, Zhao X, Bai Y F, et al. 2018. Carbon pools in China's terrestrial ecosystems: new estimates based on an intensive field survey. Proceedings of the National Academy of Sciences of the United States of America, 115(16): 4021-4026.

Tareke E, Rydberg P, Karlsson P, et al. 2002. Analysis of acrylamide, a carcinogen formed in heated foodstuffs. Journal of Agricultural and Food Chemistry, 50(17): 4998-5006.

Tian J G, Wang C L, Xia J L, et al. 2019. Teosinte ligule allele narrows plant architecture and enhances high-density maize yields. Science, 365(6454): 658-664.

Tian W L, Li M, Guo H Y, et al. 2018. Architecture of the native major royal jelly protein 1 oligomer. Nature Communications, 9(1): 3373.

Tieman D, Zhu G T, Resende M F, Jr, et al. 2017. A chemical genetic roadmap to improved tomato flavor. Science, 355(6323): 391-394.

Wang F, Wang X J, Zhang Y, et al. 2022. SlFHY3 and SlHY5 act compliantly to enhance cold tolerance through the integration of myo-inositol and light signaling in tomato. The New Phytologist, 233(5): 2127-2143.

Wang J, Zhang L L, Lian S S, et al. 2020b. Publisher correction: evolutionary transcriptomics of metazoan biphasic life cycle supports a single intercalation origin of metazoan larvae. Nature Ecology & Evolution, 4(5): 766.

Wang J, Zhou L, Shi H, et al. 2018a. A single transcription factor promotes both yield and immunity in rice. Science, 361(6406): 1026-1028.

Wang J P, Matthews M L, Williams C M, et al. 2018c. Improving wood properties for wood utilization through multi-omics integration in lignin biosynthesis. Nature Communications, 9: 1579.

Wang J Z, Hu M J, Wang J, et al. 2019c. Reconstitution and structure of a plant NLR resistosome conferring immunity. Science, 364(6435): eaav5870.

Wang J Z, Zhao T T, Tang S S, et al. 2018d. Safety assessment of vitacoxib: 180-Day chronic oral toxicity studies. Regulatory Toxicology and Pharmacology, 95:244-249.

Wang K, Wang Z, Li F, et al. 2012. The draft genome of a diploid cotton *Gossypium raimondii*. Nature Genetics, 44: 1098 -1103.

Wang M J, Tu L L, Yuan D J, et al. 2019a. Reference genome sequences of two cultivated allotetraploid cottons, *Gossypium hirsutum* and *Gossypium barbadense*. Nature Genetics, 51(2): 224-229.

Wang W S, Mauleon R, Hu Z Q, et al. 2018b. Genomic variation in 3,010 diverse accessions of Asian cultivated rice. Nature, 557(7703): 43-49.

Wang X F, Wei Z, Yang K M, et al. 2019b. Phage combination therapies for bacterial wilt disease in tomato. Nature Biotechnology, 37: 1513-1520.

Wang X L, Wang H W, Liu S X, et al. 2016. Genetic variation in *ZmVPP1* contributes to drought tolerance in maize seedlings. Nature Genetics, 48(10): 1233-1241.

Wang X, Xu Y T, Zhang S Q, et al. 2017. Genomic analyses of primitive, wild and cultivated citrus provide insights into asexual reproduction. Nature Genetics, 49(5): 765-772.

Wang Y P, Lu Y, Zhang Y, et al. 2015b. The draft genome of the grass carp (*Ctenopharyngodon idellus*) provides insights into its evolution and vegetarian adaptation. Nature Genetics, 47(6): 625-631.

Wang Y X, Xiong G S, Hu J, et al. 2015a. Copy number variation at the *GL7* locus contributes to grain size diversity in rice. Nature Genetics, 47(8): 944-948.

Wang Y, Xu C Y, Zhang R, et al. 2020a. Changes in colistin resistance and *mcr-1* abundance in *Escherichia coli* of animal and human origins following the ban of colistin-positive additives in

China: an epidemiological comparative study. The Lancet Infectious Disease, 20(10): 1161-1171.

Wang Y, Zhang C Z, Wang N N, et al. 2019. Genetic basis of ruminant headgear and rapid antler regeneration. Science, 364(6446): eaav6335.

Wei H, He X J, Liao C H, et al. 2019. A maternal effect on queen production in honeybees. Current Biology, 29(13): 2208-2213.

Wolabu T W, Cong L L, Park J J, et al. 2020. Development of a highly efficient multiplex genome editing system in outcrossing tetraploid alfalfa (*Medicago sativa*). Frontiers in Plant Science, 11: 1063.

Wu J, Wang Y T, Xu J B, et al. 2018. Diversification and independent domestication of Asian and European pears. Genome Biology, 19(1): 77.

Wu K, Wang S S, Song W Z, et al. 2020. Enhanced sustainable green revolution yield via nitrogen-responsive chromatin modulation in rice. Science, 367(6478): eaaz2046.

Xia E H, Tong W, Hou Y, et al. 2020. The reference genome of tea plant and resequencing of 81 diverse accessions provide insights into its genome evolution and adaptation. Molecular Plant, 13(7): 1013-1026.

Xia J X, Guo Z J, Yang Z Z, et al. 2021a. Whitefly hijacks a plant detoxification gene that neutralizes plant toxins. Cell, 184(7): 1693-1705.

Xia X J, Dong H, Yin Y L, et al. 2021b. Brassinosteroid signaling integrates multiple pathways to release apical dominance in tomato. Proceedings of the National Academy of Sciences the United States of America, 118(11): e2004384118.

Xie J K, Ge W K, Li N, et al. 2019. Efficient base editing for multiple genes and loci in pigs using base editors. Nature Communications, 10(1): 2852.

Xu K, Zhou Y R, Mu Y L, et al. 2020a. *CD163* and *pAPN* double-knockout pigs are resistant to PRRSV and TGEV and exhibit decreased susceptibility to PDCoV while maintaining normal production performance. eLife, 9: e57132.

Xu Z, Takizawa F, Casadei E, et al. 2020b. Specialization of mucosal immunoglobulins in pathogen control and microbiota homeostasis occurred early in vertebrate evolution. Science Immunology, 5 (44): eaay3254.

Yang H, Wu J Y, Huang X C, et al. 2022. ABO genotype alters the gut microbiota by regulating GalNAc levels in pigs. Nature, 606(7913): 358-367.

Yang J, Li W R, Lv F H, et al. 2016. Whole-genome sequencing of native sheep provides insights into rapid adaptations to extreme environments. Molecular Biology and Evolution, 33(10): 2576-2592.

Yang K, Zhu J J, Xu S, et al. 2018. Conversion from temperate secondary forests into plantations (*Larix* spp.): impact on belowground carbon and nutrient pools in northeastern China. Land Degradation & Development, 29: 4129-4139.

Yu F, Yan Y, Shi M, et al. 2020. Phylogenetics, genomic recombination, and NSP2 polymorphic patterns of porcine reproductive and respiratory syndrome virus in China and the United States in 2014-2018. Journal of Virology, 94(6): e1813-e1819.

Yu H, Lin T, Meng X B, et al. 2021. A route to *de novo* domestication of wild allotetraploid rice. Cell, 184(5): 1156-1170.

Yu X W, Zhao Z G, Zheng X M, et al. 2018. A selfish genetic element confers non-Mendelian inheritance in rice. Science, 360(6393): 1130-1132.

Yuan J W, Zhai Y X, Wan K L, et al. 2021. Sustainable afterglow materials from lignin inspired by wood phosphorescence. Cell Reports Physical Science, 2(9): 100542.

Zeng D L, Tian Z X, Rao Y C, et al. 2017. Rational design of high-yield and superior-quality rice. Nature Plants, 3: 17031.

Zhang C Z, Yang Z M, Tang D, et al. 2021a. Genome design of hybrid potato. Cell, 184(15): 3873-3883.

Zhang F S, Chen X P, Vitousek P. 2013b. Chinese agriculture: An experiment for the world. Nature, 497(7447): 33-35.

Zhang G F, Fang X D, Guo X M, et al. 2012. The oyster genome reveals stress adaptation and complexity of shell formation. Nature, 490: 49-54.

Zhang J Y, Liu Y X, Zhang N, et al. 2019. *NRT1.1B* is associated with root microbiota composition and nitrogen use in field-grown rice. Nature Biotechnology, 37: 676-684.

Zhang J Z, Fu B J, Stafford-Smith M, et al. 2020b. Improve forest restoration initiatives to meet Sustainable Development Goal 15. Nature Ecology & Evolution, 5: 10-13.

Zhang L S, Chen F, Zhang X T, et al. 2020a. The water lily genome and the early evolution of flowering plants. Nature, 577(7788): 79-84.

Zhang Q Y, Shi J Z, Deng G H, et al. 2013a. H7N9 influenza viruses are transmissible in ferrets by respiratory droplet. Science, 341(6144): 410-414.

Zhang T, Jin Y, Zhao J H, et al. 2016. Host-induced gene silencing of the target gene in fungal cells confers effective resistance to the cotton wilt disease pathogen *Verticillium dahliae*. Molecular Plant, 9(6): 939-942.

Zhang X T, Chen S, Shi L Q, et al. 2021b. Haplotype-resolved genome assembly provides insights into evolutionary history of the tea plant *Camellia sinensis*. Nature Genetics, 53(8): 1250-1259.

Zhang Y, Zhang Q Y, Kong H H, et al. 2013c. H5N1 hybrid viruses bearing 2009/H1N1 virus genes transmit in guinea pigs by respiratory droplet. Science, 340(6139): 1459-1463.

Zhao Q, Feng Q, Lu H Y, et al. 2018. Pan-genome analysis highlights the extent of genomic variation in cultivated and wild rice. Nature Genetics, 50(2): 278-284.

Zhao Y X, Hou Y, Xu Y Y, et al. 2021. A compendium and comparative epigenomics analysis of *cis*-regulatory elements in the pig genome. Nature Communication, 12(1): 2217.

Zheng X, Zhu J J, Xing Z F. 2016. Assessment of the effects of shelterbelts on crop yields at the regional scale in Northeast China. Agricultural Systems, 143: 49-60.

Zhong Y, Liu C X, Qi X L, et al. 2019. Mutation of *ZmDMP* enhances haploid induction in maize. Nature Plants, 5(6): 575-580.

Zhu C Q, Zheng X J, Huang Y, et al. 2019. Genome sequencing and CRISPR/Cas9 gene editing of an early flowering mini-*Citrus* (*Fortunella hindsii*). Plant Biotechnology Journal, 17(11):2199-2210.

Zhu F, Yin Z T, Wang Z, et al. 2021c. Three chromosome-level duck genome assemblies provide insights into genomic variation during domestication. Nature Communications, 12(1): 5932.

Zhu G T, Wang S C, Huang Z H, et al. 2018. Rewiring of the fruit metabolome in tomato breeding. Cell, 172: 249-261.

Zhu J J, Zhu C Y, Lu D L, et al. 2021b. Regeneration and succession: a 50-year gap dynamic in temperate secondary forests, Northeast China. Forest Ecology and Management, 484: 118943.

Zhu L C, Li B Y, Wu L M, et al. 2021a. MdERDL6-mediated glucose efflux to the cytosol promotes sugar accumulation in the vacuole through up-regulating TSTs in apple and tomato. Proceedings of the National Academy of Sciences of the United States of America, 118(1): e2022788118.

Zong Y, Wang Y P, Li C, et al. 2017. Precise base editing in rice, wheat and maize with a Cas9-cytidine deaminase fusion. Nature Biotechnology, 35(5): 438-440.

Zuo W L, Chao Q, Zhang N, et al. 2015. A maize wall-associated kinase confers quantitative resistance to head smut. Nature Genetics, 47(2): 151-157.

关键词索引

D

F

G

H

J

K

L

M

N

P

Q

R

S

T

W

X

Y

Z